現代基礎数学 18

新井仁之・小島定吉・清水勇二・渡辺　治　編集

曲面と可積分系

井ノ口順一　著

朝倉書店

まえがき

この本は3次元空間内の曲面の取り扱いについて基本事項を解説することを第一の目的とする．続けて平均曲率という函数が一定の値をとる曲面の具体的構成についての解説を行う．

平均曲率一定曲面はしゃぼん玉を数学的に空間図形として表現したものと言える．しゃぼん玉は，内部と外部の圧力差が一定で零でない薄膜と理解される．薄膜を立体図形 (曲面) と考えたとき，圧力差が一定という性質は「平均曲率が一定で零でない」という数学的な性質に読みかえられる．しゃぼん玉は中の空気が閉じ込められていることから体積を保ったまま表面積を最小にする形として実現される．「体積を保つ変形下で表面積を最小化せよ」という問題 (幾何学的変分問題) から曲面の微分方程式が導かれるが，それは「平均曲率が一定で零でない」という方程式である．とくに閉じた平均曲率一定の曲面を考え，それらを「数学的しゃぼん玉」とよぼう．

現実のしゃぼん玉は丸いことから，次のような微分幾何学の問題が提起された．

[問題]　数学的しゃぼん玉は現実のしゃぼん玉に限るか？

ホップ (1951) は穴の開いていない数学的しゃぼん玉は現実のしゃぼん玉に限ることを証明した．またアレクサンドロフ (1956) は自己交差をもたない数学的しゃぼん玉は現実のしゃぼん玉に限ることを証明した．丸いしゃぼん玉は現実に存在するのだから，現実のしゃぼん玉はなんらかの意味で安定であるに違いない．バルボサとド・カルモは上述の幾何学的変分問題の解として安定である平均曲率一定曲面は球面に限ることを証明した (1984)．これを以て「しゃぼん玉が丸いことの数学的説明」が与えられた．

いつしかこの [問題] はホップ予想とよばれるようになった．ホップ予想を肯定的に証明しようと微分幾何学者が努力していたなか，1984 年，ウェンテは位相的には輪環面 (トーラス) である数学的しゃぼん玉が存在することを証明した．

一方，無限可積分系理論はさざ波 (ソリトン) を記述する非線型波動方程式の研究に由来し，数学・数理物理学・数理工学など多くの研究領域と交錯し常に発展を続けている分野である．一般に偏微分方程式は解をもつかどうかわからないし，もつとしても具体的に解を求めることは期待できない．おおまかには，「無限可積分系は解を求めることができる (解ける・積分できる) 偏微分方程式」ということができる．

日本数学会には「無限可積分系セッション」が設けられており，3 月に開催される「日本数学会年会」と 9 月に開催される「秋季総合分科会」で多くの研究成果が発表されている．また日本応用数理学会には「応用可積分系分科会」が設けられており，研究成果発表が活発に行われている．

1960 年代から 1970 年代にかけて開発された無限可積分系の研究手法は曲線・曲面の微分幾何学と密接に関わることが再発見された．ウェンテによる平均曲率一定輪環面の発見をきっかけに無限可積分系理論と微分幾何学の交錯する研究が盛んになった．平均曲率一定曲面のように無限可積分系の構造をもつ曲面は「可積分曲面」とよばれる．可積分曲面はコンピュータを用いた研究支援が有効であることも注意しておきたい．無限可積分系とコンピュータとの出会いが，作る数学という性格の現代的曲面論を生み出した．

曲線・曲面を可積分系の観点・手法で研究することだけでなく，無限可積分系を微分幾何学を用いて研究することにより，それまで意識されなかった「方程式のもつ対称性」が理解されるという研究も進展している．可積分幾何は CAGD など可視化 (visualization) ともつながり日夜進歩を続けている．今日では「微分幾何を学ぶため」という目的の読者に加え，可視化に携わる研究者や学生からも高い関心をもたれるようになった．

可積分幾何を学ぼうとする読者にとっては，比較的多くの予備知識が要請されること，それらは深くなくてもよいが広範であるため効率的に学びにくいこと，日夜進展しおびただしい数の論文が出版されることが学習上の障害である．

これらの障害を解消すべく，この本は「曲面の可積分幾何」の初めての「入門書」を意図して書かれた．この本を手がかりに引用文献に当たっていけば，可積分幾何の研究に進めるものと思う.

この本は神戸大学 (2001 年 12 月), 山形大学 (2007 年 7 月), 九州大学 (2013 年 11 月) における集中講義の記録を拡充したものである. 集中講義の機会をつくってくださったラスマン先生, 上野慶介先生, 梶原健司先生, 本書を講座『現代基礎数学』に取り入れてくださった清水勇二先生, 小島定吉先生に感謝を申し上げる.

また拡充にあたり, 小林真平先生と松浦望先生には数多くの助言をいただいた. 本書の図版のいくつかは小林先生に作成いただいた. 上野先生は草稿中のおびただしい誤植をご指摘くださった. 改めてお礼申し上げたい.

『曲線とソリトン』に引き続き, 原稿の完成までご辛抱いただき, 編集作業・図版作成にご尽力いただいた朝倉書店編集部にとくに感謝を申し上げる.

2015 年 9 月

山形にて

井ノ口順一

目　　次

本 書 の 構 成

本書は 3 つの内容から成る.

(1) 曲面の基本的な取り扱い.

(2) 平均曲率が一定な曲面の初等的な例について.

(3) 平均曲率一定曲面の構成理論 (可積分幾何入門).

第 1 章では，(3) の目的を遂行するための前提となる「積分可能条件」について詳しく解説する．応用として平面曲線・空間曲線のフレネ–セレ公式を説明する．続く第 2 章は (1) を目的としている．第 3 章は無限可積分系理論と曲面をつなげる準備として四元数を取り扱う．四元数は CG 分野でも用いられる．曲面の可視化や CG の数理に関心ある読者に役立つよう執筆した．さらに極小曲面の初歩，第 6 章で用いられる行列値の微分形式 (接続) の扱いも解説した．第 4 章は平均曲率一定曲面の初等的な例を扱う．第 5 章は 19 世紀の数学者によって研究されていた「曲面の変換」を解説する．第 6 章はいったん平均曲率一定曲面から離れて「曲面の定義」を再考する．将来，リーマン幾何学を学ばれる読者はこの章で，曲面の内的な定義 (2 次元多様体) に慣れておくとよい．第 7 章では平均曲率一定な輪環面 (トーラス) の発見とその構成法を解説する．第 8 章はこの本のゴールで，平均曲率一定曲面の局所的構成法を与える．第 9 章は今後の展望について手短かな解説を行う．

(1) の目的，すなわち曲面の基本事項のみを目的とした読者や，授業の教科書として使われる場合は第 2 章から読み始めてよい．2.4 節で第 1 章の内容を用いるが証明などは省略し事実として認めて読み進められる．また (1) の目的で本書を読まれる読者のため，第 2 章のみ章末問題を用意した．

(2) の目的で使用される場合，第 2 章に続けて第 4 章に進まれるとよい．第 4 章を読み通せたらそのまま第 5 章へと進まれたい．

(3) の目的で本書を読まれる読者は第 1 章から順に第 9 章まで読み進められたい．

いくつかの記号と用語

記　　　号

- $\mathbb{N} = \{1, 2, \ldots\}$：自然数の全体，$\mathbb{Z} = \{0, \pm 1, \pm 2, \ldots\}$：整数の全体.
- $\mathbb{Q} = \left\{\pm\dfrac{m}{n} \mid m, n \in \mathbb{N}\right\} \cup \{0\}$：有理数の全体，$\mathbb{R}$：実数の全体.
- $\mathbb{C} = \{x + yi \mid x, y \in \mathbb{R}\}$：複素数の全体.

線型代数に関する用語

- 実線型空間 $\mathbb{V}$ 上の線型変換 T に対し $T\boldsymbol{x} = \lambda \boldsymbol{x}$ をみたす実数 λ と $\boldsymbol{x} \neq \boldsymbol{0}$ が存在するとき，λ を T の**固有値**，$\boldsymbol{x}$ を λ に対応する**固有ベクトル**とよぶ.
- 線型変換 T に対し $\det(\lambda \mathrm{Id} - T) = 0$ を T の**特性多項式** (または**固有方程式**) とよぶ (Id は**恒等変換**を表す)．特性多項式の解を**特性根**とよぶ．実数の特性根が T の固有値である ([4, pp.69–70] 参照).

$\mathbb{V}$ を実線型空間とする．$\mathbb{V}$ で定義された 2 変数函数 f が以下の条件をみたすとき $\mathbb{V}$ 上の**内積**とよぶ.

すべての $\boldsymbol{x}$, $\boldsymbol{y}$, $\boldsymbol{z} \in \mathbb{V}$ と $a, b \in \mathbb{R}$ に対し

1) $f(a\boldsymbol{x} + b\boldsymbol{y}, \boldsymbol{z}) = af(\boldsymbol{x}, \boldsymbol{z}) + bf(\boldsymbol{y}, \boldsymbol{z})$,

2) (対称性) $f(\boldsymbol{x}, \boldsymbol{y}) = f(\boldsymbol{y}, \boldsymbol{x})$,

3) (正値性) $f(\boldsymbol{x}, \boldsymbol{x}) \geq 0$，とくに $f(\boldsymbol{x}, \boldsymbol{x}) = 0 \Leftrightarrow \boldsymbol{x} = \boldsymbol{0}$.

対称性があることから内積 f は $f(\boldsymbol{x}, a\boldsymbol{y} + b\boldsymbol{z}) = af(\boldsymbol{x}, \boldsymbol{y}) + bf(\boldsymbol{x}, \boldsymbol{z})$ という性質もみたしている.

内積 f がひとつ与えられたとき，組 $(\mathbb{V}, f)$ のことを (実) **計量線型空間**とよぶ (**内積空間**ともよばれる).

計量線型空間 $(\mathbb{V}, f)$ 上の線型変換 T が

$$f(T\boldsymbol{x}, \boldsymbol{y}) = f(\boldsymbol{x}, T\boldsymbol{y}), \quad \boldsymbol{x}, \boldsymbol{y} \in \mathbb{V}$$

をみたすとき**対称線型変換**または**自己共軛**(きょうやく)**線型変換**とよぶ.

自己共軛線型変換の特性根は実数である ([23, p.149]).

第 1 章

積分可能条件

CHAPTER 1

1.1 ポアンカレの補題

(x, y) を座標系にもつ数平面 $\mathbb{R}^2$ の領域 $\mathcal{D}$ で定義された C^∞ 級函数 $U(x, y)$, $V(x, y)$ に対する連立偏微分方程式

$$\frac{\partial F}{\partial x} = U, \quad \frac{\partial F}{\partial y} = V \tag{1.1}$$

を考えよう*1).

以下，記号の簡略化のため偏微分を下付きの添え字で表す略記法を用いる：

$$\frac{\partial F}{\partial x} = F_x, \quad \frac{\partial}{\partial y}\frac{\partial F}{\partial x} = \frac{\partial^2 F}{\partial y \partial x} = F_{xy}, \quad \frac{\partial}{\partial x}\frac{\partial F}{\partial x} = \frac{\partial^2 F}{\partial x^2} = F_{xx}.$$

もし連立偏微分方程式 (1.1) が C^∞ 級の解 $F(x, y)$ をもてば $F_{yx} = F_{xy}$，すなわち

$$\frac{\partial}{\partial x}\frac{\partial F}{\partial y} = \frac{\partial}{\partial y}\frac{\partial F}{\partial x}$$

なので

$$\frac{\partial V}{\partial x} - \frac{\partial U}{\partial y} = 0 \tag{1.2}$$

をみたす．逆に函数の組 $\{U, V\}$ が条件 (1.2) をみたせば連立微分方程式 (1.1) の解 F が存在するといえるだろうか．$\mathcal{D}$ 内の 1 点 (a, b) をひとつ選んでおく．いま

---

*1) $\mathbb{R}^2$ の部分集合 $\mathcal{D}$ が連結な開集合であるとき，領域 (region, domain) とよぶ ([31, p.95], [24, p.20] 参照]). $U(x, y)$ が C^∞ 級であるとは，U が x, y について何回でも偏微分可能であること ([3, p.17] 参照).

$\mathcal{D}$ が長方形閉領域

$$\mathcal{R} = \{(x,y) \in \mathbb{R}^2 \mid a \leq x \leq c,\ b \leq y \leq d\}$$

を含んでいるとしよう．$F_x = U$ なので

$$F(x,y) = \int_a^x U(s,y)\mathrm{d}s + Y(y),\quad Y(y) \text{ は } y \text{ のみの函数}$$

と表せる．これを y で偏微分し (1.2) をつかうと

$$\begin{aligned}\frac{\partial F}{\partial y} &= \int_a^x \frac{\partial U}{\partial y}(s,y)\,\mathrm{d}s + \frac{\mathrm{d}Y}{\mathrm{d}y}(y)\\ &= \int_a^x \frac{\partial V}{\partial s}(s,y)\,\mathrm{d}s + \frac{\mathrm{d}Y}{\mathrm{d}y}(y) = V(x,y) - V(a,y) + \frac{\mathrm{d}Y}{\mathrm{d}y}(y).\end{aligned}$$

$F_y = V$ なので $\frac{\mathrm{d}Y}{\mathrm{d}y} = V(a,y)$ を得る．したがって

$$Y(y) = \int_b^y V(a,t)\,\mathrm{d}t + Y_0,\quad Y_0 \text{ は定数}.$$

以上より

$$F(x,y) = \int_a^x U(s,y)\,\mathrm{d}s + \int_b^y V(a,t)\,\mathrm{d}t + Y_0.$$

$(x,y) = (a,b)$ を代入すると $Y_0 = F(a,b)$ であることがわかる．したがって，$\{U,V\}$ が式 (1.2) をみたせば $\mathcal{R}$ 上で定義された式 (1.1) の解をもつことが示された．

いま $\mathcal{D}$ を長方形領域 $\mathcal{R}$ に限定して解 F の存在を証明したが，$\{U,V\}$ の定義域に対する仮定は重要である．たとえば次の例を考えてみよう．

例 1.1.1　$\mathcal{D}$ として $\mathbb{R}^2 \setminus \{(0,0)\} = \{(x,y) \in \mathbb{R}^2 \mid (x,y) \neq (0,0)\}$ を選ぶ．このとき

$$U(x,y) = -\frac{y}{x^2+y^2},\ V(x,y) = \frac{x}{x^2+y^2}$$

は $\mathcal{D}$ 上の C^∞ 級函数で (1.2) をみたしている．$\mathcal{D}$ 全体で定義された (1.1) の解 F が存在すると仮定する．$\mathbb{D}$ を単位開円板 $\{(x,y) \in \mathbb{R}^2 \mid x^2+y^2 < 1\}$ とする．$\mathbb{D}$ の境界である単位円 $x^2+y^2=1$ を C で表そう．$\mathcal{D}$ 上で定義されたベクトル場 $\boldsymbol{A}(x,y) = (U(x,y), V(x,y))$ を単位円 C に沿って線積分する*2)．C を

*2)　[3, p.56] 参照

$(x,y)=(\cos s,\sin s)$, $0\le s\le 2\pi$ と表すと，線積分は

$$\int_C \boldsymbol{A}\cdot \mathrm{d}\boldsymbol{s}=\int_C U\mathrm{d}x+V\mathrm{d}y=\int_0^{2\pi}\left(U(x,y)\frac{\mathrm{d}x}{\mathrm{d}s}+V(x,y)\frac{\mathrm{d}y}{\mathrm{d}s}\right)\mathrm{d}s$$
$$=\int_0^{2\pi}\frac{(-\sin s)^2+(\cos s)^2}{\cos^2 s+\sin^2 s}\mathrm{d}s=\int_0^{2\pi}\mathrm{d}s=2\pi$$

と計算される．一方，グリーンの定理 ([3, 定理 2.25], [24, 定理 5.1])：

$$\int_C U\,\mathrm{d}x+V\,\mathrm{d}y=\iint_D (V_x-U_y)\,\mathrm{d}x\,\mathrm{d}y$$

を用いると $\int_C \boldsymbol{A}\cdot\mathrm{d}\boldsymbol{s}=0$ となり矛盾する．したがって $\mathcal{D}$ 上で定義された式 (1.1) の解は存在しない．

ここまでの観察で，領域に穴が空いていなければ解 F が存在することがつかめただろうか．

定義 $\mathbb{R}^2$ の部分集合 $\mathcal{A}$ と $\mathcal{A}$ の点 A が次の条件をみたすとき，$\mathcal{A}$ は A に関して星形であるという．

任意の点 $\mathrm{B}\in\mathcal{A}$ に対し線分 AB が $\mathcal{A}$ に含まれる．

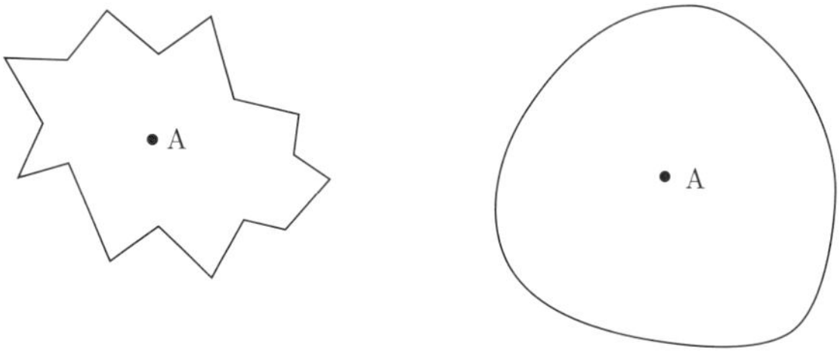

図 1.1 星形領域

領域 $\mathcal{D}$ が点 (x_0,y_0) に関し星形であるとしよう．$\{U,V\}$ を $\mathcal{D}$ 上で定義された (1.2) をみたす函数の組とする．このとき

$$F(x,y)=\int_0^1 U(x_0+t(x-x_0),y_0+t(y-y_0))(x-x_0)\,\mathrm{d}t$$

$$+\int_0^1 V(x_0+t(x-x_0), y_0+t(y-y_0))(y-y_0)\,\mathrm{d}t$$

とおけば F は連立偏微分方程式 (1.1) の解である．より一般に $\mathcal{D}$ が単連結であるときに次が成立する[*3]．星形領域は単連結である．

定理 1.1.2 (ポアンカレの補題)　$\mathbb{R}^2$ 内の単連結領域 $\mathcal{D}$ 上で定義された (1.2) をみたす函数の組 $\{U, V\}$ に対し連立偏微分方程式 (1.1) の解 F が存在する．

1.2 微 分 形 式

前の節で説明したポアンカレの補題を言い換えてみる．領域 $\mathcal{D}$ 上の函数の組 $\{U, V\}$ に対し

$$\alpha = U\mathrm{d}x + V\mathrm{d}y$$

という式を考え，これを $\mathcal{D}$ 上の **1 次微分形式**とよぶ．次に $\mathcal{D}$ 上の函数 W に対し

$$\Omega = W\mathrm{d}x \wedge \mathrm{d}y$$

という形の式を考え，これを $\mathcal{D}$ 上の **2 次微分形式**とよぶ．ここで記号 $\wedge$ は

$$\mathrm{d}x \wedge \mathrm{d}x = \mathrm{d}y \wedge \mathrm{d}y = 0, \quad \mathrm{d}x \wedge \mathrm{d}y = -\mathrm{d}y \wedge \mathrm{d}x \tag{1.3}$$

という演算規則をみたすものとする．$\wedge$ を**外積**とよぶ．

微分積分学において，函数 F の**全微分** $\mathrm{d}F$ を

$$\mathrm{d}F = \frac{\partial F}{\partial x}\mathrm{d}x + \frac{\partial F}{\partial y}\mathrm{d}y$$

で定めたことを思い出そう ([31, p.102])．$\mathrm{d}F$ は 1 次微分形式である．

1 次微分形式 $\alpha = U\mathrm{d}x + V\mathrm{d}y$ に対し $\mathrm{d}\alpha := \mathrm{d}U \wedge \mathrm{d}x + \mathrm{d}V \wedge \mathrm{d}y$ と定める．$\wedge$ の定義に従って計算すると

$$\begin{aligned}\mathrm{d}\alpha &= (U_x\mathrm{d}x + U_y\mathrm{d}y) \wedge \mathrm{d}x + (V_x\mathrm{d}x + V_y\mathrm{d}y) \wedge \mathrm{d}y \\ &= U_y\mathrm{d}y \wedge dx + V_x\mathrm{d}x \wedge \mathrm{d}y = (V_x - U_y)\mathrm{d}x \wedge \mathrm{d}y.\end{aligned}$$

$\mathrm{d}\alpha$ を α の**外微分**とよぶ．

*3) 単連結性の定義については本講座 [24, p.67] や [27] を参照．本書を読む上では星形領域，とくに原点を含む開円板や数平面全体と思っていて構わない．

定義　1 次微分形式 α が $\mathrm{d}\alpha = 0$ をみたすとき**閉 1 次微分形式**であるという．また函数 F を用いて $\alpha = \mathrm{d}F$ と表されるとき α を**完全 1 次微分形式**とよぶ．

この定義から α が完全ならば閉であることがわかる．実際

$$\mathrm{d}\alpha = \mathrm{d}(\mathrm{d}F) = \mathrm{d}(F_x \mathrm{d}x + F_y \mathrm{d}y) = (F_{yx} - F_{xy})\mathrm{d}x \wedge \mathrm{d}y = 0.$$

微分形式の用語を用いるとポアンカレの補題は次のように言い換えられる．

系 1.2.1 (1 次微分形式に対するポアンカレの補題)　単連結領域 $\mathcal{D}$ 上の 1 次微分形式 α が閉 $(\mathrm{d}\alpha = 0)$ であれば α は完全である．すなわち，α はある函数の全微分で与えられる．

注意 1.2.2　領域 $\mathcal{D}$ 上の閉 1 次微分形式全体を $Z^1(\mathcal{D})$，完全微分形式全体を $B^1(\mathcal{D})$ で表す．$B^1(\mathcal{D})$ は $Z^1(\mathcal{D})$ の線型部分空間である．商線型空間 $H^1(\mathcal{D}) = Z^1(\mathcal{D})/B^1(\mathcal{D})$ は $\mathcal{D}$ が単連結でない度合いを測っている．$H^1(\mathcal{D})$ の次元を $\mathcal{D}$ のベッチ数とよぶ．$H^1(\mathbb{R}^2 \setminus \{(0,0)\}) \cong \mathbb{R}$ であることが確かめられる．

1.3　フロベニウスの定理

この本では，ポアンカレの補題の行列値函数版が基本的な役割を演じる*4)．行列の乗法は可換ではないので，ポアンカレの補題は非可換性を反映した形に修正される．

まず，今後使うことになる記号を用意しよう．

記号　複素数を成分とする n 次正方行列の全体を $\mathrm{M}_n\mathbb{C}$ で表す．さらに，複素数を成分とする n 次正則行列の全体を $\mathrm{GL}_n\mathbb{C}$ で表す．同様に，実数を成分とする n 次行列全体を $\mathrm{M}_n\mathbb{R}$，実数を成分とする n 次正則行列の全体を $\mathrm{GL}_n\mathbb{R}$ で表す ([32, p.20], [4, p.40])．単位行列，零行列をそれぞれ E, O で表す．次数を明らかにする必要があるときは E_n, O_n と表記する．

---

*4)　函数を並べてできる行列を行列値函数とよぶ．

$\mathrm{GL}_n\mathbb{C}$ は乗法について群をなすことが確かめられる．$\mathrm{GL}_n\mathbb{C}$ を n 次複素一般線型群とよぶ．$\mathrm{GL}_n\mathbb{R}$ は $\mathrm{GL}_n\mathbb{C}$ の部分群であり，n 次実一般線型群とよばれる．行列式 det を用いて

$$\mathrm{GL}_n\mathbb{C} = \{A \in \mathrm{M}_n\mathbb{C} \mid \det A \neq 0\}, \quad \mathrm{GL}_n\mathbb{R} = \{A \in \mathrm{M}_n\mathbb{R} \mid \det A \neq 0\}$$

と表すこともできる．

注意 1.3.1 (群) 空でない集合 G の任意の 2 元 a, b に対し第 3 の元 ab が定まっているとき G を**演算域**という．演算域においては写像 $G \times G \to G$; $(a, b) \longmapsto ab$ が定まっている．この写像を**演算**という．また ab を a と b の**積**とよぶ．

演算域 G が**結合法則** $(ab)c = a(bc)$ をみたすとき，G は**半群**をなすという．さらに半群 G が以下の条件をみたすとき G は群をなすという．

1) ある特別な元 $e \in G$ が存在して，すべての $a \in G$ に対し $ae = ea = a$ が成立する．この e を**単位元**という．
2) 任意の $a \in G$ それぞれに対し $ax = xa = e$ をみたす $x \in G$ が存在する．x を a の**逆元**とよび a^{-1} で表す．

$\mathrm{GL}_n\mathbb{R}$, $\mathrm{GL}_n\mathbb{C}$ の単位元は単位行列 E であり，各行列の逆元は逆行列に他ならない．

ふたつの群の間の写像 $f : G \to G'$ が演算を保つとき，すなわち

$$f(ab) = f(a)f(b), \quad a, b \in G$$

をみたすとき，**群準同型写像**とよぶ．とくに全単射である準同型写像を**群同型写像**とよぶ．G から G' への群同型写像が存在するとき，G と G' は群同型であるといい $G \cong G'$ と表記する．群準同型，群同型はそれぞれ単に準同型，同型と略称することが多い．

群 G の部分集合 H が G の演算に関し群をなすとき H は G の**部分群**であるという．H が G の部分群であるための必要十分条件は，H が単位元 e を含み

$$a, b \in H \Longrightarrow ab \in H, \quad a \in H \Longrightarrow a^{-1} \in H$$

が，すべての $a, b \in H$ について成り立つことである．

部分群 H が次の条件をみたすとき**正規部分群**であるという．

$$\text{任意の } a \in G \text{ に対し } aHa^{-1} = H.$$

ここで $aHa^{-1} = \{aha^{-1} \mid h \in H\}$．群の基本事項については本講座 [13, 9 章] を参照．

例 1.3.2 (特殊線型群) $\mathrm{SL}_n\mathbb{C} = \{A \in \mathrm{M}_n\mathbb{C} \mid \det A = 1\}$ とおくと，これは $\mathrm{GL}_n\mathbb{C}$ の部分群である．実際 $A, B \in \mathrm{SL}_n\mathbb{C}$ に対し

$$\det(AB) = \det A \ \det B = 1, \quad \det(A^{-1}) = \frac{1}{\det A} = 1$$

より確かに部分群である．$\mathrm{SL}_n\mathbb{C}$ を n 次**複素特殊線型群**とよぶ．同様に

$$\mathrm{SL}_n\mathbb{R} = \{A \in \mathrm{M}_n\mathbb{R} \mid \det A = 1\}$$

とおくと，これは $\mathrm{GL}_n\mathbb{R}$ の部分群である．もちろん $\mathrm{GL}_n\mathbb{C}$ の部分群でもある．$\mathrm{SL}_n\mathbb{R}$ を n 次**実特殊線型群**とよぶ．

問 1.3.3 $\mathrm{SL}_n\mathbb{C}$ は $\mathrm{GL}_n\mathbb{C}$ の正規部分群であることを示せ．

領域 $\mathcal{D} \subset \mathbb{R}^2$ 上で定義された複素数値函数 $u_{ij}(x,y)(i,j = 1,2,\ldots,n)$ を並べてできる行列

$$U = U(x,y) = \begin{pmatrix} u_{11}(x,y) & u_{12}(x,y) & \ldots & u_{1n}(x,y) \\ u_{21}(x,y) & u_{22}(x,y) & \ldots & u_{2n}(x,y) \\ \vdots & \vdots & \ddots & \vdots \\ u_{n1}(x,y) & u_{n2}(x,y) & \ldots & u_{nn}(x,y) \end{pmatrix}$$

を $\mathrm{M}_n\mathbb{C}$ 値函数という．スペースの節約のため，$U = (u_{ij}(x,y))$ と略記することもある．すべての成分函数 $u_{ij}(x,y)$ が C^∞ 級であるとき，$U(x,y)$ は $\mathcal{D}$ 上で C^∞ 級であるという．

C^∞ 級の $\mathrm{M}_n\mathbb{C}$ 値函数の組 $\{U, V\}$ を考える．もし連立偏微分方程式

$$\frac{\partial F}{\partial x} = FU, \quad \frac{\partial F}{\partial y} = FV \tag{1.4}$$

の解 $F : \mathcal{D} \to \mathrm{GL}_n\mathbb{C}$ が存在すれば $(F_y)_x = (F_x)_y$ である．そこで $(F_y)_x - (F_x)_y$ を計算してみよう．

$$\begin{aligned} O = (F_y)_x - (F_x)_y &= (FV)_x - (FU)_y = F_xV + FV_x - F_yU - FU_y \\ &= F(UV) + FV_x - FVU - FU_y = F(V_x - U_y + UV - VU). \end{aligned}$$

$F(V_x - U_y + UV - VU) = O$ の両辺に，F^{-1} を左からかけて

$$V_x - U_y + [U,V] = O \tag{1.5}$$

を得る．ここで記号 $[\cdot,\cdot]$ を $[U,V] = UV - VU$ で導入した．方程式 (1.5) を (1.4) の**積分可能条件**とよぶ．

定義 $X, Y \in \mathrm{M}_n\mathbb{C}$ に対し $[X,Y] = XY - YX$ を X と Y の**交換子積**とよぶ．

問 1.3.4 $X, Y, Z \in \mathrm{M}_n\mathbb{C}$ に対し

$$[[X,Y],Z] + [[Y,Z],X] + [[Z,X],Y] = O \tag{1.6}$$

が成立することを示せ．(1.6) をヤコビの**恒等式**とよぶ．

ポアンカレの補題の行列値函数版は次で与えられる．

定理 1.3.5 (フロベニウスの定理) 単連結領域 $\mathcal{D}$ で定義された C^∞ 級行列値函数 $U : \mathcal{D} \to \mathrm{M}_n\mathbb{C}$ と $V : \mathcal{D} \to \mathrm{M}_n\mathbb{C}$ が積分可能条件 (1.5) をみたすとき，指定された初期条件 $F(x_0, y_0) = F_0 \in \mathrm{GL}_n\mathbb{C}$ をみたす連立微分方程式 (1.4)，すなわち

$$\frac{\partial F}{\partial x} = FU, \quad \frac{\partial F}{\partial y} = FV$$

の C^∞ 級の解 $F : \mathcal{D} \to \mathrm{GL}_n\mathbb{C}$ が唯一存在する．U, V が $\mathrm{M}_n\mathbb{R}$ に，F_0 が $\mathrm{GL}_n\mathbb{R}$ に値をもてば，解 F は $\mathrm{GL}_n\mathbb{R}$ に値をもつ．

注意 1.3.6 (積分定数) 区間 $I \subset \mathbb{R}$ で定義された C^∞ 級函数 $u(x)$ に対し常微分方程式 $f'(x) = u(x)$ を考える．この常微分方程式の解はもちろん $u(x)$ の原始函数である ([26, p.231], [31])．$u(x)$ の原始函数をひとつとり，それを $f_1(x)$ と書くと，他の原始函数は $f_1(x) + c$ $(c \in \mathbb{R})$ と表せる．定数 c を**積分定数**とよぶ．つまり，この常微分方程式の解全体は $\{f_1(x) + c \mid c \in \mathbb{R}\}$ と表される．フロベニウスの定理における連立偏微分方程式 (1.4) の場合，解 $F_1(x,y)$ をひとつとると他の解 $F(x,y)$ は $F(x,y) = CF_1(x,y)$, $C \in \mathrm{GL}_n\mathbb{C}$ で与えられる．

微分形式を使った書き換えも紹介しておこう．領域 $\mathcal{D}$ で定義された行列値函数 U, V を用いて $\alpha = U\,\mathrm{d}x + V\,\mathrm{d}y$ とおく．このような α を**行列値 1 次微分形式**とか $\mathrm{M}_n\mathbb{C}$ 値 1 次微分形式とよぶ．

U, V の成分を u_{ij}, v_{ij} で表すと α の (i,j) 成分 α_{ij} は $\alpha_{ij} = u_{ij}\mathrm{d}x + v_{ij}\mathrm{d}y$ で与えられる．α の外微分 $\mathrm{d}\alpha$ を

$$\mathrm{d}\alpha = \mathrm{d}U \wedge \mathrm{d}x + \mathrm{d}V \wedge \mathrm{d}y$$

で定義する．ここで $\mathrm{d}U$ は

$$\mathrm{d}U = \mathrm{d}\begin{pmatrix} u_{11} & u_{12} & \dots & u_{1n} \\ u_{21} & u_{22} & \dots & u_{2n} \\ \vdots & \vdots & \ddots & \vdots \\ u_{n1} & u_{n2} & \dots & u_{nn} \end{pmatrix} = \begin{pmatrix} \mathrm{d}u_{11} & \mathrm{d}u_{12} & \dots & \mathrm{d}u_{1n} \\ \mathrm{d}u_{21} & \mathrm{d}u_{22} & \dots & \mathrm{d}u_{2n} \\ \vdots & \vdots & \ddots & \vdots \\ \mathrm{d}u_{n1} & \mathrm{d}u_{n2} & \dots & \mathrm{d}u_{nn} \end{pmatrix}$$

で定める．$\mathrm{d}V$ も同様．この定義にしたがうと $\mathrm{d}\alpha = (V_x - U_y)\mathrm{d}x \wedge \mathrm{d}y$ となることが確かめられる．

ふたつの $\mathrm{M}_n\mathbb{C}$ 値 1 次微分形式 $\alpha = U\mathrm{d}x + V\mathrm{d}y$ と $\beta = P\mathrm{d}x + Q\mathrm{d}y$ に対し，α と β の外積 $\alpha \wedge \beta$ を次の要領で定める．

$$\begin{aligned} \alpha \wedge \beta &= (U\mathrm{d}x + V\mathrm{d}y) \wedge (P\mathrm{d}x + Q\mathrm{d}y) \\ &= UP\mathrm{d}x \wedge \mathrm{d}x + UQ\mathrm{d}x \wedge \mathrm{d}y + VP\mathrm{d}y \wedge \mathrm{d}x + VQ\mathrm{d}y \wedge \mathrm{d}y \\ &= (UQ - VP)\mathrm{d}x \wedge \mathrm{d}y \end{aligned}$$

とくに $\alpha \wedge \alpha = [U, V]\mathrm{d}x \wedge \mathrm{d}y$ であるから，積分可能条件 (1.5) は $\mathrm{d}\alpha + \alpha \wedge \alpha = 0$ と表すことができる．

問 1.3.7 $\mathrm{M}_n\mathbb{C}$ 値 1 次微分形式 $\alpha = U\mathrm{d}x + V\mathrm{d}y$ と $\beta = P\mathrm{d}x + Q\mathrm{d}y$ の外積 $\alpha \wedge \beta$ の (i,j) 成分 $(\alpha \wedge \beta)_{ij}$ は

$$(\alpha \wedge \beta)_{ij} = \sum_{k=1}^{n} \alpha_{ik} \wedge \beta_{kj}$$

で与えられることを確かめよ．

注意 1.3.8 (記号 $[\cdot \wedge \cdot]$) 交換子積 $[\cdot, \cdot]$ と外積 $\wedge$ を組み合わせた積 $[\cdot \wedge \cdot]$ も使われる．$\mathrm{M}_n\mathbb{C}$ 値 1 次微分形式 $\alpha = U\mathrm{d}x + V\mathrm{d}y$ と $\beta = P\mathrm{d}x + Q\mathrm{d}y$ に対し $[\alpha \wedge \beta]$ を

$$\begin{aligned} [\alpha \wedge \beta] &= [U\mathrm{d}x + V\mathrm{d}y \wedge P\mathrm{d}x + Q\mathrm{d}y] \\ &= [U, P]\mathrm{d}x \wedge \mathrm{d}x + [U, Q]\mathrm{d}x \wedge \mathrm{d}y + [V, P]\mathrm{d}y \wedge \mathrm{d}x + [V, Q]\mathrm{d}y \wedge \mathrm{d}y \end{aligned}$$

$$= ([U,Q]-[V,P])\mathrm{d}x\wedge\mathrm{d}y$$

という計算規則で定める．とくに $[\alpha\wedge\alpha]=2[U,V]\mathrm{d}x\wedge\mathrm{d}y=\alpha\wedge\alpha$ を得るので積分可能条件 (1.5) は $\mathrm{d}\alpha+\frac{1}{2}[\alpha\wedge\alpha]=0$ と書き直すことができる．

1.4 ユークリッド空間

この本では，3 次元空間内の曲がった図形 (曲面) について学ぶ．本論に入る前に曲面の入れ物 (住処) である 3 次元空間について記号や用語を整理しておこう．後々の便利のために，一般の次元での説明をしておく．詳しい説明は本講座の [32, 4.1 節], [13, 第 6 章, 第 9.6 節] や拙著 [4] を参照されたい．また，フロベニウスの定理を後の章で使うために，もう少し精密な形にしておく．

n 次元数空間を $\mathbb{R}^n$ で表す．$n=2$ のときは，もちろん第 1.1 節から 1.3 節で扱った数平面である．

$$\mathbb{R}^n=\{(x_1,x_2,\dots,x_n)\mid x_1,x_2,\dots,x_n\in\mathbb{R}\}.$$

$\mathbb{R}^n$ の点 $(x_1,x_2,\dots,x_n)$ は n 個の (順序のついた) 実数の組である．$\mathrm{O}=(0,0,\dots,0)$ を $\mathbb{R}^n$ の**原点** (origin) とよぶ．

$\mathbb{R}^n$ の 2 点 $\mathrm{P}=(p_1,p_2,\dots,p_n)$, $\mathrm{Q}=(q_1,q_2,\dots,q_n)$ に対し $(n,1)$ 型の行列 (列ベクトル)

$$\overrightarrow{\mathrm{PQ}}=\begin{pmatrix} q_1-p_1\\ q_2-p_2\\ \vdots\\ q_n-p_n\end{pmatrix}$$

を P を始点，Q を終点にもつ (変位) ベクトルとよぶ．とくに始点が原点であるベクトル $\boldsymbol{p}:=\overrightarrow{\mathrm{OP}}$ を点 P の**位置ベクトル**とよぶ．(線型代数学で学ぶように) 位置ベクトルで点を表示するのが便利なので今後は点と位置ベクトルをいちいち区別しないで「点 $\boldsymbol{p}\in\mathbb{R}^n$」のように言い表す．また $\boldsymbol{p}\in\mathbb{R}^n$ は $(n,1)$ 型の行列と考える約束であるが，スペースを節約するために，$(p_1,p_2,\dots,p_n)$ という表記をすることが多いので注意されたい (本講座 [32, pp.58–59], [13, p.1] を参照のこと)．

$\boldsymbol{p}$, $\boldsymbol{q}\in\mathbb{R}^n$ の**内積** $(\boldsymbol{p}|\boldsymbol{q})$ を

$$(\boldsymbol{p}|\boldsymbol{q}) = \sum_{i=1}^{n} p_i q_i, \quad \boldsymbol{p} = (p_1, p_2, \ldots, p_n),\ \boldsymbol{q} = (q_1, q_2, \ldots, q_n)$$

で定める．ベクトル $\boldsymbol{p}$ の長さを $\|\boldsymbol{p}\| = \sqrt{(\boldsymbol{p}|\boldsymbol{p})}$ で表す．$\mathbb{R}^n$ に内積 $(\cdot|\cdot)$ を与えたものを n 次元**ユークリッド空間** (Euclidean n-space) とよび $\mathbb{E}^n$ で表す．

ユークリッド空間においては 2 点間の距離を測ることができる．$\mathbb{E}^n$ の 2 点 $\boldsymbol{p} = (p_1, p_2, \ldots, p_n)$, $\boldsymbol{q} = (q_1, q_2, \ldots, q_n)$ に対し，$\boldsymbol{p}$, $\boldsymbol{q}$ 間の距離 $\mathrm{d}(\boldsymbol{p}, \boldsymbol{q})$ を

$$\mathrm{d}(\boldsymbol{p}, \boldsymbol{q}) = \sqrt{\sum_{i=1}^{n} (p_i - q_i)^2}$$

で定める．ベクトルの長さを用いて $\mathrm{d}(\boldsymbol{p}, \boldsymbol{q}) = \|\boldsymbol{p} - \boldsymbol{q}\|$ と表せることに注意しよう．d を**ユークリッド距離函数**とよぶ．

定義 行列 $A \in \mathrm{M}_n\mathbb{R}$ をひとつとり $\mathbb{R}^n$ 上の変換 f_A を

$$f_A(\boldsymbol{p}) = A\boldsymbol{p}, \quad \boldsymbol{p} \in \mathbb{R}^n$$

で定める．f_A を A の定める **1 次変換**という．

内積を保つ行列の全体，すなわち

$$\mathrm{O}(n) = \left\{ A \in \mathrm{M}_n\mathbb{R} \mid (A\boldsymbol{x}|A\boldsymbol{y}) = (\boldsymbol{x}|\boldsymbol{y}), \quad {}^{\forall}\boldsymbol{x}, \boldsymbol{y} \in \mathbb{R}^n \right\}$$

を考えよう．正方行列 A の**転置行列**[*5)] を ${}^tA$ で表すと

$$(A\boldsymbol{x}|A\boldsymbol{y}) = {}^t(A\boldsymbol{x})A\boldsymbol{y} = {}^t\boldsymbol{x}({}^tAA\boldsymbol{y}) = (\boldsymbol{x}|{}^tAA\boldsymbol{y})$$

と式変形できることから

$$\mathrm{O}(n) = \{A \in \mathrm{GL}_n\mathbb{R} \mid {}^tAA = E\}$$

と表示できる．この表示から $\mathrm{O}(n)$ は $\mathrm{GL}_n\mathbb{R}$ の部分群であることがわかる．$\mathrm{O}(n)$ を n 次**直交群** (orthogonal group) とよぶ．$\mathrm{O}(n)$ の要素を**直交行列**とよぶ．直交行列の定める 1 次変換を**直交変換**という．$A \in \mathrm{O}(n)$ ならば $1 = \det E =$

---

*5) $A = (a_{ij})$ に対し a_{ji} を (i, j) 成分にもつ行列を ${}^tA$ で表し A の転置行列という．[32, p.17], [4, p.39] 参照．

$\det({}^tAA) = \det({}^tA)\det A = (\det A)^2$ より $\det A = \pm 1$ である．

$$\mathrm{SO}(n) = \{A \in \mathrm{O}(n) \mid \det A = 1\} = \mathrm{SL}_n\mathbb{R} \cap \mathrm{O}(n)$$

とおくと，これは $\mathrm{O}(n)$ の部分群である．$\mathrm{SO}(n)$ を n **次回転群** (rotation group) とよぶ．

定義 ([13, p.67]) 変換 $f : \mathbb{E}^n \to \mathbb{E}^n$ がユークリッド距離函数を保つとき，すなわち任意の 2 点 $\boldsymbol{p}, \boldsymbol{q} \in \mathbb{E}^n$ に対し，

$$\mathrm{d}(f(\boldsymbol{p}), f(\boldsymbol{q})) = \mathrm{d}(\boldsymbol{p}, \boldsymbol{q})$$

をみたすとき，f を $\mathbb{E}^n$ の**合同変換**とよぶ．

合同変換は次のように表示できる ([13, 定理 6.8], [4, 定理 2.14] 参照)．

定理 1.4.1 $\mathbb{E}^n$ の合同変換 f は $f(\boldsymbol{p}) = A\boldsymbol{p} + \boldsymbol{b}$ と表すことができる．ここで $A \in \mathrm{O}(n)$, $\boldsymbol{b} \in \mathbb{R}^n$．

$\mathbb{E}^n$ の合同変換全体を $\mathrm{E}(n)$ で表すと，この定理から $\mathrm{E}(n)$ は直交行列とベクトルの組の集合

$$\{(A, \boldsymbol{b}) \mid A \in \mathrm{O}(n),\ \boldsymbol{b} \in \mathbb{R}^n\} \tag{1.7}$$

と思うことができる．$(A, \boldsymbol{b})$ と $(C, \boldsymbol{d})$ の定める合同変換をそれぞれ f, g で表すと，f と g の合成 $g \circ f$ は

$$(g \circ f)(\boldsymbol{p}) = g(f(\boldsymbol{p})) = g(A\boldsymbol{p} + \boldsymbol{b}) = C(A\boldsymbol{p} + \boldsymbol{b}) + \boldsymbol{d} = CA\boldsymbol{p} + C\boldsymbol{b} + \boldsymbol{d}$$

と計算されるから，$g \circ f$ は $(CA, C\boldsymbol{b} + \boldsymbol{d})$ で与えられる．したがって f を施したあとに g を施すことは集合 (1.7) においては

$$(C, \boldsymbol{d})(A, \boldsymbol{b}) = (CA, C\boldsymbol{b} + \boldsymbol{d}) \tag{1.8}$$

という演算に対応する．すなわち $\mathrm{E}(n)$ は集合 (1.7) に (1.8) で定めた演算を与えたものと思ってよい．

問 1.4.2 この表示を用いて次の定理が成立することを確かめよ.

定理 1.4.3 $\mathbb{E}^n$ の合同変換全体 $\mathrm{E}(n)$ は合成に関し群をなす. この群を**合同変換群**とよぶ.

定義 $\mathrm{E}(n)$ の部分群 $\mathrm{SE}(n) = \{(A, \boldsymbol{b}) \in \mathrm{E}(n) \mid \det A = 1\}$ を $\mathbb{E}^n$ の**運動群**とよぶ.

$\mathbb{E}^n$ 内のふたつの図形 $\mathcal{X}$ と $\mathcal{Y}$ に対し $f(\mathcal{X}) = \mathcal{Y}$ となる合同変換 f が存在するとき, $\mathcal{X}$ と $\mathcal{Y}$ は**合同**であるといい $\mathcal{X} \equiv \mathcal{Y}$ と記す.

$\mathrm{E}(n)$ を $\mathrm{GL}_{n+1}\mathbb{R}$ の部分群として実現する方法を説明しておこう. まず次の問から始める.

問 1.4.4 O_{1n} で $(1, n)$ 型の零行列を表す.

$$\mathrm{A}(n) = \left\{ \begin{pmatrix} A & \boldsymbol{b} \\ O_{1n} & 1 \end{pmatrix} \middle| \ A \in \mathrm{GL}_n\mathbb{R}, \ \boldsymbol{b} \in \mathbb{R}^n \right\} \subset \mathrm{M}_{n+1}\mathbb{R} \tag{1.9}$$

とおくと $\mathrm{GL}_{n+1}\mathbb{R}$ の部分群であることを示せ[*6)].

命題 1.4.5 $\iota : \mathrm{E}(n) \to \mathrm{GL}_{n+1}\mathbb{R}$ を

$$\iota(A, \boldsymbol{b}) = \begin{pmatrix} A & \boldsymbol{b} \\ O_{1n} & 1 \end{pmatrix}$$

で定めると 1 対 1 の群準同型写像である. ι による $\mathrm{E}(n)$ の像は

$$\left\{ \begin{pmatrix} A & \boldsymbol{b} \\ O_{1n} & 1 \end{pmatrix} \middle| \ A \in \mathrm{O}(n), \ \boldsymbol{b} \in \mathbb{R}^n \right\} \subset \mathrm{GL}_{n+1}\mathbb{R} \tag{1.10}$$

である. ι を介して $\mathrm{E}(n) \subset \mathrm{GL}_{n+1}\mathbb{R}$ と見なす.

今後, スペースの節約のため $\begin{pmatrix} A & \boldsymbol{b} \\ O_{1n} & 1 \end{pmatrix}$ を $(A, \boldsymbol{b})$ と略記することがある.

---

*6) この群は $\mathbb{R}^n$ のアフィン変換群 $\mathrm{A}(n)$ と同型なので $\mathrm{A}(n)$ と表記した [4, pp.82].

直交群に相当する群を複素数空間でも考えておく．n 次元複素数空間

$$\mathbb{C}^n = \{\boldsymbol{z} = (z_1, z_2, \ldots, z_n) \mid z_1, z_2, \ldots, z_n \in \mathbb{C}\}$$

の内積 (エルミート内積) を

$$\langle \boldsymbol{z} | \boldsymbol{w} \rangle = \sum_{i=1}^{n} z_i \overline{w_i}, \quad \boldsymbol{z} = (z_1, z_2, \ldots, z_n),\ \boldsymbol{w} = (w_1, w_2, \ldots, w_n)$$

で定める．$\boldsymbol{z} \in \mathbb{C}^n$ の長さ $\|\boldsymbol{z}\|$ は $\|\boldsymbol{z}\| = \sqrt{\langle \boldsymbol{z} | \boldsymbol{z} \rangle}$ で定められる．

記号　$\mathbb{R}^n$ の内積 $(\cdot|\cdot)$ をそのまま複素ベクトルについて拡張したものを同じ記号 $(\cdot|\cdot)$ で表す．すなわち $\boldsymbol{z} = (z_1, z_2, \ldots, z_n)$, $\boldsymbol{w} = (w_1, w_2, \ldots, w_n) \in \mathbb{C}^n$ に対し

$$(\boldsymbol{z} | \boldsymbol{w}) = \sum_{k=1}^{n} z_k w_k$$

と定める．

$(\boldsymbol{z}|\boldsymbol{w})$ とエルミート内積 $\langle \boldsymbol{z}|\boldsymbol{w} \rangle$ は $\langle \boldsymbol{z}|\boldsymbol{w} \rangle = (\boldsymbol{z}|\overline{\boldsymbol{w}})$ という関係にあることを注意しておく．

n 次**ユニタリ群** (unitary group) $\mathrm{U}(n)$ とは

$$\mathrm{U}(n) = \left\{ A \in \mathrm{M}_n\mathbb{C} \mid \langle A\boldsymbol{z} | A\boldsymbol{w} \rangle = \langle \boldsymbol{z} | \boldsymbol{w} \rangle, \quad {}^{\forall}\boldsymbol{z}, \boldsymbol{w} \in \mathbb{C}^n \right\}$$

によって定まる $\mathrm{GL}_n\mathbb{C}$ の部分群である．$\mathrm{O}(n)$ のときと同様に

$$\mathrm{U}(n) = \left\{ A \in \mathrm{M}_n\mathbb{C} \mid \overline{{}^tA}A = E \right\}$$

と表示できる．

注意 1.4.6 ($n = 1$ のとき)　$\mathrm{O}(1) = \{\pm 1\}$, $\mathrm{U}(1) = \{z \in \mathbb{C} \mid |z| = 1\}$ であることに注意．

問 1.4.7　$A \in \mathrm{U}(n)$ ならば $\det A$ は絶対値 1 の複素数であることを確かめよ．

また，$\mathrm{SU}(n) = \mathrm{SL}_n\mathbb{C} \cap \mathrm{U}(n)$ を**特殊ユニタリ群** (special unitary group) とよぶ．

問 1.4.8 SU(2) は次のように表示できることを示せ.

$$\mathrm{SU}(2) = \left\{ \begin{pmatrix} \alpha & -\overline{\beta} \\ \beta & \overline{\alpha} \end{pmatrix} \,\middle|\, \alpha, \beta \in \mathbb{C},\ |\alpha|^2 + |\beta|^2 = 1 \right\}. \tag{1.11}$$

定義 $\mathrm{GL}_n\mathbb{C}$ の部分群 G が $\mathrm{GL}_n\mathbb{C}$ から誘導される位相に関して閉集合であるとき，すなわち任意の収束する無限列 $\{A_k\} \subset G$ に対し極限 $\lim_{k\to\infty} A_k$ が G に収まるとき，G を**線型リー群**とよぶ.

注意 1.4.9 (念のため確認) 数列を並べてできる行列

$$A_k = \begin{pmatrix} (a_{11})_k & (a_{12})_k & \dots & (a_{1n})_k \\ (a_{21})_k & (a_{22})_k & \dots & (a_{2n})_k \\ \vdots & \vdots & \ddots & \vdots \\ (a_{n1})_k & (a_{n2})_k & \dots & (a_{nn})_k \end{pmatrix}, k = 1, 2, \dots$$

を集めてできる列 $\{A_k\}$ に対し，極限 $\lim_{k\to\infty} (a_{ij})_k$ がすべての $i, j \in \{1, 2, \dots, n\}$ に対し存在するとき，無限列 $\{A_k\}$ は**収束する**といいその極限 $\lim_{k\to\infty} A_k$ を

$$\lim_{k\to\infty} A_k = \begin{pmatrix} \lim_{k\to\infty} (a_{11})_k & \lim_{k\to\infty} (a_{12})_k & \dots & \lim_{k\to\infty} (a_{1n})_k \\ \lim_{k\to\infty} (a_{21})_k & \lim_{k\to\infty} (a_{22})_k & \dots & \lim_{k\to\infty} (a_{2n})_k \\ \vdots & \vdots & \ddots & \vdots \\ \lim_{k\to\infty} (a_{n1})_k & \lim_{k\to\infty} (a_{n2})_k & \dots & \lim_{k\to\infty} (a_{nn})_k \end{pmatrix}$$

で定める.

$\mathrm{SL}_n\mathbb{C}$, $\mathrm{SL}_n\mathbb{R}$, $\mathrm{O}(n)$, $\mathrm{SO}(n)$, $\mathrm{U}(n)$, $\mathrm{SU}(n)$, $\mathrm{E}(n)$, $\mathrm{SE}(n)$ はどれも線型リー群である.

区間 $I \subset \mathbb{R}$ で定義され線型リー群 $G \subset \mathrm{GL}_n\mathbb{C}$ に値をもつ行列値函数 $F = F(u)$ を考える．$F(u)$ を $F(u) = (f_{ij}(u))$ と成分表示しよう．すべての $f_{ij}(u)$ が I 上で微分可能であるとき $F(u)$ は I 上で微分可能であるといい

$$\dot{F}(u) = \frac{\mathrm{d}F}{\mathrm{d}u}(u) = (\dot{f}_{ij}(u)), \quad \dot{f}_{ij}(u) = \frac{\mathrm{d}f_{ij}}{\mathrm{d}u}(u)$$

と定める．とくにすべての $f_{ij}(u)$ が I 上で C^∞ 級であるとき，$F(u)$ は I 上で C^∞ 級であるという．以下 C^∞ 級の行列値函数 $F : I \to G$ を考える.

$$F(u)^{-1}\dot{F}(u) = U(u)$$

とおく．$F(u)$ の性質が $U(u)$ にどう反映されるかを調べておく．

まず $\det F(u)$ の導函数を求めよう．$n = 2$ のときに計算してみる．$F(u) = (f_{ij}(u))$ と成分表示すると

$$\frac{\mathrm{d}}{\mathrm{d}u}\det F = \begin{vmatrix} \dot{f}_{11} & f_{12} \\ \dot{f}_{21} & f_{22} \end{vmatrix} + \begin{vmatrix} f_{11} & \dot{f}_{12} \\ f_{21} & \dot{f}_{22} \end{vmatrix} = (\dot{f}_{11}f_{22} - f_{12}\dot{f}_{21}) + (f_{11}\dot{f}_{22} - \dot{f}_{12}f_{21})$$

と計算される．一方

$$U = F^{-1}\dot{F} = \frac{1}{\det F}\begin{pmatrix} f_{22} & -f_{12} \\ -f_{21} & f_{11} \end{pmatrix}\begin{pmatrix} \dot{f}_{11} & \dot{f}_{12} \\ \dot{f}_{21} & \dot{f}_{22} \end{pmatrix}$$

であるから両者を見比べて

$$\det F \cdot \operatorname{tr} U = \{(\dot{f}_{11}f_{22} - f_{12}\dot{f}_{21}) + (f_{11}\dot{f}_{22} - \dot{f}_{12}f_{21})\} = \frac{\mathrm{d}}{\mathrm{d}u}\det F$$

が得られた．ここで $\operatorname{tr} U$ は行列 U の固有和 (トレース) を表す．したがって $\det F$ が 0 でない定数であることと $\operatorname{tr} U = 0$ が同値であることが確かめられる．

問 1.4.10 一般の n についても

$$\frac{\mathrm{d}}{\mathrm{d}u}\det F(u) = \det F(u)\operatorname{tr} U(u) \tag{1.12}$$

が成立することを示せ．

例 1.4.11 (特殊線型群) $F : I \to \mathrm{SL}_n\mathbb{C}$ に対し，$U(u) = F^{-1}(u)\dot{F}(u)$ は $\operatorname{tr} U(u) = 0$ をみたす．

ここで

$$\mathfrak{sl}_n\mathbb{C} = \{X \in \mathrm{M}_n\mathbb{C} \mid \operatorname{tr} X = 0\} \tag{1.13}$$

とおく．固有和の性質 (線型性) から $\mathfrak{sl}_n\mathbb{C}$ が複素線型空間であることが確かめられる．同様に $\mathfrak{sl}_n\mathbb{R} = \{X \in \mathrm{M}_n\mathbb{R} \mid \operatorname{tr} X = 0\}$ は実線型空間である．

定理 1.4.12 1) 区間 $I \subset \mathbb{R}$ で定義された $\mathrm{SL}_n\mathbb{C}$ に値をもつ C^∞ 級行列値函数 $F(u)$ に対し $U(u) := F(u)^{-1}\dot{F}(u)$ は $\mathfrak{sl}_n\mathbb{C}$ に値をもつ．

2) 区間 I で定義され $\mathfrak{sl}_n\mathbb{C}$ に値をもつ C^∞ 級行列値函数 $U(u)$ に対し常微分方程式

$$\frac{\mathrm{d}}{\mathrm{d}u}F(u) = F(u)U(u)$$

の初期条件 $F(u_0) = A \in \mathrm{SL}_n\mathbb{C}$ をみたす C^∞ 級の解 $F(u)$ が存在する．とくに $U(u)$ が $\mathfrak{sl}_n\mathbb{R}$ に値をもち，$A \in \mathrm{SL}_n\mathbb{R}$ ならば $F(u)$ は $\mathrm{SL}_n\mathbb{R}$ に値をもつ．

例 1.4.13 (直交群) $F(u)$ が直交行列の場合を考えよう．${}^tF(u)F(u) = E$ の両辺を u で微分すると

$${}^t\dot{F}(u)F(u) + {}^tF(u)\dot{F}(u) = O.$$

$F^{-1}(u) = {}^tF(u)$ と $\dot{F}(u) = F(u)U(u)$ に注意すると

$$O = {}^t(F(u)U(u))F(u) + F(u)^{-1}\dot{F}(u) = {}^tU(u){}^tF(u)F(u) + U(u) = {}^tU(u) + U(u).$$

したがって ${}^tU(u) = -U(u)$．つまり $U(u)$ は交代行列である*7)．n 次交代行列の全体を $\mathfrak{o}(n)$ で表す．$\mathfrak{o}(n)$ は実線型空間である．交代行列の固有和は 0 であり，$\mathfrak{o}(n)$ は $\mathfrak{sl}_n\mathbb{R}$ の線型部分空間であることに注意しよう．

定理 1.4.14 1) 区間 $I \subset \mathbb{R}$ で定義された $\mathrm{O}(n)$ に値をもつ C^∞ 級行列値函数 $F(u)$ に対し $U(u) := F(u)^{-1}\dot{F}(u)$ は交代行列．

2) 区間 I で定義された C^∞ 級の n 次交代行列値函数 $U(u)$ に対し常微分方程式

$$\frac{\mathrm{d}}{\mathrm{d}u}F(u) = F(u)U(u)$$

の初期条件 $F(u_0) = A \in \mathrm{O}(n)$ をみたす解が存在する．とくに $\det A = 1$ であれば $F(u)$ は $\mathrm{SO}(n)$ に値をもつ．

$\mathrm{E}(n)$ の場合には (1.10) の表示を用いるのが便利である．$\mathrm{E}(n)$ に値をもつ C^∞ 級行列値函数

---

*7) $A \in \mathrm{M}_n\mathbb{R}$ が ${}^tA = A$ をみたすとき対称行列，${}^tA = -A$ をみたすとき交代行列とよぶ．

$$\mathcal{F}(u) = (F(u), \boldsymbol{v}(u)) = \begin{pmatrix} F(u) & \boldsymbol{v}(u) \\ O_{1n} & 1 \end{pmatrix}$$

に対し

$$\begin{aligned} \mathcal{F}(u)^{-1}\dot{\mathcal{F}}(u) &= \begin{pmatrix} F(u)^{-1} & -F(u)^{-1}\boldsymbol{v}(u) \\ O_{1n} & 1 \end{pmatrix} \begin{pmatrix} \dot{F}(u) & \dot{\boldsymbol{v}}(u) \\ O_{1n} & 0 \end{pmatrix} \\ &= \begin{pmatrix} F(u)^{-1}\dot{F}(u) & F(u)^{-1}\dot{\boldsymbol{v}}(u) \\ O_{1n} & 0 \end{pmatrix} \end{aligned}$$

と計算される．すなわち $\mathcal{F}(u)^{-1}\dot{\mathcal{F}}(u)$ は

$$\mathfrak{e}(n) = \left\{ \begin{pmatrix} U & \boldsymbol{w} \\ O_{1n} & 0 \end{pmatrix} \;\middle|\; U \in \mathfrak{o}(n),\ \boldsymbol{w} \in \mathbb{R}^n \right\} \subset \mathrm{M}_{n+1}\mathbb{R} \tag{1.14}$$

に値をもつ．

系 1.4.15 1) 区間 $I \subset \mathbb{R}$ で定義された $\mathrm{E}(n)$ に値をもつ C^∞ 級行列値函数 $\mathcal{F}(u) = (F(u), \boldsymbol{v}(u))$ に対し $\mathcal{U}(u) := \mathcal{F}(u)^{-1}\dot{\mathcal{F}}(u)$ は $\mathcal{U}(u) = (U(u), \boldsymbol{w}(u)) = (F(u)^{-1}\dot{F}(u), F(u)^{-1}\dot{\boldsymbol{v}}(u))$ という形をしている．とくに $U(u) := F(u)^{-1}\dot{F}(u)$ は交代行列.

2) 区間 I で定義された C^∞ 級の n 次交代行列値函数 $U(u)$ とベクトル値函数 $\boldsymbol{w}(u)$ に対し[*8)]，常微分方程式

$$\frac{\mathrm{d}}{\mathrm{d}u}\mathcal{F}(u) = \mathcal{F}(u)\mathcal{U}(u),\ \mathcal{U}(u) = (U(u), \boldsymbol{w}(u))$$

の初期条件 $\mathcal{F}(u_0) = (A, \boldsymbol{b}) \in \mathrm{E}(n)$ をみたす解 $\mathcal{F}(u) = (F(u), \boldsymbol{v}(u))$ が存在する．とくに $\det A = 1$ であれば $\mathcal{F}(u)$ は $\mathrm{SE}(n)$ に値をもつ.

問 1.4.16 $F(u) : I \to \mathrm{U}(n)$ に対し $U(u) = F(u)^{-1}\dot{F}(u)$ が反エルミート行列，すなわち $\overline{{}^tU(u)} = -U(u)$ をみたすことを確かめよ.

ユニタリ行列値函数について次が成立する.

---

*8) 区間 I で定義された函数 $w_1(u)$, $w_2(u), \ldots, w_n(u)$ を並べてできるベクトル $\boldsymbol{w}(u) = (w_1(u), w_2(u), \ldots, w_n(u))$ を I で定義されたベクトル値函数とよぶ.

定理 1.4.17 1) 区間 $I \subset \mathbb{R}$ で定義された $\mathrm{U}(n)$ に値をもつ微分可能な函数 $F(u)$ に対し $U(u) := F(u)^{-1}\dot{F}(u)$ は反エルミート行列.

2) 区間 I で定義された n 次反エルミート行列値函数 $U(u)$ に対し常微分方程式

$$\frac{\mathrm{d}}{\mathrm{d}u}F(u) = F(u)U(u)$$

の初期条件 $F(s_0) = A \in \mathrm{U}(n)$ をみたす解が存在する.

$F(u) : I \to \mathrm{U}(n)$ に対し $\det F(u)$ は絶対値 1 の複素函数である. とくに F が $\mathrm{SU}(n)$ に値をもつならば $U(u) = F(u)^{-1}\dot{F}(u)$ に対し (1.12) より $\mathrm{tr}\,U(u) = 0$ である. したがって $U(u)$ は複素線型空間 $\mathfrak{sl}_n\mathbb{C} \cap \mathfrak{u}(n)$ に値をもつ. この複素線型空間を $\mathfrak{su}(n)$ と表記しよう.

系 1.4.18 1) 区間 $I \subset \mathbb{R}$ で定義された $\mathrm{SU}(n)$ に値をもつ微分可能な函数 $F(u)$ に対し $U(u) := F(u)^{-1}\dot{F}(u)$ は $\mathfrak{su}(n)$ に値をもつ.

2) 区間 I で定義された $\mathfrak{su}(n)$ 値函数 $U(u)$ に対し常微分方程式

$$\frac{\mathrm{d}}{\mathrm{d}u}F(u) = F(u)U(u)$$

の初期条件 $F(u_0) = A \in \mathrm{SU}(n)$ をみたす解が存在する.

ここまでに登場した線型空間

$$\mathfrak{sl}_n\mathbb{R} = \{X \in \mathrm{M}_n\mathbb{R} \mid \mathrm{tr}\,X = 0\}$$

$$\mathfrak{sl}_n\mathbb{C} = \{X \in \mathrm{M}_n\mathbb{C} \mid \mathrm{tr}\,X = 0\}$$

$$\mathfrak{o}(n) = \{X \in \mathrm{M}_n\mathbb{R} \mid {}^tX = -X\} \subset \mathfrak{sl}_n\mathbb{R}$$

$$\mathfrak{u}(n) = \{X \in \mathrm{M}_n\mathbb{C} \mid \overline{{}^tX} = -X\}$$

$$\mathfrak{su}(n) = \mathfrak{sl}_n\mathbb{C} \cap \mathfrak{u}(n)$$

について次の事実が確かめられる*9).

*9) たとえば $X, Y \in \mathfrak{o}(n)$ のとき
$[X,Y]^t = (XY-YX)^t = (XY)^t - (YX)^t = Y^tX^t - X^tY^t = -XY+YX = -[X,Y]$
より $[X,Y] \in \mathfrak{o}(n)$.

定理 1.4.19 $\mathfrak{g}$ は $\mathfrak{sl}_n\mathbb{R}$, $\mathfrak{sl}_n\mathbb{C}$, $\mathfrak{o}(n)$, $\mathfrak{u}(n)$ のいずれかとする．このとき

$$X, Y \in \mathfrak{g} \Longrightarrow [X, Y] \in \mathfrak{g}$$

が成立する．したがって $\mathfrak{su}(n)$, $\mathfrak{e}(n)$ もこの性質をみたす．

この定理と問 1.3.4 から，$\mathfrak{sl}_n\mathbb{R}$, $\mathfrak{sl}_n\mathbb{C}$, $\mathfrak{o}(n)$, $\mathfrak{u}(n)$ および $\mathfrak{su}(n)$ においてもヤコビの恒等式が成り立つことがわかる．

定義 $\mathrm{M}_n\mathbb{C}$ の実線型部分空間 $\mathfrak{a}$ が

$$X, Y \in \mathfrak{a} \Longrightarrow [X, Y] \in \mathfrak{a}$$

をみたすとき，$\mathfrak{a}$ を実線型リー環とよぶ．

ここで行列の指数函数を定義しておこう ([23, 7 章], [5, 3 章, 4 章] を参照).

命題 1.4.20 $X \in \mathrm{M}_n\mathbb{C}$ に対し

$$\sum_{k=0}^{\infty} \frac{X^k}{k!} = \lim_{\ell \to \infty} \sum_{k=0}^{\ell} \frac{X^k}{k!}$$

は収束する．この極限を $\exp X$ あるいは e^X で表す．e^X はつねに正則であり，

$$[X, Y] = O \Longrightarrow e^X\, e^Y = \exp(X + Y) = e^Y e^X$$

が成り立つ．とくに $(\exp X)^{-1} = \exp(-X)$ である．$\exp : \mathrm{M}_n\mathbb{C} \to \mathrm{GL}_n\mathbb{C}$ を行列の指数函数とよぶ．

命題 1.4.21 $X \in \mathrm{M}_n\mathbb{C}$ とする．常微分方程式

$$\frac{\mathrm{d}}{\mathrm{d}u} A(u) = A(u)X, \quad A(0) = E$$

の解は $A(u) = \exp(uX)$ で与えられる．

行列の指数函数を用いて次の定義を行う．

定義 線型リー群 G に対し $\mathfrak{g} = \{X \in \mathrm{M}_n\mathbb{C} \mid \exp(sX) \in G,\ {}^{\forall}s \in \mathbb{R}\}$ とおくと $\mathfrak{g}$ は実線型リー環である．これを G のリー環とよぶ．

証明抜きで次の事実を注意しておく．

注意 1.4.22 $\mathfrak{sl}_n\mathbb{R}$, $\mathfrak{sl}_n\mathbb{C}$, $\mathfrak{o}(n)$, $\mathfrak{u}(n)$, $\mathfrak{su}(n)$, $\mathfrak{e}(n)$ はそれぞれ $\mathrm{SL}_n\mathbb{R}$, $\mathrm{SL}_n\mathbb{C}$, $\mathrm{O}(n)$, $\mathrm{U}(n)$, $\mathrm{SU}(n)$, $\mathrm{E}(n)$ のリー環である．

この本で基本的な役割をする次の定理を述べよう．

定理 1.4.23 (直交行列に関するフロベニウスの定理) 単連結領域 $\mathcal{D} \subset \mathbb{R}^2$ で定義された C^∞ 級行列値函数 $U : \mathcal{D} \to \mathfrak{o}(n)$, $V : \mathcal{D} \to \mathfrak{o}(n)$ が積分可能条件 (1.5) をみたすとき，指定された初期条件 $F(x_0, y_0) = F_0 \in \mathrm{O}(n)$ をみたす連立微分方程式

$$\frac{\partial}{\partial x}F = FU, \quad \frac{\partial}{\partial y}F = FV,$$

の解 $F : \mathcal{D} \to \mathrm{O}(n)$ が唯一存在する．とくに F_0 が $\mathrm{SO}(n)$ に値をもてば，F は $\mathrm{SO}(n)$ に値をもつ．

系 1.4.24 (合同変換群に関するフロベニウスの定理) 単連結領域 $\mathcal{D} \subset \mathbb{R}^2$ で定義された C^∞ 級行列値函数 $\mathcal{U} : \mathcal{D} \to \mathfrak{e}(n)$, $\mathcal{V} : \mathcal{D} \to \mathfrak{e}(n)$ が積分可能条件 (1.5) をみたすとき，指定された初期条件 $\mathcal{F}(x_0, y_0) = \mathcal{F}_0 \in \mathrm{E}(n)$ をみたす連立微分方程式

$$\frac{\partial}{\partial x}\mathcal{F} = \mathcal{F}\mathcal{U}, \quad \frac{\partial}{\partial y}\mathcal{F} = \mathcal{F}\mathcal{V}$$

の解 $\mathcal{F} : \mathcal{D} \to \mathrm{E}(n)$ が唯一存在する．とくに $\mathcal{F}_0$ が $\mathrm{SE}(n)$ に値をもてば，$\mathcal{F}$ は $\mathrm{SE}(n)$ に値をもつ．

定理 1.4.25 (ユニタリ行列に関するフロベニウスの定理) 単連結領域 $\mathcal{D} \subset \mathbb{R}^2$ で定義された C^∞ 級行列値函数 $U : \mathcal{D} \to \mathfrak{su}(n)$, $V : \mathcal{D} \to \mathfrak{su}(n)$ が積分可能条件 (1.5) をみたすとき，指定された初期条件 $F(x_0, y_0) = F_0 \in \mathrm{SU}(n)$ をみたす連立微分方程式

$$\frac{\partial}{\partial x}F = FU, \quad \frac{\partial}{\partial y}F = FV$$

の解 $F : \mathcal{D} \to \mathrm{SU}(n)$ が唯一存在する.

1.5 曲　線　論

1.5.1 空間曲線

前節で扱った線型リー群と実線型リー環の応用として，3 次元ユークリッド空間内の曲線の取り扱いを解説する (本講座 [3, 4.2 節] も参照するとよい).

開区間 $I \subset \mathbb{R}$ で定義されたベクトル値函数 $\boldsymbol{p} : I \to \mathbb{E}^3$, $\boldsymbol{p}(u) = (x_1(u), x_2(u), x_3(u))$ を径数付曲線とよぶ．u をこの径数付曲線の径数 (または媒介変数，パラメータ) とよぶ．径数付曲線 $\boldsymbol{p} : I \to \mathbb{E}^3$ が I のすべての点において微分可能なとき，$\boldsymbol{p}$ を微分可能径数付曲線とよぶ．とくに $\boldsymbol{p}$ が I において何回でも微分可能なとき (すなわち C^∞ 級のとき) なめらかな径数付曲線とよぶ．微分可能径数付曲線 $\boldsymbol{p} : I \to \mathbb{E}^3$ と $a \in I$ において

$$\dot{\boldsymbol{p}}(a) = \frac{\mathrm{d}\boldsymbol{p}}{\mathrm{d}u}(a) = \left(\frac{\mathrm{d}x_1}{\mathrm{d}u}(a), \frac{\mathrm{d}x_2}{\mathrm{d}u}(a), \frac{\mathrm{d}x_3}{\mathrm{d}u}(a)\right)$$

を $u = a$ における $\boldsymbol{p}$ の接ベクトルとよぶ．ベクトル値函数 $u \longmapsto \dot{\boldsymbol{p}}(u)$ を $\boldsymbol{p}$ の接ベクトル場とよぶ.

定義　微分可能径数付曲線 $\boldsymbol{p} : I \to \mathbb{E}^3$ が I のすべての点 u において $\dot{\boldsymbol{p}}(u) \neq \boldsymbol{0}$ をみたすとき，$\boldsymbol{p}$ は正則であるという.

注意 1.5.1　区間 I が半開区間 $(a, b]$, $[a, b)$ や閉区間 $[a, b]$ のときは，I を含む開区間

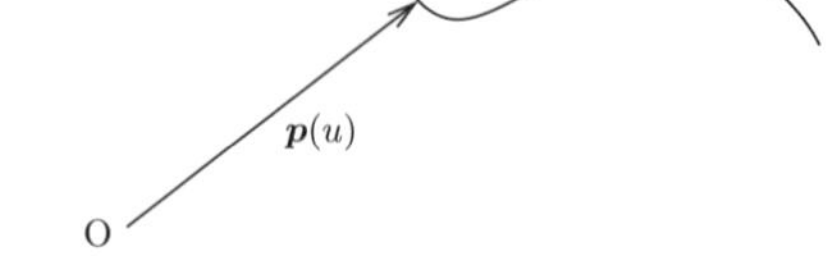

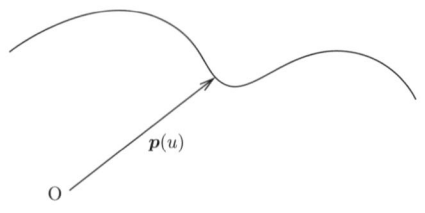

図 1.2　径数付曲線

上で $\boldsymbol{p}$ が微分可能なとき，$\boldsymbol{p}$ は I で微分可能と定める．同様に I を含む開区間上でなめらかのとき $\boldsymbol{p}$ は I 上でなめらかと定める．

注意 1.5.2 (ベクトル値函数の微分)　区間 I で定義されたふたつのベクトル値函数 $\boldsymbol{x}(t)$, $\boldsymbol{y}(t) : I \to \mathbb{E}^3$ に対し

$$\frac{\mathrm{d}}{\mathrm{d}t}(\boldsymbol{x}(t)|\boldsymbol{y}(t)) = (\dot{\boldsymbol{x}}(t)|\boldsymbol{y}(t)) + (\boldsymbol{x}(t)|\dot{\boldsymbol{y}}(t)), \quad \frac{\mathrm{d}}{\mathrm{d}t}(\boldsymbol{x}(t)\times\boldsymbol{y}(t)) = \dot{\boldsymbol{x}}(t)\times\boldsymbol{y}(t) + \boldsymbol{x}(t)\times\dot{\boldsymbol{y}}(t)$$

が成立する ([3, p.92, 問 2])．ここで $\times$ はベクトルの外積 (ベクトル積) を表す ([3, p.89], [13, p.52] 参照).

閉区間 $I = [a, b]$ で定義されたなめらかで正則な径数付曲線 $\boldsymbol{p}(u)$ に対し I 上の函数 $s = s(u)$ を

$$s(u) = \int_u^u \|\dot{\boldsymbol{p}}(u)\|\,\mathrm{d}u$$

で定め，$\boldsymbol{p}$ の $u = a$ から測った弧長 (函数) とよぶ．いま $\boldsymbol{p}(u)$ は正則であると仮定しているから

$$\frac{\mathrm{d}s}{\mathrm{d}u} = \|\dot{\boldsymbol{p}}(u)\| > 0.$$

したがって $s = s(u)$ は逆函数をもつ．逆函数を $u = u(s)$, $0 \leq s \leq \ell = s(b)$ で表す．この逆函数を用いて，s を曲線を表示する径数として使えることに注意しよう．

$$\boldsymbol{p}(s) = \boldsymbol{p}(u(s)) = (x_1(s), x_2(s), x_3(s)).$$

s を $\boldsymbol{p}$ の径数として採用するとき，s を弧長径数とよぶ．また $\boldsymbol{p}(s)$ を弧長径数曲線とよぶ．もちろん弧長径数曲線は正則である．

弧長径数に関する微分演算はプライム (′) で表記する．すなわち

$$\boldsymbol{p}'(s) = \frac{\mathrm{d}\boldsymbol{p}}{\mathrm{d}s}(s).$$

ここで $\boldsymbol{T}(s) = \boldsymbol{p}'(s)$ と定めると，$\|\boldsymbol{T}(s)\| = 1$ であることから (確かめよ)，$\boldsymbol{T}(s)$ を弧長径数曲線 $\boldsymbol{p}(s)$ の単位接ベクトル場とよぶ.

$(\boldsymbol{T}(s)|\boldsymbol{T}(s)) = 1$ であるから，この両辺を s で微分すれば $(\boldsymbol{T}'(s)|\boldsymbol{T}(s)) = 0$ が得られる．そこで $\kappa(s) = \|\boldsymbol{T}'(s)\|$ とおこう.

もし $\kappa(s)$ が $[0, \ell]$ 上でつねに 0 であれば $\boldsymbol{T}'(s) = \boldsymbol{0}$ より $\boldsymbol{T}(s) = \boldsymbol{v}$ (長さ 1 の

定ベクトル) である．したがって $\boldsymbol{a} = \boldsymbol{p}(0)$ とおけば $\boldsymbol{p}(s) = \boldsymbol{a} + s\boldsymbol{v}$ を得る．すなわち $\boldsymbol{p}$ は $\boldsymbol{a}$ を通り，$\boldsymbol{v}$ に平行な直線である．この事実から函数 $\kappa(s)$ は $\boldsymbol{p}(s)$ が“直線でない度合い”，すなわち曲がり具合を示す量であることがわかる．そこで $\kappa(s)$ をこの曲線の曲率とよぶ.

$\kappa(s) \neq 0$ である点 s では $\boldsymbol{N}(s) = \boldsymbol{T}'(s)/\kappa(s)$ で $\boldsymbol{T}(s)$ に垂直な単位ベクトル $\boldsymbol{N}(s)$ が定められる．以下では (議論の簡単化のため) $\kappa(s) \neq 0$ を仮定しよう．そして，ベクトル値函数 $\boldsymbol{N}(s)$ を $\boldsymbol{p}(s)$ の主法線ベクトル場とよぶ[*10)]．ベクトルの外積 $\times$ を用いて $\boldsymbol{B}(s) = \boldsymbol{T}(s) \times \boldsymbol{N}(s)$ と定め陪法線ベクトル場とよぶ.

これらの単位ベクトル場を並べて行列値函数 $F(s)$ を $F(s) = (\boldsymbol{T}(s)\,\boldsymbol{N}(s)\,\boldsymbol{B}(s))$ で定めると $F(s)$ は閉区間 $[0, \ell]$ で定義され $\mathrm{SO}(3)$ に値をもつ．$F(s)$ を弧長径数曲線 $\boldsymbol{p}(s)$ のフレネ標構とよぶ.

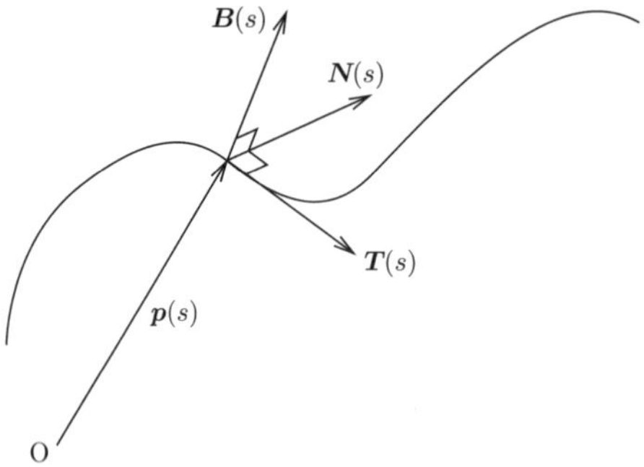

図 **1.3** フレネ標構

フレネ標構 $F(s) : [0, \ell] \to \mathrm{SO}(3)$ に対し，$U(s) = F(s)^{-1}F'(s)$ を求めてみよう．$U(s)$ が $\mathfrak{o}(3)$ に値をもつことは前節で学んだことからわかる．したがって $U(s)$ は

$$U(s) = \begin{pmatrix} 0 & -u_{21}(s) & u_{13}(s) \\ u_{21}(s) & 0 & -u_{32}(s) \\ -u_{13}(s) & u_{32}(s) & 0 \end{pmatrix}$$

*10) $s_0 \in [0, \ell]$ に対し $\boldsymbol{p}(s_0)$ を通り $\boldsymbol{N}(s_0)$ に平行な直線を $\boldsymbol{p}(s_0)$ における主法線とよぶ．陪法線も同様に定める.

と表せる．ここで，$\boldsymbol{T}'(s) = \kappa(s)\boldsymbol{N}(s)$ より $u_{21}(s) = \kappa(s)$ かつ $u_{13}(s) = 0$．次に $\boldsymbol{N}(s) = -\kappa(s)\boldsymbol{T}(s) + u_{32}(s)\boldsymbol{B}(s)$ と表せるが，$\tau(s) = u_{32}(s)$ と表記を変更しておこう．以上より次の公式が得られた．

$$F(s)^{-1}F'(s) = \begin{pmatrix} 0 & -\kappa(s) & 0 \\ \kappa(s) & 0 & -\tau(s) \\ 0 & \tau(s) & 0 \end{pmatrix}. \tag{1.15}$$

この公式をフレネ–セレの公式とよぶ．この公式に登場した函数 $\tau(s)$ の意味を調べておこう．説明をしやすくするために次の用語を定めておく．

定義　弧長径数曲線 $\boldsymbol{p}(s)$ の一点 $\boldsymbol{p}(s_0)$ を通り，$\boldsymbol{T}(s_0)$ と $\boldsymbol{N}(s_0)$ で張られる平面を $\boldsymbol{p}(s_0)$ における**接触平面**とよぶ．$\boldsymbol{B}(s_0)$ はこの平面の法ベクトルである．

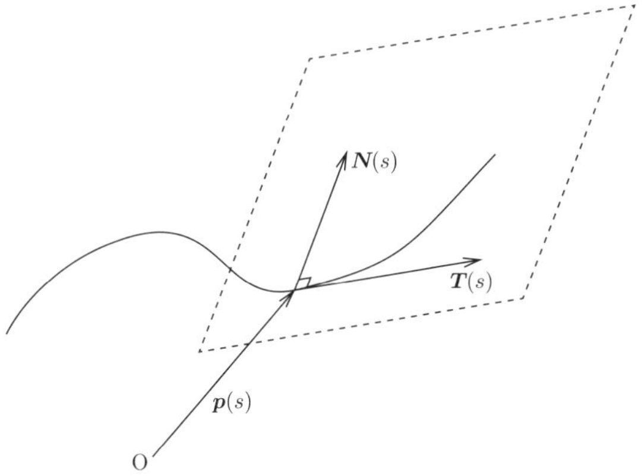

図 **1.4**　接触平面

曲率のときと同様に τ が $[0,\ell]$ 上でつねに 0 であるときを考える．すると $\boldsymbol{B}(s) = \boldsymbol{0}$，すなわち $\boldsymbol{B}(s)$ は変化しない (定ベクトル)．そこで $\boldsymbol{B}(s) = \boldsymbol{b}$ と書いておく．これは接触平面の法線方向が s を動かしても変化しないことを意味している．

接触平面の変化を調べよう．点 $\boldsymbol{p}(s)$ における接触平面 $\Pi(s)$ は

$$\Pi(s) = \{\boldsymbol{x} \in \mathbb{E}^3 \mid (\boldsymbol{B}(s)|\boldsymbol{x} - \boldsymbol{p}(s)) = 0\}$$

で与えられる．ここで $c(s) = (\boldsymbol{B}(s)|\boldsymbol{p}(s))$ とおくと

$$\Pi(s) = \{\boldsymbol{x} \in \mathbb{E}^3 \mid (\boldsymbol{B}(s)|\boldsymbol{x}) = c(s)\}$$

と書き換えられるから $\Pi(s)$ の変化は函数 $c(s)$ の変化を調べればわかる．$\tau(s) = 0$ のときは

$$c'(s) = (\boldsymbol{B}(s)|\boldsymbol{p}(s))' = (\boldsymbol{b}|\boldsymbol{p}(s))' = (\boldsymbol{b}'|\boldsymbol{p}(s)) + (\boldsymbol{b}|\boldsymbol{T}(s)) = 0$$

であるから $c(s)$ は定数．したがって接触平面は s に依存していない．つまりどの s についても共通であり $(\boldsymbol{b}|\boldsymbol{x}) = c$ で与えられる．とくに弧長径数曲線 $\boldsymbol{p}(s)$ はこの平面 $(\boldsymbol{b}|\boldsymbol{x}) = c$ に含まれていることがわかる．

問 1.5.3 $\boldsymbol{b} \in \mathbb{E}^3$, $c \in \mathbb{R}$ とする．弧長径数曲線 $\boldsymbol{p}(s)$ が平面 $(\boldsymbol{x}|\boldsymbol{b}) = c$ に含まれているならば $\tau(s) = 0$ であることを確かめよ．

以上のことから $\tau(s)$ は曲線が平面内からどのくらい離れるか (捩(ねじ)れ具合) を示す量である．そこで $\tau(s)$ を捩率(れいりつ)とよぶ．

例 1.5.4 (常螺旋) 定数 $a > 0$, $b \neq 0$ に対し径数付曲線 $\boldsymbol{p} : \mathbb{R} \to \mathbb{E}^3$ を $\boldsymbol{p}(u) = (a\cos u, a\sin u, bu)$ で定め，常螺旋とよぶ．弧長径数 s は

$$s(u) = \int_0^u \|\dot{\boldsymbol{p}}(u)\|\,\mathrm{d}u = \sqrt{a^2+b^2}\,u$$

と求められるので弧長径数表示は $\boldsymbol{p}(s) = (a\cos(s/c), a\sin(s/c), bs/c)$ で与えられる．ただし $c = \sqrt{a^2+b^2}$ とおいた．フレネ標構は

$$F(s) = \begin{pmatrix} -(a/c)\sin(s/c) & -\cos(s/c) & (b/c)\sin(s/c) \\ (a/c)\cos(s/c) & -\sin(s/c) & -(b/c)\cos(s/c) \\ b/c & 0 & a/c \end{pmatrix}$$

と計算され，曲率と捩率が

$$\kappa(s) = \frac{a}{a^2+b^2}, \quad \tau(s) = \frac{b}{a^2+b^2} \tag{1.16}$$

と求められる．常螺旋 $\boldsymbol{p}(s)$ は円柱面 (例 2.1.2 参照) $x_1^2 + x_2^2 = a^2$ に含まれていることに注意．$b > 0$ のとき右巻きの常螺旋，$b < 0$ のときは左巻きの常螺旋とよばれている ([6, p.21])．

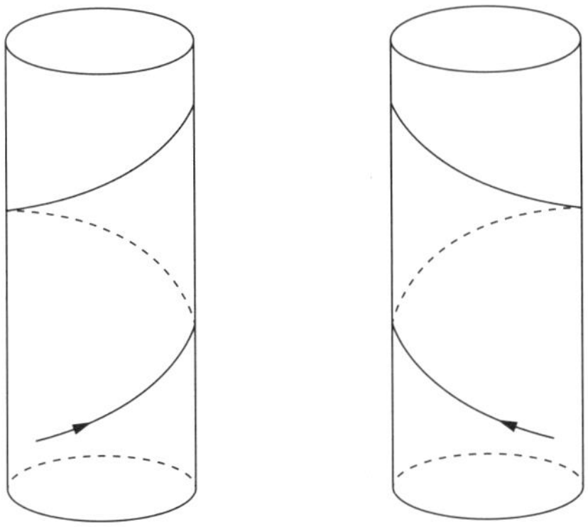

図 **1.5**　常螺旋

問 1.5.5　(1.16) を確かめよ.

問 1.5.6　$\boldsymbol{u} \in \mathbb{E}^3$ を単位ベクトルとする. 弧長径数曲線 $\boldsymbol{p}(s)$ において $(\boldsymbol{T}(s)|\boldsymbol{u})$ が定数のとき, すなわち $\boldsymbol{T}$ と $\boldsymbol{u}$ のなす角が一定のとき $\boldsymbol{p}(s)$ を**定傾曲線**とよぶ. $\kappa > 0$ である弧長径数曲線 $\boldsymbol{p}(s)$ が定傾曲線であるための必要十分条件は曲率と捩率の比が一定であることを証明せよ (ベルトラン–ランクレ–ド・サン・ヴェナンの定理).

定理 1.4.14 より次の基本定理を得る*11).

定理 1.5.7 (曲線論の基本定理)　$\ell > 0$ とする. 区間 $[0, \ell]$ 上の C^∞ 級函数 $\kappa(s) > 0$ と $\tau(s)$ に対し, s を弧長径数, $\kappa(s)$ を曲率, $\tau(s)$ を捩率にもつ弧長径数曲線 $\boldsymbol{p} : [0, \ell] \to \mathbb{E}^3$ が存在する. そのような弧長径数曲線は $\mathbb{E}^3$ の運動で重なるものを除き一意的である.

(証明)　一意性に関する主張は注 1.3.6 を SO(3) に適用すれば得られるので, 指定された初期条件 $\boldsymbol{p}(0) = \boldsymbol{p}_0$, $F(0) = F_0 \in \mathrm{SO}(3)$ をみたす曲線の存在を確かめればよい. $\kappa(s)$ と $\tau(s)$ を用いて $U(s)$ を作れば定理 1.4.14 より初期条件 $F(0) = F_0$ をみたす $F(s)^{-1}F'(s) = U(s)$ の解 $F(s) = (\boldsymbol{T}(s)\ \boldsymbol{N}(s)\ \boldsymbol{B}(s))$ が存在する.

---

*11)　ここでは定理 1.4.14 を利用したが, より直接的な証明が [14, 第 1 章, 定理 4.2] にある.

$\boldsymbol{p}(s) = \displaystyle\int_0^s \boldsymbol{T}(s)\,\mathrm{d}s + \boldsymbol{p}_0$ が求める曲線である. ■

弧長径数とは限らない一般の径数で表示された曲線 $\boldsymbol{p}(u)$ の曲率と振率は次の式で与えられる.

$$\kappa(u) = \frac{\|\dot{\boldsymbol{p}}(u) \times \ddot{\boldsymbol{p}}(u)\|}{\|\dot{\boldsymbol{p}}(u)\|^3}, \quad \tau(u) = \frac{\det(\dot{\boldsymbol{p}}(u)\ \ddot{\boldsymbol{p}}(u)\ \dddot{\boldsymbol{p}}(u))}{\|\dot{\boldsymbol{p}}(u) \times \ddot{\boldsymbol{p}}(u)\|^2}. \tag{1.17}$$

振率の式は後の章で用いる.

問 1.5.8 (1.17) を確かめよ.

問 1.5.9 $\boldsymbol{p}(u) = (3u - u^3, 3u^2, 3u + u^3)$ は定傾曲線であることを確かめよ.

問 1.5.10 弧長径数曲線 $\boldsymbol{p} : I \to \mathbb{E}^3$ に対し別の弧長径数曲線 $\widetilde{\boldsymbol{p}} : I \to \mathbb{E}^3$ が存在して両者の主法線が共通であるようにできるとき，この曲線をベルトラン曲線という. $\boldsymbol{p}$ がベルトラン曲線であるための必要十分条件は κ と τ が線型関係式 $a\kappa + b\tau = 1$ をみたすことである. この事実を証明せよ.

1.5.2 平 面 曲 線

曲線が平面内に収まっている場合は，空間の座標系をとりかえて，その平面が x_1x_2 平面になるようにしておこう. 平面曲線の取り扱いについて，ここではごく簡単に触れておくことにする. より詳しいことは [7] を参照.

区間 I で定義された弧長径数曲線 $\boldsymbol{p}(s) = (x_1(s), x_2(s)) : I \to \mathbb{E}^2$ の単位接ベクトル場 $\boldsymbol{T}(s) = \boldsymbol{p}'(s)$ を正の向きに 90° 回転させて得られるベクトル値函数

$$\boldsymbol{n}(s) = J\boldsymbol{T}(s) = \begin{pmatrix} 0 & -1 \\ 1 & 0 \end{pmatrix} \begin{pmatrix} x'(s) \\ y'(s) \end{pmatrix} = \begin{pmatrix} -y'(s) \\ x'(s) \end{pmatrix}$$

を考える. 見栄えを整えるため $\boldsymbol{T}(s)$ を $\boldsymbol{t}(s)$ と書き換えて $F_2(s) = (\boldsymbol{t}(s)\ \boldsymbol{n}(s))$ とおくと F_2 は I で定義され $\mathrm{SO}(2)$ に値をもつ. この $F_2(s)$ を $\boldsymbol{p}(s)$ の平面曲線としてのフレネ標構とよぶ. $\boldsymbol{n}(s)$ は $\boldsymbol{p}(s)$ の単位法ベクトル場とよばれる. $U_2(s) = F_2(s)^{-1}F_2'(s)$ を計算すると

$$U_2(s) = \begin{pmatrix} 0 & -\kappa_{(2)}(s) \\ \kappa_{(2)}(s) & 0 \end{pmatrix}$$

と表示できる．函数 $\kappa_{(2)}(s)$ を $\boldsymbol{p}(s)$ の平面曲線としての曲率とか有向曲率 (signed curvature) とよぶ[*12)]．有向の名前が示すように $\kappa_{(2)}$ は負の値をとることもある．

$\boldsymbol{p}(s)$ を $\mathbb{E}^3$ 内の径数付曲線 $(x_1(s), x_2(s), 0)$ と見なして曲率を求めると $\kappa(s) = |\kappa_{(2)}(s)|$ である．

例 1.5.11 (円)　$\boldsymbol{p}(s) = (r\cos(s/r), r\sin(s/r)\,)$, $s \in [0, 2\pi]$ は原点中心で半径 $r > 0$ の円を表す．この弧長径数曲線のフレネ標構は

$$F_2(s) = \begin{pmatrix} -\sin(s/r) & -\cos(s/r) \\ \cos(s/r) & -\sin(s/r) \end{pmatrix}$$

であり有向曲率は $\kappa_{(2)} = 1/r > 0$．この円の径数表示を $(r\sin(s/r), r\cos(s/r)\,)$ に取り替えると $\kappa_{(2)} = -1/r < 0$ となる ([7, p.11] 参照).

問 1.5.12　$r > 0$ とする．命題 1.4.21 を用いて $F_2(s)^{-1}F_2'(s) = J/r$ の初期条件 $F_2(0) = E$ をみたす解 $F_2(s)$ を求めよ．

曲線論の基本定理は次のように書き換えられる ([7, pp.23–26] 参照).

定理 1.5.13 (平面曲線論の基本定理)　$\ell > 0$ とする．区間 $[0, \ell]$ 上の C^∞ 級函数 $\kappa_{(2)}(s)$ に対し, s を弧長径数, $\kappa_{(2)}(s)$ を有向曲率にもつ弧長径数曲線 $\boldsymbol{p} : [0, \ell] \to \mathbb{E}^2$ が存在する．そのような弧長径数曲線は $\mathbb{E}^2$ の運動で重なるものを除き一意的である．

平面曲線の場合は指定された函数を曲率にもつ曲線を次のように積分表示することができる．

定理 1.5.14 (平面曲線の表現公式)　$\ell > 0$ とする．区間 $[0, \ell]$ 上の C^∞ 級函数 $\kappa_{(2)}(s)$ に対し, s を弧長径数, $\kappa_{(2)}(s)$ を有向曲率にもつ弧長径数曲線 $\boldsymbol{p} : [0, \ell] \to \mathbb{E}^2$ で初期条件 $\boldsymbol{p}(0) = \boldsymbol{p}_0$, $\boldsymbol{p}'(0) = (\cos\theta_0, \sin\theta_0)$ をみたすものは

---

*12)　拙著 [7] では平面曲線のみを扱っているので有向曲率を「曲率」と呼んでいる．

$$\boldsymbol{p}(s) = \int_0^s (\cos\theta(s), \sin\theta(s))\,\mathrm{d}s + \boldsymbol{p}_0, \quad \theta(s) = \int_0^s \kappa_{(2)}(s)\,\mathrm{d}s + \theta_0$$

で与えられる.

注意 1.5.15 空間曲線に対しては「表現公式」が知られていない. 捩率が一定の場合は次のような公式が得られている[*13)].

命題 1.5.16 単位ベクトル値函数 $\boldsymbol{\xi}(s) : I \to \mathbb{E}^3$, すなわち $\|\boldsymbol{\xi}\| = 1$ をみたすベクトル値函数と定数 $\lambda \neq 0$ に対し

$$\boldsymbol{p}(s) = \frac{1}{\lambda} \int \boldsymbol{\xi}(s) \times \boldsymbol{\xi}'(s)\,\mathrm{d}s$$

は捩率が $\tau = 1/\lambda$ の空間曲線で $\boldsymbol{B}(s) = \pm\boldsymbol{\xi}(s)$ をみたす.

---

*13) G. Koenigs, Sur la forme des courbes à torsion constante, *Ann. Fac. Sci. Toulouse Math.* 1(1887) 1–8.

第 2 章

曲面の基本方程式

CHAPTER 2

たとえば x_1x_2 平面上の点の位置は座標 (x_1, x_2) で指定することができる．座標の個数が 2 ということが「平面は 2 次元である」ということを説明している．この本では空間内の「曲がった 2 次元図形」が研究対象である．曲がった 2 次元図形である曲面を定義することから始めよう．

2.1 第一基本形式

3 次元ユークリッド空間 $\mathbb{E}^3$ 内の曲面を定義する．手がかりをつかむために平面 (図 2.1) から考察を始めよう．

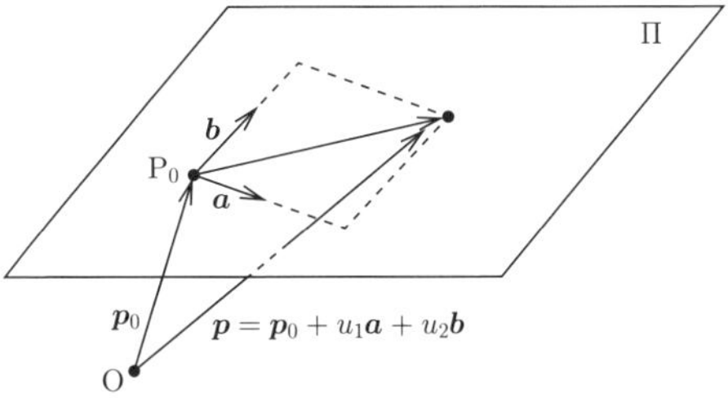

図 2.1　平面

例 **2.1.1** (平面)　$\mathbb{E}^3$ 内の平面 Π を考える．Π 内の点 P_0 をとり，その位置ベクトルを $\boldsymbol{p}_0 = \overrightarrow{\mathrm{OP}_0}$ と表す．いま Π は P_0 を通り $\boldsymbol{a} = (a_1, a_2, a_3)$ と $\boldsymbol{b} = (b_1, b_2, b_3)$ で張られるとすると Π 内の点 P の位置ベクトル $\boldsymbol{p} = \overrightarrow{\mathrm{OP}}$ は

$$\boldsymbol{p} = \boldsymbol{p}_0 + u_1\boldsymbol{a} + u_2\boldsymbol{b}$$

と表せる．$\boldsymbol{p}$ は数平面 $\mathbb{R}^2$ の点 (u_1, u_2) に位置ベクトル $\boldsymbol{p}_0 + u_1\boldsymbol{a} + u_2\boldsymbol{b}$ を対応させているから

$$\boldsymbol{p} : \mathbb{R}^2 \to \mathbb{E}^3;\ (u_1, u_2) \longmapsto \boldsymbol{p}(u_1, u_2) := \boldsymbol{p}_0 + u_1\boldsymbol{a} + u_2\boldsymbol{b}$$

というベクトル値函数と思うことができる．

$$\boldsymbol{p}(u_1, u_2) = \begin{pmatrix} x_1(u_1, u_2) \\ x_2(u_1, u_2) \\ x_3(u_1, u_2) \end{pmatrix} = \boldsymbol{p}_0 + \begin{pmatrix} a_1u_1 + b_1u_2 \\ a_2u_1 + b_2u_2 \\ a_3u_1 + b_3u_2 \end{pmatrix}$$

のヤコビ行列は

$$D\boldsymbol{p} = (\boldsymbol{p}_{u_1}\ \boldsymbol{p}_{u_2}) = \begin{pmatrix} (x_1)_{u_1} & (x_1)_{u_2} \\ (x_2)_{u_1} & (x_2)_{u_2} \\ (x_3)_{u_1} & (x_3)_{u_2} \end{pmatrix} = \begin{pmatrix} a_1 & b_1 \\ a_2 & b_2 \\ a_3 & b_3 \end{pmatrix} = (\boldsymbol{a}\ \boldsymbol{b})$$

で与えられる．$\boldsymbol{a}$ と $\boldsymbol{b}$ は線型独立だから $D\boldsymbol{p}$ の階数は 2 である．

これを参考に次の定義をしよう．

定義 (u_1, u_2) を座標系とする $\mathbb{R}^2$ 内の領域 $\mathcal{D}$ で定義されたベクトル値函数

$$\boldsymbol{p}(u_1, u_2) = (x_1(u_1, u_2), x_2(u_1, u_2), x_3(u_1, u_2))$$

が以下の条件をみたすとき，**曲面片** (surface piece) とか**径数付曲面**とよぶ (図 2.2).

- $x_1(u_1, u_2)$, $x_2(u_1, u_2)$, $x_3(u_1, u_2)$ は u_1, u_2 について $\mathcal{D}$ 上で C^∞ 級.
- ヤコビ行列

$$D\boldsymbol{p} = (\boldsymbol{p}_{u_1}\ \boldsymbol{p}_{u_2}) = \begin{pmatrix} (x_1)_{u_1} & (x_1)_{u_2} \\ (x_2)_{u_1} & (x_2)_{u_2} \\ (x_3)_{u_1} & (x_3)_{u_2} \end{pmatrix}$$

　が $\mathcal{D}$ 上でつねに階数 2.

とくに $\boldsymbol{p}$ が 1 対 1 のときは**埋め込まれた曲面片**とか**正則曲面片**という．(u_1, u_2) を**径数**とか**局所座標系** (local coordinates) とよぶ.

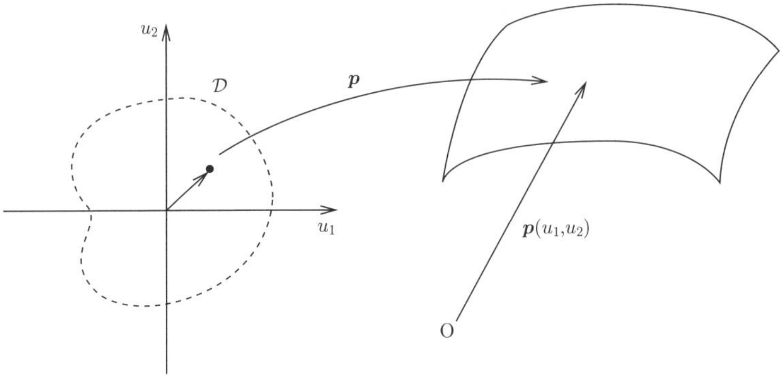

図 2.2 曲面片

すでに見たように平面は曲面片である.

例 2.1.2 (柱面) 開区間 $I = (a,b)$ で定義された x_1x_2 平面内の径数付曲線 $(x_1(u_1), x_2(u_1))$ をとる. $x_1(u_1)$, $x_2(u_1)$ は I 上で C^∞ 級で, $\dot{x}_1(u_1)^2+\dot{x}_2(u_1)^2 \neq 0$ をみたしている. 領域 $\mathcal{D} = \{(u_1,u_2) \mid a < u_1 < b\}$ 上のベクトル値函数 $\boldsymbol{p}$ を $\boldsymbol{p}(u_1,u_2) = (x_1(u_1), x_2(u_1), u_2)$ で定めると

$$D\boldsymbol{p} = \begin{pmatrix} (x_1)_{u_1} & 0 \\ (x_2)_{u_1} & 0 \\ 0 & 1 \end{pmatrix}$$

であるから $\boldsymbol{p}$ は曲面片を定める. この曲面片を $(x_1(u_1), x_2(u_1))$ を底曲線にもつ柱面とよぶ (図 2.3).

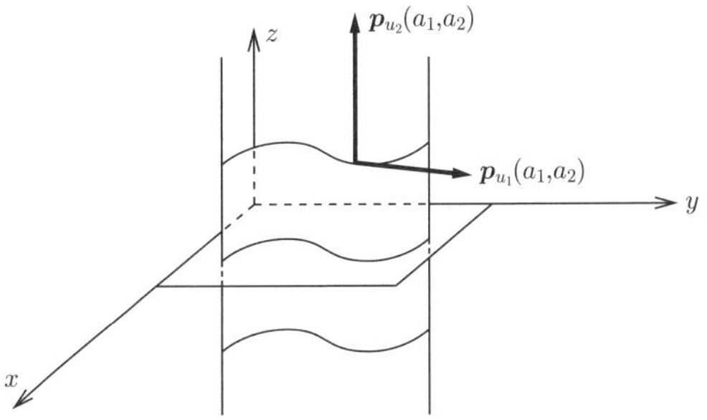

図 2.3 柱面

例 2.1.3 (球面)　原点を中心とする半径 $r > 0$ の球面 $\mathbb{S}^2(r)$ は緯度 u_1 と経度 u_2 を径数として $\mathcal{D} = \{(u_1, u_2) \mid |u_1| < \pi/2\}$ 上で定義された曲面片

$$\boldsymbol{p}(u_1, u_2) = r(\cos u_1 \cos u_2, \cos u_1 \sin u_2, \sin u_1) \tag{2.1}$$

として表示できる (図 2.4 左).

$$D\boldsymbol{p} = \begin{pmatrix} -r\sin u_1 \cos u_2 & -r\cos u_1 \sin u_2 \\ -r\sin u_1 \sin u_2 & r\cos u_1 \cos u_2 \\ r\cos u_1 & 0 \end{pmatrix}$$

より $\mathcal{D}$ 上で $D\boldsymbol{p}$ の階数は 2 である．この曲面片 (2.1) は北極 $(0, 0, r)$ と南極 $(0, 0, -r)$ に対応する点の 2 点を表すことができない．$u_1 = \pm\pi/2$ でも定義されているが，

$$D\boldsymbol{p}(\pm\pi/2, u_2) = \begin{pmatrix} \mp r\cos u_2 & 0 \\ \mp r\sin u_2 & 0 \\ 0 & 0 \end{pmatrix}$$

であるから $(0, 0, \pm r)$ においては $\boldsymbol{p}$ は曲面片になっていない．また $\boldsymbol{p}$ は $\mathcal{D}$ 上では 1 対 1 ではない．

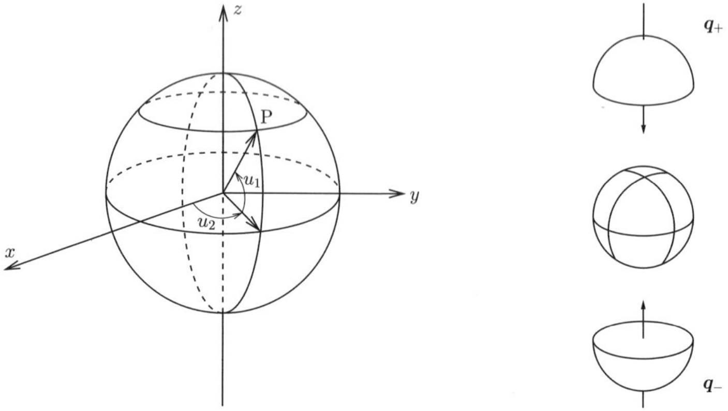

図 **2.4**　球面

$\boldsymbol{p}$ が 1 対 1 であるようにするには $\mathcal{D} = \{(u_1, u_2) \in \mathbb{R}^2 \mid |u_1| < \pi/2,\ |u_2| < \pi\}$ を $\boldsymbol{p}$ の定義域とすればよいが，やはり球面全体を表示することができない．この

曲面片のほかに

$$\boldsymbol{q}_+(v_1, v_2) = (v_1, v_2, \sqrt{r^2 - (v_1)^2 - (v_2)^2}), \quad (v_1)^2 + (v_2)^2 < r^2$$

を用いると球面の上半分を覆うことができる．また

$$\boldsymbol{q}_-(v_1, v_2) = (v_1, v_2, -\sqrt{r^2 - (v_1)^2 - (v_2)^2}), \quad (v_1)^2 + (v_2)^2 < r^2$$

を用いると球面の下半分を覆うことができる．球面全体をひとつの曲面片で覆うことはできないが，これらの曲面片を組み合わせれば球面のすべての点を曲面片で表すことができる (図 2.4 右).

球面のようにひとつの曲面片で覆うことはできないが，いくつかの曲面片を組み合わせれば覆うことができる例がたくさんある．そこで，いくつかの曲面片の集まりを**曲面** (surface) とよぶ．曲面 $M \subset \mathbb{E}^3$ に対し，(u_1, u_2) を径数とする曲面片 $\boldsymbol{p} : \mathcal{D} \to \mathbb{E}^3$ をひとつ指定したとき，その曲面片を M の**径数表示** (**径数付曲面表示，パラメータ表示**) とよぶ.

ただしこの本では，主に曲面片を扱うので，以下，曲面片を単に曲面とよんでしまうことがある．曲面片を張り合わせて得られる「曲面」の概念を用いる際はその都度注意する.

注意 2.1.4 (多様体) 「いくつかの集まり」といってもでたらめに集めるわけにはいかない．曲面を正確に定義するには多様体の概念を必要とする．正確な定義を述べると，次のようになる．M を 2 次元のなめらかな多様体，$\boldsymbol{p} : M \to \mathbb{E}^3$ をはめ込み，すなわち微分 $\mathrm{d}\boldsymbol{p}$ の階数が至るところ 2 の写像とする．そのような組 $(M, \boldsymbol{p})$ を $\mathbb{E}^3$ 内の**曲面**とよぶ．この本では局所座標系を用いて曲面を表示する方法をとるので M は数平面 $\mathbb{R}^2$ 内の単連結領域で $\boldsymbol{p}$ はその上で定義されたベクトル値函数，すなわち曲面片と思ってしまって差し支えない．正式な定義は 6.1 節で与える.

問 2.1.5 (2.1) のヤコビ行列の階数が $\mathcal{D}$ 上で 2 であることを確かめよ.

注意 2.1.6 後に命題 2.8.7 で見るように，$D\boldsymbol{p}$ の階数が 2 未満となる点をもつ $\boldsymbol{p}$ を扱うこともある．そのような写像 $\boldsymbol{p}$ は**特異点付曲面**とよばれる．$D\boldsymbol{p}$ の階数が 2 である点を $\boldsymbol{p}$ の**正則点**，正則点でない点を**特異点**とよぶ．特異点付曲面の研究では $\boldsymbol{p}$ が C^∞ 級写像であることに加えて，いろいろな条件を課すが，この本では詳細には立ち入らない.

例 2.1.7 (2 次曲面) 線型代数や解析幾何で学ぶ **固有 2 次曲面** (楕円面, 一葉双曲面, 二葉双曲面) は曲面である (章末問題 2.1 を参照).

1 点 $(a,b) \in \mathcal{D}$ に対し $u_2 = b$ と固定したまま u_1 のみ変化させよう.

$$u_1 \longmapsto \boldsymbol{p}(u_1, b)$$

は曲面内に含まれる径数付空間曲線である. 実際,

$$\frac{\mathrm{d}}{\mathrm{d}u_1}\boldsymbol{p}(u_1, b) = \boldsymbol{p}_{u_1}(u_1, b) \neq \boldsymbol{0}$$

である. この曲線を u_1 **座標曲線**とよぶ. u_1 曲線と略称することも多い. 同様に $u_2 \longmapsto \boldsymbol{p}(a, u_2)$ を u_2 **座標曲線**と定める. 平面 (例 2.1.1) では座標曲線はともに直線, 柱面 (例 2.1.2) では u_1 曲線は底曲線を x_3 軸方向に平行移動したもの, u_2 曲線は x_3 軸に平行な直線である. 球面 (2.1) では座標曲線はどれも円である. u_1 曲線は**子午線** (経線), u_2 曲線は**平行円** (緯線) とよばれる. とくに $u_1 = 0$ で定まる u_2 曲線は**赤道**とよばれる.

曲面 $\boldsymbol{p} : \mathcal{D} \to \mathbb{E}^3$ に対し, 径数 (u_1, u_2) を使い, 次の行列値函数を考える.

$$\mathrm{I} = \begin{pmatrix} g_{11} & g_{12} \\ g_{21} & g_{22} \end{pmatrix} = \begin{pmatrix} (\boldsymbol{p}_{u_1}|\boldsymbol{p}_{u_1}) & (\boldsymbol{p}_{u_1}|\boldsymbol{p}_{u_2}) \\ (\boldsymbol{p}_{u_2}|\boldsymbol{p}_{u_1}) & (\boldsymbol{p}_{u_2}|\boldsymbol{p}_{u_2}) \end{pmatrix}.$$

この行列値函数を $\boldsymbol{p}$ の径数 (u_1, u_2) に関する**第一基本行列**とよぶ.

内積の性質 $(\boldsymbol{x}|\boldsymbol{y}) = (\boldsymbol{y}|\boldsymbol{x})$ (**対称性**という) より $g_{12} = g_{21}$ であることを注意しておく. これはあくまでも, 今指定した径数 (u_1, u_2) を使って定めたものだから, 別の径数を使って計算すれば異なる行列値函数を得る. 使っている径数に依存しない量にしたいときは

$$\mathrm{I} = g_{11}\mathrm{d}u_1^2 + 2g_{12}\mathrm{d}u_1\mathrm{d}u_2 + g_{22}\mathrm{d}u_2^2$$

と定義しておけばよい. I を**第一基本形式**とよぶ[*1]. 第一基本形式は $\mathrm{I} = (\mathrm{d}\boldsymbol{p}|\mathrm{d}\boldsymbol{p})$ という表し方もできる. この記法の意味を説明しよう. まず全微分 $\mathrm{d}\boldsymbol{p}$ が $\mathrm{d}\boldsymbol{p} = \boldsymbol{p}_{u_1}\mathrm{d}u_1 + \boldsymbol{p}_{u_2}\mathrm{d}u_2$ で定義されていたことを思い出して次の要領で計算する ($\mathrm{d}u_1$,

---

[*1] 第一基本行列も第一基本形式もどちらも同じ記号 I を使っているが, 混乱はないと思う. また $\mathrm{d}u_i\mathrm{d}u_i$ を $\mathrm{d}u_i^2$ と表記した. $\mathrm{d}u_1\mathrm{d}u_2 = \mathrm{d}u_2\mathrm{d}u_1$ と規約する.

$\mathrm{d}u_2$ をスカラー扱いすると思えばよい).

$$\begin{aligned}
\mathrm{I} &= (\boldsymbol{p}_{u_1}\mathrm{d}u_1 + \boldsymbol{p}_{u_2}\mathrm{d}u_2 \mid \boldsymbol{p}_{u_1}\mathrm{d}u_1 + \boldsymbol{p}_{u_2}\mathrm{d}u_2) \\
&= (\boldsymbol{p}_{u_1}|\boldsymbol{p}_{u_1})\mathrm{d}u_1\mathrm{d}u_1 + (\boldsymbol{p}_{u_1}|\boldsymbol{p}_{u_2})\mathrm{d}u_1\mathrm{d}u_2 + (\boldsymbol{p}_{u_2}|\boldsymbol{p}_{u_1})\mathrm{d}u_2\mathrm{d}u_1 + (\boldsymbol{p}_{u_2}|\boldsymbol{p}_{u_2})\mathrm{d}u_2\mathrm{d}u_2 \\
&= g_{11}\mathrm{d}u_1^2 + 2g_{12}\mathrm{d}u_1\mathrm{d}u_2 + g_{22}\mathrm{d}u_2^2.
\end{aligned}$$

問 2.1.8 I が座標変換で不変なことを確かめよ．もっと詳しく説明しておくと，2 種の径数 (u_1, u_2), $(\tilde{u}_1, \tilde{u}_2)$ で得られる行列値函数をそれぞれ (g_{ij}), $(\tilde{g}_{ij})$ とするとき

$$\textstyle\sum_{i,j=1}^{2} g_{ij}\mathrm{d}u_i\mathrm{d}u_j = \sum_{i,j=1}^{2} \tilde{g}_{ij}\mathrm{d}\tilde{u}_i\mathrm{d}\tilde{u}_j$$

となることを確かめる.

(ヒント) ふたつの径数 (u_1, u_2), $(\tilde{u}_1, \tilde{u}_2)$ を使ったとき $\boldsymbol{p}_{u_i}$ と $\boldsymbol{p}_{\tilde{u}_i}$ はどういう関係にあるか？

問 2.1.9 次の命題が成立することを確かめよ.

命題 2.1.10 領域 $\mathcal{D} \subset \mathbb{R}^2(u_1, u_2)$ で定義された C^∞ 級ベクトル値函数 $\boldsymbol{p}$ に対し以下は同値である.

- $D\boldsymbol{p}$ の階数が 2.
- 第一基本行列の行列式 $\det(g_{ij})$ が $\mathcal{D}$ 上つねに正.
- $\mathcal{D}$ 上つねに $\boldsymbol{p}_{u_1} \times \boldsymbol{p}_{u_2} \neq \boldsymbol{0}$.

定義 曲面 $M \subset \mathbb{E}^3$ の径数表示 $\boldsymbol{p} : \mathcal{D} \to \mathbb{E}^3$ をひとつ選ぶ．一点 $(a_1, a_2) \in \mathcal{D}$ に対し，$\boldsymbol{p}_{u_i}$ の点 (a_1, a_2) での値を $\boldsymbol{p}_{u_i}(a_1, a_2)$ と記す $(i = 1, 2)$.

$$T_{(a_1,a_2)}M = \{a\,\boldsymbol{p}_{u_1}(a_1, a_2) + b\,\boldsymbol{p}_{u_2}(a_1, a_2) \mid a, b \in \mathbb{R}\}$$

を M の $\boldsymbol{p}(a_1, a_2)$ における**接ベクトル空間**とよぶ．また $\boldsymbol{p}(a_1, a_2)$ を通る平面

$$\Pi_{(a_1,a_2)}M = \{\boldsymbol{p}(a_1, a_2) + a\,\boldsymbol{p}_{u_1}(a_1, a_2) + b\,\boldsymbol{p}_{u_2}(a_1, a_2) \mid a, b \in \mathbb{R}\}$$

を M の $\boldsymbol{p}(a_1, a_2)$ における**接平面**とよぶ (図 2.5).

注意 2.1.11 (第一基本形式の解釈) 第一基本形式は接ベクトル空間上の 2 変数函数 (双

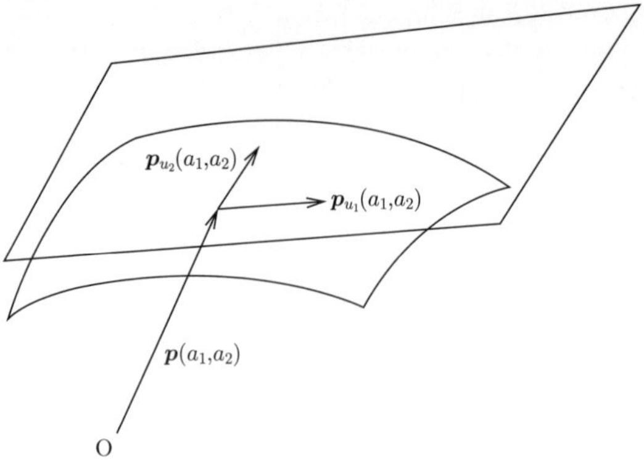

図 **2.5** 接平面

線型形式) を定めていることを注意しておく．$X,Y\in T_{(a_1,a_2)}M$ に対し $\mathrm{I}(X,Y)$ は次のように計算される．まず $X=X_1\boldsymbol{p}_{u_1}+X_2\boldsymbol{p}_{u_2}$, $Y=Y_1\boldsymbol{p}_{u_1}+Y_2\boldsymbol{p}_{u_2}$ と表示すると[*2)]

$$\begin{aligned}\mathrm{I}(X,Y)&=\mathrm{I}(X_1\boldsymbol{p}_{u_1}+X_2\boldsymbol{p}_{u_2},Y_1\boldsymbol{p}_{u_1}+Y_2\boldsymbol{p}_{u_2})\\&=X_1Y_1\,\mathrm{I}(\boldsymbol{p}_{u_1},\boldsymbol{p}_{u_1})+X_1Y_2\,\mathrm{I}(\boldsymbol{p}_{u_1},\boldsymbol{p}_{u_2})+X_2Y_1\,\mathrm{I}(\boldsymbol{p}_{u_2},\boldsymbol{p}_{u_1})+X_2Y_2\,\mathrm{I}(\boldsymbol{p}_{u_2},\boldsymbol{p}_{u_2})\\&=g_{11}X_1Y_1+g_{12}X_1Y_2+g_{21}X_2Y_1+g_{22}X_2Y_2=\textstyle\sum_{i,j=1}^2 g_{ij}X_iY_j.\end{aligned}$$

これは行列を使って (2 次形式と見て)

$$\mathrm{I}(X,Y)=(X_1\ X_2)\begin{pmatrix}g_{11}&g_{12}\\g_{21}&g_{22}\end{pmatrix}\begin{pmatrix}Y_1\\Y_2\end{pmatrix}$$

と計算するのと同じことである．

径数表示 $\boldsymbol{p}:\mathcal{D}\to\mathbb{R}^3$ においてこの領域に対応する曲面の表面積を計算してみよう．$\mathcal{D}$ 内の小さな長方形閉領域

$$\{(u_1,u_2)\mid a_j\le u_j\le a_j+\Delta u_j,\ j=1,2\}$$

に対応する M の部分の面積は $\boldsymbol{p}_{u_1}(a_1,a_2)\Delta u_1$ と $\boldsymbol{p}_{u_2}(a_1,a_2)\Delta u_2$ で張られる平

[*2)] 正確には接ベクトルを $X=X_1\boldsymbol{p}_{u_1}(a_1,a_2)+X_2\boldsymbol{p}_{u_2}(a_1,a_2)$, $Y=Y_1\boldsymbol{p}_{u_1}(a_1,a_2)+Y_2\boldsymbol{p}_{u_2}(a_1,a_2)$ と表示し，I の (a_1,a_2) における値
$\mathrm{I}_{(a_1,a_2)}=\sum_{i,j=1}^2 g_{ij}(a_1,a_2)(\mathrm{d}u_i)_{(a_1,a_2)}(\mathrm{d}u_j)_{(a_1,a_2)}$
をとり $\mathrm{I}_{(a_1,a_2)}(X,Y)=\sum_{i,j=1}^2 g_{ij}(a_1,a_2)X_iY_j$ と計算しなければならないが，煩雑になるので (a_1,a_2) を省略した．今後もこの略記を行うので注意．

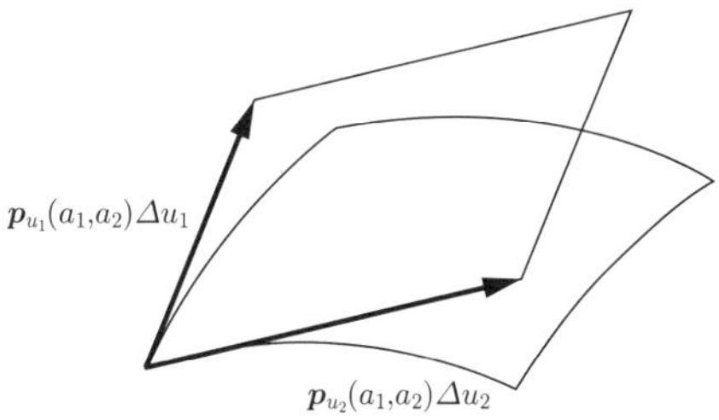

図 **2.6** 面積要素

行四辺形の面積 $\|\boldsymbol{p}_{u_1}(a_1,a_2)\times\boldsymbol{p}_{u_2}(a_1,a_2)\|\Delta u_1\Delta u_2$ で近似できる.

ベクトルの外積 $\times$ を用いて $\|\boldsymbol{p}_{u_1}\times\boldsymbol{p}_{u_2}\|^2=g_{11}g_{22}-(g_{12})^2$ と計算できるので (問 2.1.9, 及び附録 (B.2) 参照) $\mathcal{D}$ に対応する部分の表面積は

$$\int_{\mathcal{D}}\mathrm{d}A=\iint_{\mathcal{D}}\sqrt{g_{11}g_{22}-(g_{12})^2}\,\mathrm{d}u_1\,\mathrm{d}u_2$$

で求められることがわかる. ここで

$$\mathrm{d}A=\sqrt{g_{11}g_{22}-(g_{12})^2}\,\mathrm{d}u_1\,\mathrm{d}u_2$$

を**面積要素**とよぶ.

曲面 M 上で定義された函数 $f:M\to\mathbb{R}$ の積分を考える. 径数表示 $\boldsymbol{p}:\mathcal{D}\to\mathbb{E}^3$ をとり $\boldsymbol{p}$ による $\mathcal{D}$ の像を $\mathcal{D}'$ で表す. このとき f の $\mathcal{D}'$ 上の**面積分**を

$$\int_{\mathcal{D}'}f\,\mathrm{d}A=\iint_{\mathcal{D}}f(\boldsymbol{p}(u_1,u_2))\sqrt{g_{11}g_{22}-(g_{12})^2}\,\mathrm{d}u_1\,\mathrm{d}u_2$$

で定義する. 記号が煩雑になり煩わしいときは $\mathcal{D}'$ と $\mathcal{D}$ の区別を省いて $\int_{\mathcal{D}}f\,\mathrm{d}A$ と略記することもある.

2.2 第二基本形式

曲面 $\boldsymbol{p}:\mathcal{D}\to\mathbb{E}^3$ に対し

$$(\boldsymbol{p}_{u_1}|\boldsymbol{n})=(\boldsymbol{p}_{u_2}|\boldsymbol{n})=0,\quad(\boldsymbol{n}|\boldsymbol{n})=1$$

をみたす $\boldsymbol{n}:\mathcal{D}\to\mathbb{E}^3$ をこの曲面の**単位法ベクトル場**とよぶ. すなわち長さ 1 のベクトル場で曲面上の各点 $\boldsymbol{p}(u_1,u_2)$ で $T_{(u_1,u_2)}M$ に直交するものである. 単位

法ベクトル場はかならず存在する．実際，ベクトルの外積 $\times$ を用いて

$$\boldsymbol{n} = \frac{\boldsymbol{p}_{u_1} \times \boldsymbol{p}_{u_2}}{\|\boldsymbol{p}_{u_1} \times \boldsymbol{p}_{u_2}\|}$$

と選べばよい*3)．点 $(a_1, a_2) \in \mathcal{D}$ に対し接平面 $\Pi_{(a_1,a_2)}M$ は点 $\boldsymbol{p}(a_1, a_2)$ を通り $\boldsymbol{n}(a_1, a_2)$ に垂直な平面であることに注意しよう．したがって

$$\Pi_{(a_1,a_2)}M = \{\boldsymbol{v} \in \mathbb{E}^3 \mid (\boldsymbol{v} - \boldsymbol{p}(a_1, a_2) \mid \boldsymbol{n}(a_1, a_2)) = 0\}$$

と表せる．

2 階導函数 $\boldsymbol{p}_{u_j u_i}$ は一般には曲面に接していない．すなわち接平面に含まれるとは限らない．そこで $\boldsymbol{p}_{u_j u_i}$ を曲面に接する成分と直交する成分に分解する．

$$\frac{\partial^2 \boldsymbol{p}}{\partial u_i \partial u_j} = \Gamma_{ij}^1 \frac{\partial \boldsymbol{p}}{\partial u_1} + \Gamma_{ij}^2 \frac{\partial \boldsymbol{p}}{\partial u_2} + h_{ij}\boldsymbol{n}. \tag{2.2}$$

この式をガウスの公式とよぶ (図 2.7).

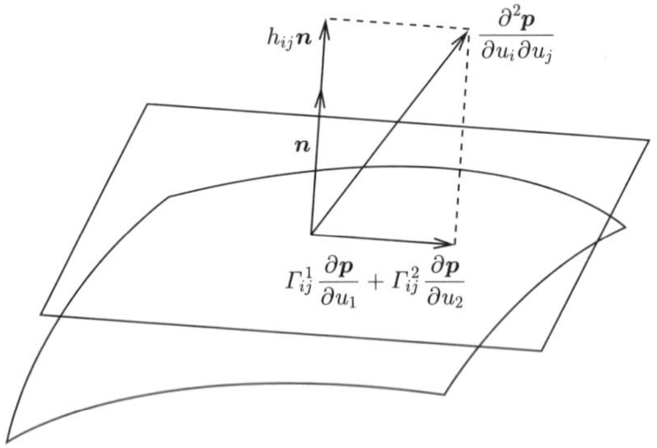

図 **2.7** ガウスの公式

ガウスの公式における接ベクトルの係数函数 Γ_{ij}^k はクリストッフェル記号とよばれる．$h_{12} = h_{21}$ に注意しよう．ここで

$$\mathrm{I\!I} = h_{11}\mathrm{d}u_1^2 + 2h_{12}\mathrm{d}u_1\mathrm{d}u_2 + h_{22}\mathrm{d}u_2^2$$

と定め $\boldsymbol{n}$ に由来する**第二基本形式**とよぶ．$h_{ij} = (\boldsymbol{p}_{u_j u_i}|\boldsymbol{n})$ で計算できることを

*3) 単位法ベクトル場は $\pm(\boldsymbol{p}_{u_1} \times \boldsymbol{p}_{u_2})/\|\boldsymbol{p}_{u_1} \times \boldsymbol{p}_{u_2}\|$ の 2 本しかないことに注意.

注意しておこう．第一基本行列と同様に行列値函数 $\mathrm{I\!I} = (h_{ij})$ を定め $\boldsymbol{p}$ の第二基本行列とよぶ.

問 2.2.1 $h_{ij} = -(\boldsymbol{p}_{u_j}|\boldsymbol{n}_{u_i})$ を確かめよ．この事実から第二基本形式は $\mathrm{I\!I} = -(\mathrm{d}\boldsymbol{p}|\mathrm{d}\boldsymbol{n})$ と表せる.

注意 2.2.2 (第二基本形式の解釈) 注意 2.1.11 と同様に $\mathrm{I\!I}(X, Y)$ は次のように計算される．$X = X_1\boldsymbol{p}_{u_1} + X_2\boldsymbol{p}_{u_2}$, $Y = Y_1\boldsymbol{p}_{u_1} + Y_2\boldsymbol{p}_{u_2} \in T_{(a_1,a_2)}M$ に対し

$$\begin{aligned}\mathrm{I\!I}(X, Y) &= h_{11}X_1Y_1 + h_{12}X_1Y_2 + h_{21}X_2Y_1 + h_{22}X_2Y_2 \\ &= (X_1\ X_2)\begin{pmatrix} h_{11} & h_{12} \\ h_{21} & h_{22} \end{pmatrix}\begin{pmatrix} Y_1 \\ Y_2 \end{pmatrix}.\end{aligned}$$

例 2.2.3 (平面) 例 2.1.1 で見たように $\mathbb{E}^3$ 内の平面は $\boldsymbol{p}(u_1, u_2) = \boldsymbol{p}_0 + u_1\boldsymbol{a} + u_2\boldsymbol{b}$ と表示できる．ここで，一般性を失うことなく，$\|\boldsymbol{a}\| = \|\boldsymbol{b}\| = 1$, $(\boldsymbol{a}|\boldsymbol{b}) = 0$ と仮定してよい．すると $\boldsymbol{n} = \boldsymbol{a} \times \boldsymbol{b}$ と選べる．$\boldsymbol{n}$ は (u_1, u_2) に依存しないことに注意しよう．第一・第二基本形式は

$$\mathrm{I} = \mathrm{d}u_1^2 + \mathrm{d}u_2^2, \quad \mathrm{I\!I} = 0$$

と求められる.

平面の場合 $\boldsymbol{n}$ は変化しない．ということは一般の曲面の曲がり具合は $\boldsymbol{n}$ の変化を追跡すればわかるはず．単位法ベクトル場は $(\boldsymbol{n}|\boldsymbol{n}) = 1$ をみたすから $\boldsymbol{n}_{u_1}$, $\boldsymbol{n}_{u_2}$ は曲面に接することがわかる[*4)]．そこで

$$-\frac{\partial \boldsymbol{n}}{\partial u_j} = S_{1j}\frac{\partial \boldsymbol{p}}{\partial u_1} + S_{2j}\frac{\partial \boldsymbol{p}}{\partial u_2}, \quad j = 1, 2$$

と表そう[*5)]．この式と $\boldsymbol{p}_{u_i}$ との内積をとると

$$h_{ij} = h_{ji} = -(\boldsymbol{p}_{u_i}|\boldsymbol{n}_{u_j}) = S_{1j}g_{i1} + S_{2j}g_{i2} = \sum_{k=1}^{2} g_{ik}S_{kj}$$

---

*4) $(\boldsymbol{n}|\boldsymbol{n}) = 1$ の両辺を u_i で偏微分すればわかる.

*5) 座標不変な表示は $S = -\mathrm{d}\boldsymbol{n}$.

を得る．すなわち

$$\begin{pmatrix} h_{11} & h_{12} \\ h_{21} & h_{22} \end{pmatrix} = \begin{pmatrix} g_{11} & g_{12} \\ g_{21} & g_{22} \end{pmatrix} \begin{pmatrix} S_{11} & S_{12} \\ S_{21} & S_{22} \end{pmatrix}$$

である．したがって行列値函数 (S_{ij}) は $(S_{ij}) = \mathrm{I}^{-1} \cdot \mathrm{II}$ と表せることがわかった．

注意 2.2.4 (抽象的な説明)　点 $(a_1, a_2) \in \mathcal{D}$ において行列 $(S_{ij}(a_1, a_2))$ は接ベクトル空間 $T_{(a_1,a_2)}M$ 上の線型変換

$$S_{(a_1,a_2)} : \ X_1 \boldsymbol{p}_{u_1}(a_1, a_2) + X_2 \boldsymbol{p}_{u_2}(a_1, a_2) \longmapsto \sum_{j,k=1}^{2} S_{kj}(a_1, a_2) X_j \boldsymbol{p}_{u_k}(a_1, a_2)$$

の基底 $\{\boldsymbol{p}_{u_1}(a_1, a_2), \boldsymbol{p}_{u_2}(a_1, a_2)\}$ に関する表現行列である．線型変換の分布 $(u_1, u_2) \longmapsto S_{(u_1,u_2)}$ を S で表し $\boldsymbol{n}$ に由来する形状作用素とよぶ．$\boldsymbol{n}_{u_j} = -S\boldsymbol{p}_{u_j}$ に注意．

行列 (g_{ij}) の逆行列を (g^{ij}) で表そう．

$$\begin{pmatrix} g^{11} & g^{12} \\ g^{21} & g^{22} \end{pmatrix} = \begin{pmatrix} g_{11} & g_{12} \\ g_{21} & g_{22} \end{pmatrix}^{-1} = \frac{1}{g_{11}g_{22} - g_{12}g_{21}} \begin{pmatrix} g_{22} & -g_{12} \\ -g_{21} & g_{11} \end{pmatrix}. \tag{2.3}$$

すると

$$S_{ij} = \sum_{k=1}^{2} g^{ik} h_{kj} \tag{2.4}$$

と書き直せるので，

$$\frac{\partial \boldsymbol{n}}{\partial u_k} = -\sum_{i,j=1}^{2} g^{ji} h_{ik} \frac{\partial \boldsymbol{p}}{\partial u_j} \tag{2.5}$$

を得る．(2.5) をワインガルテンの公式とよぶ．

ここで次の記号を用意しておく．

定義　記号 ${\delta_j}^i$ を

$${\delta_j}^i = \begin{cases} 1 \ (i = j \text{ のとき}) \\ 0 \ (i \neq j \text{ のとき}) \end{cases} \tag{2.6}$$

と定めクロネッカーのデルタ記号とよぶ．

クロネッカーのデルタ記号を使うと

$$\sum_{k=1}^{2} g^{ik} g_{kj} = \delta_j{}^i$$

が得られる．この等式は今後，何度も使われる．

問 2.2.5 クリストッフェル記号は $\{g_{ij}\}$ を使って

$$\Gamma_{ij}^k = \sum_{\ell=1}^{2} g^{k\ell}\,[\ell;i,j],\quad [\ell;i,j] = \frac{1}{2}\left(\frac{\partial g_{j\ell}}{\partial u_i} + \frac{\partial g_{\ell i}}{\partial u_j} - \frac{\partial g_{ij}}{\partial u_\ell}\right) \tag{2.7}$$

と表せることを示せ．この表示式は何を意味するか考えよ．

問 2.2.6 次の公式を示せ．

$$\frac{\partial}{\partial u_j} g^{mk} = -\sum_{\ell=1}^{2}\left(\Gamma_{\ell j}^k g^{m\ell} + \Gamma_{j\ell}^m g^{\ell k}\right). \tag{2.8}$$

次の節で証明するが，各点 (u_1, u_2) において $(S_{ij}(u_1, u_2))$ の特性根は実数である．それらを $\kappa_1(u_1, u_2), \kappa_2(u_1, u_2)$ と書くと函数 $(u_1, u_2) \longmapsto \kappa_i(u_1, u_2)$ が定まる．函数 $\{\kappa_1, \kappa_2\}$ を曲面 M の**主曲率**という．

注意 2.2.7 (抽象的な説明) 第一基本形式 $\mathrm{I}_{(a_1,a_2)}$ は接ベクトル空間 $T_{(a_1,a_2)}M$ 上の内積を定めている．そこで $(T_{(a_1,a_2)}M, \mathrm{I}_{(a_1,a_2)})$ を**計量線型空間**と考えよう．すると $S_{(a_1,a_2)}$ はこの計量線型空間の**自己共軛**(きょうやく)な線型変換である．すなわち

$$\mathrm{I}_{(a_1,a_2)}(S_{(a_1,a_2)}X, Y) = \mathrm{II}_{(a_1,a_2)}(X, Y) = \mathrm{I}_{(a_1,a_2)}(X, S_{(a_1,a_2)}Y)$$

がすべての $X, Y \in T_{(a_1,a_2)}M$ について成り立つ．したがって $S_{(a_1,a_2)}$ の特性根は実数である．次節では，別の方法で $S_{(a_1,a_2)}$ の特性根が実数であることを証明する．次の問を使ってもよい．

問 2.2.8 $A = (a_{ij})$, $B = (b_{ij}) \in \mathrm{M}_2\mathbb{R}$ を対称行列とする．すなわち ${}^tA = A$ かつ ${}^tB = B$. $a_{11} > 0$ かつ $\det A > 0$ のとき $C = A^{-1}B$ の特性根は実数であることを示せ．

主曲率の平均を**平均曲率**，主曲率の積を**ガウス曲率**とよび．それぞれ H, K で表す．固有和 (トレース) tr と行列式 det を用いて $H = (1/2)\mathrm{tr}\,S$, $K = \det S$ とあらわせることに注意しよう．

問 2.2.9 平均曲率，ガウス曲率がそれぞれ次の式で与えられることを確かめよ．

$$H = \frac{g_{11}h_{22} + g_{22}h_{11} - 2g_{12}h_{12}}{2\{g_{11}g_{22} - (g_{12})^2\}}, \tag{2.9}$$

$$K = \frac{h_{11}h_{22} - (h_{12})^2}{g_{11}g_{22} - (g_{12})^2}. \tag{2.10}$$

ガウス曲率が一定値の曲面のことを**定曲率曲面**と略称する．

定義 主曲率に対応する固有ベクトルを**主曲率ベクトル**とよぶ．特に長さ 1 の主曲率ベクトルを**主ベクトル**という．ふたつの主曲率が一致する点を**臍点**(せいてん)とよぶ．

ここで簡単な例について種々の量を計算しておく．

例 2.2.10 (平面) 例 2.2.3 で見たように平面 $\boldsymbol{p}(u_1, u_2) = \boldsymbol{p}_0 + u_1\boldsymbol{a} + u_2\boldsymbol{b}$ の第二基本形式は $\mathrm{I\!I} = 0$ であるから $\kappa_1 = \kappa_2 = 0$. とくに $H = K = 0$.

例 2.2.11 (柱面) 例 (2.1.2) で見た柱面 $\boldsymbol{p}(u_1, u_2) = (x_1(u_1), x_2(u_1), u_2)$ を考える．底曲線 $(x_1(u_1), x_2(u_1))$ は弧長径数表示されているとする．すなわち $(x_1')^2 + (x_2')^2 = \{(x_1)_{u_1}\}^2 + \{(x_2)_{u_1}\}^2 = 1$.

$$\boldsymbol{p}_{u_1} \times \boldsymbol{p}_{u_2} = (x_2'(u_1), -x_1'(u_1), 0), \quad \|\boldsymbol{p}_{u_1} \times \boldsymbol{p}_{u_2}\| = 1$$

より $\boldsymbol{n} = (x_2'(u_1), -x_1'(u_1), 0)$ と選ぶ．すると

$$\mathrm{I} = \mathrm{d}u_1^2 + \mathrm{d}u_2^2, \quad \mathrm{I\!I} = -\kappa_{(2)}(u_1)\mathrm{d}u_1^2$$

と求められる．ここで $\kappa_{(2)} = x_1'x_2'' - x_1''x_2'$ は底曲線の有向曲率である．したがって

$$\kappa_1 = -\kappa_{(2)}, \quad \kappa_2 = 0, \quad H = -\kappa_{(2)}/2, \quad K = 0.$$

注意 2.2.12 (一般柱面) 柱面の底曲線を空間曲線として $\boldsymbol{\alpha}(u_1) = (x_1(u_1), x_2(u_1), 0)$ と表すと柱面は $\boldsymbol{p}(u_1, u_2) = \boldsymbol{\alpha}(u_1) + u_2(0, 0, 1)$ と書き直せる．この点に着目し一般柱面が次のように定義される．空間曲線 $\boldsymbol{\alpha}(u_1)$ とベクトル $\boldsymbol{v} \neq \boldsymbol{0}$ に対し $\boldsymbol{p}(u_1, u_2) = \boldsymbol{\alpha}(u_1) + u_2\boldsymbol{v}$ を $\mathbb{R}\boldsymbol{v} = \{t\boldsymbol{v} \mid t \in \mathbb{R}\}$ を軸にもつ $\boldsymbol{\alpha}$ 上の**一般柱面**とよぶ．$\boldsymbol{p}$ は $\dot{\boldsymbol{\alpha}}(u_1) \times \boldsymbol{v} = \boldsymbol{0}$ となる点では曲面片を定めない．

例 2.2.13 (球面) 原点を中心とする半径 $r > 0$ の球面 (2.1) において $\boldsymbol{p}_{u_1} \times \boldsymbol{p}_{u_2} = -r\cos u_1 \boldsymbol{p}$ であるから $\boldsymbol{n} = -\boldsymbol{p}/r$ と選ぶ.

$$\mathrm{I} = r^2\left(\mathrm{d}u_1^2 + \cos^2 u_1\,\mathrm{d}u_2^2\right), \quad \mathrm{II} = r\left(\mathrm{d}u_1^2 + \cos^2 u_1\,\mathrm{d}u_2^2\right)$$

と計算され, $H = 1/r$, $K = 1/r^2$ が得られる. 主曲率は $\kappa_1 = \kappa_2 = 1/r$.

平面と球面はすべての点が臍点であることがわかる.

問 2.2.14 曲面上のすべての点が臍点であるとき, その曲面は**全臍的**(ぜんせいてき)であるという. 全臍的な曲面は平面か球面 (の一部) であることを証明せよ (ヒント：後述するコダッチ方程式を使う).

球面を含む曲面のクラスとして回転面を定義しておこう.

例 2.2.15 (回転面) $\mathbb{E}^3(x_1, x_2, x_3)$ 内の x_1x_3 平面を考える. この平面内の曲線 C を $(x_1, x_3) = (f(u_1), g(u_1))$ と表す (ただし $f > 0$). C を x_3 軸の周りに回転させる：

$$\boldsymbol{p}(u_1, u_2) = \begin{pmatrix} \cos u_2 & -\sin u_2 & 0 \\ \sin u_2 & \cos u_2 & 0 \\ 0 & 0 & 1 \end{pmatrix} \begin{pmatrix} f(u_1) \\ 0 \\ g(u_1) \end{pmatrix}.$$

これで定まる曲面片を C を**輪郭線** (**母線**) にもつ**回転面**とよぶ (図 2.8). 第一基本形式は

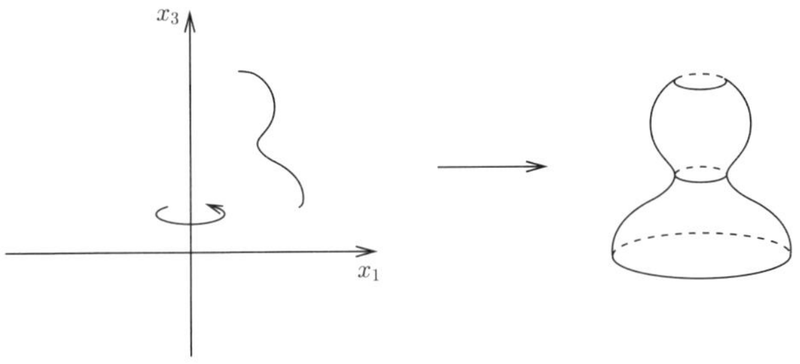

図 **2.8** 回転面

$\mathrm{I} = (f'(u_1)^2 + g'(u_1)^2)\mathrm{d}u_1^2 + f(u_1)^2\mathrm{d}u_2^2$ (プライムは u_1 に関する微分演算).

$$\boldsymbol{p}_{u_1} \times \boldsymbol{p}_{u_2} = (-g'(u_1)f(u_1)\cos u_2, -g'(u_1)f(u_1)\sin u_2, f(u_1)f'(u_1))$$

より $\boldsymbol{n} = (\boldsymbol{p}_{u_1} \times \boldsymbol{p}_{u_2})/\|\boldsymbol{p}_{u_1} \times \boldsymbol{p}_{u_2}\| = (-g'(u_1)\cos u_2, -g'(u_1)\sin u_2, f'(u_1))$ と選ぶと

$$\mathrm{II} = \frac{(f'(u_1)g''(u_1) - f''(u_1)g'(u_1))\mathrm{d}u_1^2 + f(u_1)g'(u_1)\mathrm{d}u_2^2}{\sqrt{f'(u_1)^2 + g'(u_1)^2}}.$$

輪郭線を $(r\cos u_1, r\sin u_1)$ と選べば例 2.1.3 および例 2.2.13 で扱った球面である．球面にならって，回転面の u_1 曲線を**子午線**，u_2 曲線を**平行円**とよぶ．

問 2.2.16 輪郭線の径数 u_1 が弧長径数であるときにガウス曲率 K と平均曲率 H が

$$K(u_1) = -\frac{f''(u_1)}{f(u_1)}, \quad 2H(u_1) = \frac{g'(u_1)}{f(u_1)} - \frac{f''(u_1)}{g'(u_1)} \tag{2.11}$$

で与えられることを確かめよ．

例 2.2.17 (**回転トーラス**) 輪郭線として $(a, 0)$ を中心とする半径 b の円 $(0 < b < a)$ を選んで得られる回転面 $\boldsymbol{p}(u_1, u_2) = ((a + b\cos u_1)\cos u_2, (a + b\cos u_1)\sin u_2, b\sin u_1)$ を**回転トーラス**という．

$$K = \frac{\cos u_1}{b(a + b\cos u_1)}, \quad 2H = \frac{\cos u_1}{(a + b\cos u_1)} + \frac{1}{b}$$

でありどちらも定数ではない．

例 2.2.18 (グラフ) 領域 $\mathcal{D}$ で定義された函数 $f(u_1, u_2)$ のグラフ

$$\boldsymbol{p}(u_1, u_2) = (u_1, u_2, f(u_1, u_2))$$

は曲面片を定める．$W = \sqrt{1 + f_{u_1}^2 + f_{u_2}^2}$ とおき $\boldsymbol{n} = (-f_{u_1}, -f_{u_2}, 1)/W$ と選ぶと

$$\mathrm{I} = (1 + p^2)\,\mathrm{d}u_1^2 + 2pq\,\mathrm{d}u_1\mathrm{d}u_2 + (1 + q^2)\,\mathrm{d}u_2^2, \quad p = f_{u_1},\ q = f_{u_2},$$

$$\mathrm{II} = (f_{u_1u_1}\mathrm{d}u_1^2 + 2f_{u_1u_2}\mathrm{d}u_1\mathrm{d}u_2 + f_{u_2u_2}\mathrm{d}u_2^2)/W,$$

$$H = \frac{1}{2W^3}\{(1 + q^2)f_{u_1u_1} - 2pqf_{u_1u_2} + (1 + p^2)f_{u_2u_2}\}, \quad K = \frac{\mathrm{Hess}(f)}{W^4}.$$

ここで $\mathrm{Hess}(f)$ は f のヘッセ行列式を表す．

定義 領域 $\mathcal{D} \subset \mathbb{R}^2$ 上の C^2 級函数 f に対し

$$\mathrm{Hess}(f) = \det \begin{pmatrix} f_{u_1 u_1} & f_{u_1 u_2} \\ f_{u_2 u_1} & f_{u_2 u_2} \end{pmatrix}$$

を f のヘッセ行列式 (Hessian) とよぶ.

点 (a_1, a_2) における接ベクトル X をひとつとる. X の張る $T_{(a_1,a_2)}M$ の 1 次元線型部分空間 $\mathbb{R}X = \{tX \mid t \in \mathbb{R}\}$ を $\boldsymbol{X}$**-方向**とよぶ. とくに (a_1, a_2) における主ベクトルの定める方向を (a_1, a_2) における**主方向**とよぶ. また $\mathrm{II}(X, X) = 0$ となる $X \in T_{(a_1,a_2)}M$ を**漸近ベクトル**, それの定める方向を**漸近方向**とよぶ.

定義 曲面 $\boldsymbol{p} : \mathcal{D} \to \mathbb{E}^3$ 上の曲線 $\boldsymbol{p}(t) = \boldsymbol{p}(u_1(t), u_2(t))$ の接ベクトル場 $\dot{\boldsymbol{p}}(t)$ に対し,

1) $\dot{\boldsymbol{p}}(t)$ が主曲率ベクトルであるとき, $\boldsymbol{p}(t)$ を**曲率線**とよぶ.

2) $\dot{\boldsymbol{p}}(t)$ が漸近ベクトルであるとき, $\boldsymbol{p}(t)$ を**漸近線**とよぶ.

定義 曲面 $\boldsymbol{p} : \mathcal{D} \to \mathbb{E}^3$ の単位法ベクトル場を $\boldsymbol{n}$ とする. $\mathrm{III} = (\mathrm{d}\boldsymbol{n}|\mathrm{d}\boldsymbol{n})$ をこの曲面の**第三基本形式**とよぶ.

問 2.2.19 第三基本形式を $\mathrm{III} = \sum_{i,j=1}^{2} \mathrm{III}_{ij} \mathrm{d}u_i \mathrm{d}u_j$ と表すとき

$$\mathrm{III}_{ij} = \sum_{m,n=1}^{2} h_{im} h_{jn} g^{mn} \tag{2.12}$$

で与えられることを示せ. また I, II, H, K を用いて

$$\mathrm{III} = 2H\,\mathrm{II} - K\mathrm{I} \tag{2.13}$$

と表せることを確かめよ.

注意 2.2.20 (相似変換の効果) 曲面 $\boldsymbol{p}$ に合同変換 $(A, \boldsymbol{b})$ を施したもの $\widetilde{\boldsymbol{p}} = A\boldsymbol{p} + \boldsymbol{b}$ についてガウス曲率 $\widetilde{K}$ と平均曲率 $\widetilde{H}$ を計算すると $\widetilde{K} = K$, $\widetilde{H} = (\det A)H = \pm H$. また定数 $c \neq 0$ を乗じたもの $\widetilde{\boldsymbol{p}} = c\boldsymbol{p}$ の第一基本形式と第二基本形式は $c^2\mathrm{I}$, $c\mathrm{II}$ であるからガウス曲率は K/c^2, 平均曲率は H/c である.

2.3 第二基本形式の意味

2 変数函数の極値の求め方を復習しよう (本講座 [31, 定理 4.10, 4.11], [3, 定理 1.16] を参照).

命題 2.3.1 領域 $\mathcal{D} \subset \mathbb{R}^2$ 上で定義された C^2 級函数 f が点 $\mathrm{A} = (a_1, a_2) \in \mathcal{D}$ で広義の極値をとれば

$$f_{u_1}(a_1, a_2) = f_{u_2}(a_1, a_2) = 0.$$

定理 2.3.2 C^2 級函数 $f : \mathcal{D} \to \mathbb{R}$ が

$$f_{u_1}(a_1, a_2) = f_{u_2}(a_1, a_2) = 0$$

をみたすとする.

- $\mathrm{Hess}(f)(a_1, a_2) > 0$ のとき
  - $f_{u_1 u_1}(a_1, a_2) > 0$ ならば A で極小値をとる.
  - $f_{u_1 u_1}(a_1, a_2) < 0$ ならば A で極大値をとる.
- $\mathrm{Hess}(f)(a_1, a_2) < 0$ のとき, f は A で極値をとらない.

この判定法を第二基本形式に応用しよう. 曲面 $\boldsymbol{p} : \mathcal{D} \to \mathbb{E}^3$ に対し $\mathcal{D}$ の 1 点 (a_1, a_2) を固定する. いま $\mathcal{D}$ 上の函数 f を

$$f(u_1, u_2) = (\boldsymbol{p}(u_1, u_2) \mid \boldsymbol{n}(a_1, a_2))$$

で定める. これは点 $\boldsymbol{p}(a_1, a_2)$ から $\boldsymbol{n}(a_1, a_2)$ 方向に測った曲面の「高さ」を与える函数である. f の極値を調べよう.

$$\frac{\partial f}{\partial u_j}(u_1, u_2) = \left(\boldsymbol{p}_{u_j}(u_1, u_2) \mid \boldsymbol{n}(a_1, a_2)\right)$$

であるから (a_1, a_2) は極値をとる点の候補である.

$$\mathrm{Hess}(f)(a_1, a_2) = \begin{vmatrix} h_{11}(a_1, a_2) & h_{12}(a_1, a_2) \\ h_{21}(a_1, a_2) & h_{22}(a_1, a_2) \end{vmatrix}$$

に注意しよう．ここでガウス曲率 K を思い出そう．$K = \det(h_{ij})/\det(g_{ij})$ であり，$\det(g_{ij}) > 0$ であったから K の符号と $\det(h_{ij})$ の符号は一致する．すなわち $\mathrm{Hess}(f)(a_1, a_2)$ の符号と $K(a_1, a_2)$ の符号は一致している．定理 2.3.2 より，

- $K(a_1, a_2) > 0$ かつ $h_{11}(a_1, a_2) > 0$ のとき f は (a_1, a_2) で極小値をとることから $\boldsymbol{p}(a_1, a_2)$ のまわりは図 2.9 のような形状である．
- $K(a_1, a_2) > 0$ かつ $h_{11}(a_1, a_2) < 0$ のときは図 2.10 のような形状．
- $K(a_1, a_2) < 0$ のときは図 2.11 のような形状である．

第二基本形式の行列式やガウス曲率は曲面の (小さな範囲における) 曲がり具合を教えてくれることがわかった．

$\boldsymbol{p}(a_1, a_2)$ を通るいろいろな弧長径数曲線 $\boldsymbol{p}(s)$ を考えて，その曲がり具合を調

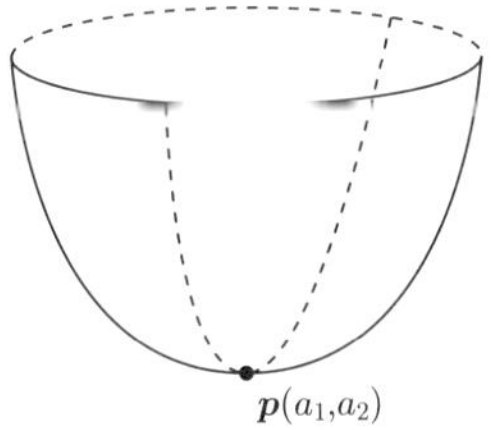

図 **2.9**　$K(a_1, a_2) > 0,\ h_{11}(a_1, a_2) > 0$ のとき

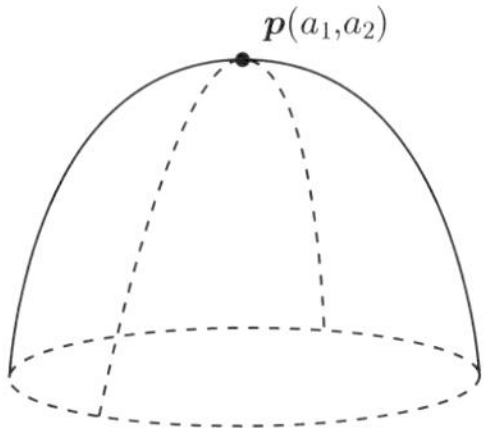

図 **2.10**　$K(a_1, a_2) > 0,\ h_{11}(a_1, a_2) < 0$ のとき

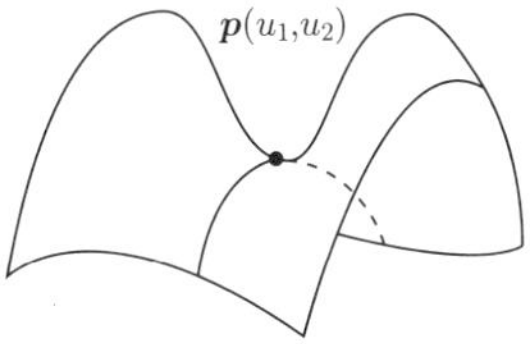

図 **2.11**　$K(a_1, a_2) < 0$ のとき

べてみよう．$\boldsymbol{p}(s_0)=\boldsymbol{p}(a_1,a_2)$ としよう．$\boldsymbol{p}(s)=\boldsymbol{p}(u_1(s),u_2(s))$ の接ベクトル

$$\boldsymbol{T}(s)=\boldsymbol{p}'(s)=\sum_{j=1}^{2}\frac{\partial\boldsymbol{p}}{\partial u_j}\frac{\mathrm{d}u_j}{\mathrm{d}s}(s)$$

は曲面に接している．ガウスの公式とワインガルテンの公式を使うと

$$\begin{aligned}\boldsymbol{T}'(s)&=\frac{\mathrm{d}}{\mathrm{d}s}\left(\sum_{j=1}^{2}\frac{\partial\boldsymbol{p}}{\partial u_j}\frac{\mathrm{d}u_j}{\mathrm{d}s}(s)\right)\\&=\sum_{i,j=1}^{2}\frac{\partial^2\boldsymbol{p}}{\partial u_i\partial u_j}\frac{\mathrm{d}u_i}{\mathrm{d}s}(s)\frac{\mathrm{d}u_j}{\mathrm{d}s}(s)+\sum_{k=1}^{2}\frac{\mathrm{d}^2u_k}{\mathrm{d}s^2}(s)\frac{\partial\boldsymbol{p}}{\partial u_k}\\&=\sum_{k=1}^{2}\left(\frac{\mathrm{d}^2u_k}{\mathrm{d}s^2}(s)+\sum_{i,j=1}^{2}\Gamma_{ij}^{k}(u_1(s),u_2(s))\frac{\mathrm{d}u_i}{\mathrm{d}s}(s)\frac{\mathrm{d}u_j}{\mathrm{d}s}(s)\right)\frac{\partial\boldsymbol{p}}{\partial u_k}\\&\quad+\sum_{i,j=1}^{2}h_{ij}(u_1(s),u_2(s))\frac{\mathrm{d}u_i}{\mathrm{d}s}(s)\frac{\mathrm{d}u_j}{\mathrm{d}s}(s)\boldsymbol{n}(u_1(s),u_2(s))\end{aligned}$$

と計算される．

定義

$$\kappa_n(s)=\sum_{i,j=1}^{2}h_{ij}(u_1(s),u_2(s))\frac{\mathrm{d}u_i}{\mathrm{d}s}(s)\frac{\mathrm{d}u_j}{\mathrm{d}s}(s)$$

を曲線 $\boldsymbol{p}(s)$ の法曲率とよぶ．また

$$\boldsymbol{\kappa}_g(s)=\sum_{k=1}^{2}\left(\frac{\mathrm{d}^2u_k}{\mathrm{d}s^2}(s)+\sum_{i,j=1}^{2}\Gamma_{ij}^{k}(u_1(s),u_2(s))\frac{\mathrm{d}u_i}{\mathrm{d}s}(s)\frac{\mathrm{d}u_j}{\mathrm{d}s}(s)\right)\frac{\partial\boldsymbol{p}}{\partial u_k}\quad(2.14)$$

を測地曲率ベクトル場とよぶ．$\boldsymbol{\kappa}_g(s)=\boldsymbol{0}$ である弧長径数曲線を曲面 $\boldsymbol{p}$ の測地線 (geodesic) とよぶ[*6)]．

曲線 $\boldsymbol{p}(s)$ 上の 1 点 $\boldsymbol{p}(s_0)$ に対し，$\boldsymbol{T}(s_0)$ と $\boldsymbol{n}(s_0)$ で張られる平面を $\boldsymbol{p}(s)$ における法平面とよぶ．$\boldsymbol{p}(s)$ における法平面と曲面の交わりとして得られる平面曲線の曲がり具合 (曲率) が $\kappa_n(s_0)$ である．

法曲率の定義をよく観察しよう．$\boldsymbol{p}(a_1,a_2)$ を通る 2 本の曲線 $\boldsymbol{p}(s)$, $\tilde{\boldsymbol{p}}(s)$ に対

---

*6)　6.2 節も参照．

し両者の $\boldsymbol{p}(a_1, a_2)$ における接ベクトルが一致すれば，その点での法曲率も一致してしまう．したがって 1 点における法曲率は，曲線というよりむしろ，接ベクトルで決まるのである．

$\boldsymbol{p}(a_1, a_2)$ を通る曲線をいろいろ動かすということを考えてきたが，法曲率の極値をもとめるためには次のように考えればよい．

$T_{(a_1,a_2)}M$ における単位ベクトル $\boldsymbol{w} \in T_{(a_1,a_2)}M$ をいろいろ動かし函数

$$f(w_1, w_2) := \sum_{i,j=1}^{2} h_{ij}(a_1, a_2) w_i w_j$$

の極値を求めればよい．ここで単位接ベクトル $\boldsymbol{w}$ を

$$\boldsymbol{w} = w_1 \boldsymbol{p}_{u_1}(a_1, a_2) + w_2 \boldsymbol{p}_{u_2}(a_1, a_2)$$

と表示した．

単位ベクトルという条件には注意が必要である．$\boldsymbol{w}$ が接ベクトル空間 $T_{(a_1,a_2)}M$ における単位ベクトルであるとは

$$\mathrm{I}(\boldsymbol{w}, \boldsymbol{w}) = \sum_{i,j=1}^{2} g_{ij}(a_1, a_2) w_i w_j = 1$$

をみたすことである．より一般にベクトル $\boldsymbol{w} \in T_{(a_1,a_2)}M$ の長さは $\sqrt{\mathrm{I}(\boldsymbol{w}, \boldsymbol{w})}$ で求められる．

微分積分学から次の定理を復習しておこう (本講座 [31, 定理 4.14], [3, 命題 3.6])．

定理 2.3.3 (ラグランジュの乗数法)　f を領域 $\mathcal{D} \subset \mathbb{R}^2$ 上で定義された C^2 級函数とする．$\mathcal{D}$ 内の曲線 $F(u_1, u_2) = 0$ 上の点 (c_1, c_2) で f が極値をとり，かつ

$$F_{u_1}(c_1, c_2)^2 + F_{u_2}(c_1, c_2)^2 \neq 0$$

をみたすならば以下のような $\lambda \in \mathbb{R}$ が存在する：

$$f_{u_1}(c_1, c_2) = \lambda F_{u_1}(c_1, c_2), \quad f_{u_2}(c_1, c_2) = \lambda F_{u_2}(c_1, c_2).$$

接ベクトル空間 $T_{(a_1,a_2)}M$ を数平面 $\mathbb{R}^2(w_1, w_2)$ と見なしてラグランジュ乗数法を使ってみよう．$\mathcal{D} = T_{(a_1,a_2)}M$ とし

$$F(w_1, w_2) = \sum_{i,j=1}^{2} g_{ij}(a_1, a_2) w_i w_j - 1 = 0$$

と選んで $\mathcal{D}$ 上の函数

$$f(w_1, w_2) = \sum_{i,j=1}^{2} h_{ij}(a_1, a_2) w_i w_j$$

の極値を求めよう．もし $(\tilde{w}_1, \tilde{w}_2)$ で極値をとるならば

$$f_{w_1}(\tilde{w}_1, \tilde{w}_2) = \lambda F_{w_1}(\tilde{w}_1, \tilde{w}_2), \quad f_{w_2}(\tilde{w}_1, \tilde{w}_2) = \lambda F_{w_2}(\tilde{w}_1, \tilde{w}_2).$$

をみたす λ が存在する．この条件を具体的に書いてみると

$$h_{11}(a_1, a_2)\tilde{w}_1 + h_{12}(a_1, a_2)\tilde{w}_2 = \lambda(g_{11}(a_1, a_2)\tilde{w}_1 + g_{12}(a_1, a_2)\tilde{w}_2)$$
$$h_{21}(a_1, a_2)\tilde{w}_1 + h_{22}(a_1, a_2)\tilde{w}_2 = \lambda(g_{21}(a_1, a_2)\tilde{w}_1 + g_{22}(a_1, a_2)\tilde{w}_2)$$

が得られる．これを行列を用いて

$$\begin{pmatrix} h_{11} & h_{12} \\ h_{21} & h_{22} \end{pmatrix} \begin{pmatrix} \tilde{w}_1 \\ \tilde{w}_2 \end{pmatrix} = \lambda \begin{pmatrix} g_{11} & g_{12} \\ g_{21} & g_{22} \end{pmatrix} \begin{pmatrix} \tilde{w}_1 \\ \tilde{w}_2 \end{pmatrix}$$

と書き直してこの式の両辺に $\mathrm{I}^{-1} = (g^{ij})$ を左からかけてやると，

$$\begin{pmatrix} S_{11} & S_{12} \\ S_{21} & S_{22} \end{pmatrix} \begin{pmatrix} \tilde{w}_1 \\ \tilde{w}_2 \end{pmatrix} = \lambda \begin{pmatrix} \tilde{w}_1 \\ \tilde{w}_2 \end{pmatrix}$$

を得る．これは λ が形状作用素 S の固有値，すなわち主曲率であることを意味する．

ところで

$$\begin{aligned} f(\tilde{w}_1, \tilde{w}_2) &= \sum_{i,j=1}^{2} h_{ij}(a_1, a_2)\tilde{w}_i \tilde{w}_j \\ &= (\tilde{w}_1, \tilde{w}_2) \begin{pmatrix} h_{11} & h_{12} \\ h_{21} & h_{22} \end{pmatrix} \begin{pmatrix} \tilde{w}_1 \\ \tilde{w}_2 \end{pmatrix} \\ &= \lambda(\tilde{w}_1, \tilde{w}_2) \begin{pmatrix} g_{11} & g_{12} \\ g_{21} & g_{22} \end{pmatrix} \begin{pmatrix} \tilde{w}_1 \\ \tilde{w}_2 \end{pmatrix} = \lambda \sum_{i,j=1}^{2} g_{ij}(a_1, a_2)\tilde{w}_i \tilde{w}_j = \lambda \end{aligned}$$

である．$F=0$ は $T_{(a_1,a_2)}M$ 内の単位円であるから $f(w_1,w_2)$ は最大値と最小値をもつことに注意しよう[*7)]．とくに f は極値をもつので主曲率 λ が f の極値である．以上のことから「$\boldsymbol{p}(a_1,a_2)$ における主曲率」は「$\boldsymbol{p}(a_1,a_2)$ における法曲率の最大値および最小値」であることが言えた.

臍点は，法曲率が一定な点であることに注意しよう．どちらの方向を見ても同じ曲がり方をしている点である．問 2.2.14 の結論は至極当然と思えるだろう.

問 2.3.4 臍点でない点 $(a_1,a_2)\in\mathcal{D}$ において $\kappa_1(a_1,a_2)$ に対する主曲率ベクトル X と $\kappa_2(a_1,a_2)$ に対する主曲率ベクトル Y は直交すること，すなわち $\mathrm{I}(X,Y)=0$ をみたすことを示せ.

2.4 曲面論の基本定理

ガウスの公式 (2.2) とワインガルテンの公式 (2.5) を行列値函数

$$\hat{\mathcal{F}}=\begin{pmatrix}\boldsymbol{p}_{u_1} & \boldsymbol{p}_{u_2} & \boldsymbol{n} & \boldsymbol{p}\\ 0 & 0 & 0 & 1\end{pmatrix}:\mathcal{D}\to\mathrm{A}(3)$$

に関する 1 階連立偏微分方程式と見て，解をもつための条件 (積分可能条件) を求めてみよう．$\mathcal{F}=(\boldsymbol{p}_{u_1}\ \boldsymbol{p}_{u_2}\ \boldsymbol{n}):\mathcal{D}\to\mathrm{GL}_3\mathbb{R}$ とおくと $\hat{\mathcal{F}}$ の積分可能条件は $\mathcal{F}$ の積分可能条件 $(\mathcal{F}_{u_1})_{u_2}=(\mathcal{F}_{u_2})_{u_1}$ と同値である.

$$\mathcal{W}^1=\mathcal{F}^{-1}\mathcal{F}_{u_1},\quad \mathcal{W}^2=\mathcal{F}^{-1}\mathcal{F}_{u_2}$$

とおくとガウスの公式とワインガルテンの公式より

$$\mathcal{W}^1=\begin{pmatrix}\Gamma_{11}^1 & \Gamma_{12}^1 & -S_{11}\\ \Gamma_{11}^2 & \Gamma_{12}^2 & -S_{21}\\ h_{11} & h_{12} & 0\end{pmatrix},\quad \mathcal{W}^2=\begin{pmatrix}\Gamma_{21}^1 & \Gamma_{22}^1 & -S_{12}\\ \Gamma_{21}^2 & \Gamma_{22}^2 & -S_{22}\\ h_{21} & h_{22} & 0\end{pmatrix}$$

を得る．積分可能条件は

$$(\mathcal{W}^2)_{u_1}-(\mathcal{W}^1)_{u_2}+\left[\mathcal{W}^1,\mathcal{W}^2\right]=O$$

---

*7) 本講座 [12, p.56, 3.1.10] 参照.

である．$\mathcal{R}=(\mathcal{W}^2)_{u_1}-(\mathcal{W}^1)_{u_2}+\left[\mathcal{W}^1,\mathcal{W}^2\right]$ とおき $\mathcal{R}=(\mathcal{R}_{ij})$ の成分を計算する*8)．

まず $\mathcal{R}_{11}$ を計算すると

$$\mathcal{R}_{11}=(\Gamma_{21}^1)_{u_1}-(\Gamma_{11}^1)_{u_2}+\Gamma_{12}^1\,\Gamma_{12}^2-\Gamma_{22}^1\,\Gamma_{11}^2+h_{11}S_{12}-h_{12}S_{11}$$

を得る．ここで

$$R^{\ell}{}_{kij}:=\frac{\partial}{\partial u_i}\Gamma_{jk}^{\ell}-\frac{\partial}{\partial u_j}\Gamma_{ik}^{\ell}+\sum_{m=1}^{2}\left(\Gamma_{jk}^{m}\Gamma_{im}^{\ell}-\Gamma_{ik}^{m}\Gamma_{jm}^{\ell}\right) \tag{2.15}$$

とおき**リーマン曲率**とよぶ．リーマン曲率を使うと $\mathcal{R}_{11}$ は

$$\mathcal{R}_{11}=R_{112}^1-h_{21}S_{11}+h_{11}S_{12}$$

と書き直せる．同様の計算で

$$\mathcal{R}_{12}=R_{212}^1-h_{22}S_{11}+h_{12}S_{12}$$
$$\mathcal{R}_{21}=R_{112}^2-h_{21}S_{21}+h_{11}S_{22}$$
$$\mathcal{R}_{22}=R_{212}^2-h_{22}S_{21}+h_{12}S_{22}$$

を得る．次に $\mathcal{R}_{31}$ を計算すると

$$\mathcal{R}_{31}=(h_{21})_{u_1}-(h_{11})_{u_2}+h_{11}\Gamma_{12}^1+h_{21}\Gamma_{12}^2-h_{12}\Gamma_{11}^1-h_{22}\Gamma_{11}^2$$

となる．ここで

$$h_{ij;k}:=\frac{\partial h_{ij}}{\partial u_k}-\sum_{\ell=1}^{2}\Gamma_{ki}^{\ell}h_{\ell j}-\sum_{\ell=1}^{2}\Gamma_{kj}^{\ell}h_{i\ell} \tag{2.16}$$

とおき h_{ij} の u_k による**共変微分**とよぶ．$h_{ij;k}$ を使うと

$$\mathcal{R}_{31}=h_{21;1}-h_{11;2},\quad \mathcal{R}_{32}=h_{22;1}-h_{12;2}$$

を得る．$\mathcal{R}_{13}$ を計算すると

$$\mathcal{R}_{13}=-(S_{12})_{u_1}+(S_{11})_{u_2}-\Gamma_{11}^1S_{12}-\Gamma_{21}^1S_{22}+\Gamma_{12}^1S_{11}+\Gamma_{22}^1S_{21}$$

---

*8) 曲面の微分幾何学の一般論に関心がなく，平均曲率一定曲面あるいは可積分方程式が興味の対象という読者はこの計算は実行せず次の節に進んでしまおう．計算を実行してみたい読者は付録 A を参照．

が得られる．そこで S_{kj} の u_i による共変微分 $S_{kj;i}$ を

$$S_{kj;i} = \frac{\partial}{\partial u_i} S_{kj} + \sum_{\ell=1}^{2} \left(\Gamma_{i\ell}^{k} S_{\ell j} - \Gamma_{ij}^{\ell} S_{k\ell} \right)$$

で定義すると $\mathcal{R}_{13} = S_{11;2} - S_{12;1}$ と書き直せる．同様に $\mathcal{R}_{23} = S_{21;2} - S_{22;1}$ を得る．

命題 2.4.1 第二基本形式の共変微分と形状作用素の共変微分は次の関係にある．

$$S_{kj;i} = \sum_{m=1}^{2} g^{km} h_{mj;i}. \tag{2.17}$$

煩雑なので，この命題の証明は付録 A で与える．(2.17) を使うと

$$\mathcal{R}_{13} = \sum_{m=1}^{2} g^{1m}(h_{m1;2} - h_{m2;1}), \ \mathcal{R}_{23} = \sum_{m=1}^{2} g^{2m}(h_{m1;2} - h_{m2;1})$$

であるから

$$\mathcal{R}_{13} = \mathcal{R}_{23} = 0 \Longleftrightarrow \mathcal{R}_{31} = \mathcal{R}_{32} = 0$$

が導ける．また (2.4) を使えば $\mathcal{R}_{33} = 0$ であることが確かめられる．

以上のことから積分可能条件は**ガウス方程式** (Gauss equation):

$$R^{\ell}_{\ jki} - h_{ij} S_{\ell k} + h_{kj} S_{\ell i} = 0, \quad (i, j, k, \ell = 1, 2) \tag{2.18}$$

と**コダッチ方程式** (Codazzi equation)

$$h_{ij;k} = h_{ik;j}, \quad (i, j, k = 1, 2) \tag{2.19}$$

を得る．ガウス方程式とコダッチ方程式をひとまとめにして**ガウス–コダッチ方程式**とよぶ．

定理 2.4.2 (曲面論の基本定理) 1) 曲面 $\boldsymbol{p} : \mathcal{D} \to \mathbb{E}^3$ の第一基本形式 I と第二基本形式 II はガウス–コダッチ方程式をみたす．

2) $\mathcal{D}$ を数平面 $\mathbb{R}^2$ 内の単連結領域とする．今 $\mathcal{D}$ 上に函数の組

$$\{g_{11}, g_{12} = g_{21}, g_{22}, h_{11}, h_{12} = h_{21}, h_{22}\}$$

で $g_{11} > 0$ かつ $\det(g_{ij}) > 0$ をみたすものが与えられているとする．$\{g_{ij}\}$ と $\{h_{ij}\}$ を用いて $\{\Gamma_{ij}^k\}$, $\{R^{\ell}{}_{ijk}\}$, $\{S_{ij}\}$ $\{h_{ij;k}\}$ をそれぞれ (2.7), (2.15), (2.4), (2.16) で定義する．これらがガウス–コダッチ方程式をみたすならば，$\displaystyle\sum_{i,j=1}^{2} g_{ij}\mathrm{d}u_i\mathrm{d}u_j$, $\displaystyle\sum_{i,j=1}^{2} h_{ij}\mathrm{d}u_i\mathrm{d}u_j$ をそれぞれ第一，第二基本形式にもつ曲面片 $\boldsymbol{p}:\mathcal{D}\to\mathbb{E}^3$ が存在する．このような曲面片は $\mathbb{E}^3$ の合同変換を除き一意的に定まる．

ガウスの方程式からわかることを述べておこう．$R^{\ell}{}_{kij}$ の定義から，リーマン曲率は第一基本形式から決まる量であることがわかる．すなわち第二基本形式を必要としない．ここで

$$R_{\ell kij} = \sum_{m=1}^{2} g_{\ell m} R^{m}{}_{kij}$$

とおく．$R_{\ell kij}$ も第一基本形式だけで決まる量である．ガウスの方程式 (2.15) を

$$R^{\ell}{}_{jki} = h_{ij}S_{\ell k} - h_{kj}S_{\ell i} = h_{ij}\sum_{m=1}^{2} g^{\ell m}h_{mk} - h_{kj}\sum_{m=1}^{2} g^{\ell m}h_{mi}$$

と書き換え，この式の両辺に $g_{n\ell}$ をかけて ℓ で和をとると

$$\begin{aligned}
R_{njki} &= \sum_{\ell=1}^{2} g_{n\ell}R^{\ell}{}_{jki} = \sum_{\ell=1}^{2} g_{n\ell}\left(h_{ij}\sum_{m=1}^{2} g^{\ell m}h_{mk}\right) - \sum_{\ell=1}^{2} g_{n\ell}\left(h_{kj}\sum_{m=1}^{2} g^{\ell m}h_{mi}\right)\\
&= \sum_{m=1}^{2}\left(\sum_{\ell=1}^{2} g_{n\ell}g^{\ell m}\right)h_{ij}h_{mk} - \sum_{m=1}^{2}\left(\sum_{\ell=1}^{2} g_{n\ell}g^{\ell m}\right)h_{kj}h_{mi}\\
&= \sum_{m=1}^{2} \delta_n^{\ m}\, h_{ij}h_{mk} - \sum_{m=1}^{2} \delta_n^{\ m}\, h_{kj}h_{mi} = h_{ij}h_{nk} - h_{kj}h_{ni}
\end{aligned}$$

と計算されるので

$$R_{1221} = h_{12}h_{12} - h_{22}h_{11} = -\det(h_{ij})$$

を得る．ということは第二基本形式の行列式が第一基本形式だけで書けてしまう．したがって次の定理を得る．

定理 2.4.3 (ガウスの驚愕定理)　曲面のガウス曲率は第一基本形式のみで決まっ

てしまう[*9)].

[ひとこと] ガウス曲率は形状作用素の行列式として定義されたが，実は第一基本形式だけで決まる量 (内的量) である．この事実はリーマン幾何学誕生のきっかけとなった．

曲面の積分可能条件であるガウス–コダッチ方程式はかなり複雑である．このような複雑な偏微分方程式の解を具体的に求めるということはあまり想像できないことと思う．だが，この本で取り扱う平均曲率一定曲面ではガウス–コダッチ方程式の厳密解を具体的に求めることができる．次の節ではガウス–コダッチ方程式をきれいな形で表示する特別な座標系を解説しよう．

2.5 等温曲率線座標系

2.5.1 等 温 座 標 系

(x, y) を径数とする曲面 M の径数表示 $\boldsymbol{p}: \mathcal{D} \to \mathbb{E}^3$ において径数 (x, y) が等温座標系 (isothermal coordinate system) であるとは，第一基本形式 I が $\mathcal{D}$ 上で $\mathrm{I} = E\left(\mathrm{d}x^2 + \mathrm{d}y^2\right)$ という形に書けることをいう．$E = E(x, y) > 0$ に注意.

注意 2.5.1 等温座標系は第一基本形式に関する条件であるから曲面が $\mathbb{E}^3$ 内にはめ込まれていることとは関係がない．実際，任意の 2 次元リーマン多様体にはつねに等温座標系が存在する (定理 6.1.3).

$u_1 = x$, $u_2 = y$ と見てガウス–ワインガルテンの公式を書くと

$$\boldsymbol{p}_{xx} = \mathit{\Gamma}_{11}^1 \boldsymbol{p}_x + \mathit{\Gamma}_{11}^2 \boldsymbol{p}_y + h_{11} \boldsymbol{n}, \ \boldsymbol{p}_{xy} = \mathit{\Gamma}_{12}^1 \boldsymbol{p}_x + \mathit{\Gamma}_{12}^2 \boldsymbol{p}_y + h_{12} \boldsymbol{n},$$
$$\boldsymbol{p}_{yy} = \mathit{\Gamma}_{22}^1 \boldsymbol{p}_x + \mathit{\Gamma}_{22}^2 \boldsymbol{p}_y + h_{22} \boldsymbol{n},$$
$$\boldsymbol{n}_x = -S_{11} \boldsymbol{p}_x - S_{21} \boldsymbol{p}_y, \quad \boldsymbol{n}_y = -S_{12} \boldsymbol{p}_x - S_{22} \boldsymbol{p}_y.$$

である．この方程式系におけるクリストッフェル記号を等温座標系 (x, y) を用いて計算する．

---

*9) 「驚愕定理」は “Theorema egregium” の訳.

まず $E = (\boldsymbol{p}_x \mid \boldsymbol{p}_x)$ の両辺を x で偏微分すると $E_x = 2(\boldsymbol{p}_{xx} | \boldsymbol{p}_x)$ であるから $(\boldsymbol{p}_{xx} | \boldsymbol{p}_x) = E_x/2$ を得る．同様に $(\boldsymbol{p}_{yy} | \boldsymbol{p}_y) = E_y/2$ を得る．

次に $0 = (\boldsymbol{p}_x | \boldsymbol{p}_y)$ を x で偏微分すると $0 = (\boldsymbol{p}_{xx} | \boldsymbol{p}_y) + (\boldsymbol{p}_x | \boldsymbol{p}_{yx})$ であるから $(\boldsymbol{p}_{xx} | \boldsymbol{p}_y) = -(\boldsymbol{p}_x | \boldsymbol{p}_{yx})$ を得る．これをさらに次のように計算する．

$$(\boldsymbol{p}_{xx} | \boldsymbol{p}_y) = -(\boldsymbol{p}_x | \boldsymbol{p}_{yx}) = -(\boldsymbol{p}_x | \boldsymbol{p}_{xy}) = -\frac{1}{2}\frac{\partial}{\partial y}(\boldsymbol{p}_x | \boldsymbol{p}_x) = -\frac{1}{2}E_y.$$

$0 = (\boldsymbol{p}_x | \boldsymbol{p}_y)$ を y で偏微分すると $0 = (\boldsymbol{p}_{xy} | \boldsymbol{p}_y) + (\boldsymbol{p}_x | \boldsymbol{p}_{yy})$ であるから

$$(\boldsymbol{p}_x | \boldsymbol{p}_{yy}) = -(\boldsymbol{p}_{xy} | \boldsymbol{p}_y) = -(\boldsymbol{p}_{yx} | \boldsymbol{p}_y) = -\frac{1}{2}\frac{\partial}{\partial x}(\boldsymbol{p}_y | \boldsymbol{p}_y) = -\frac{1}{2}E_x.$$

これらを使ってクリストッフェル記号を求めよう．$(\boldsymbol{p}_x|\boldsymbol{p}_y) = 0$ より $(\boldsymbol{p}_{xx}|\boldsymbol{p}_x) = \Gamma_{11}^1 E$ だから上の計算結果を利用して $\Gamma_{11}^1 = E_x/(2E)$ を得る．同様に $(\boldsymbol{p}_{xx}|\boldsymbol{p}_y)$, $(\boldsymbol{p}_{xy}|\boldsymbol{p}_x)$, $(\boldsymbol{p}_{xy}|\boldsymbol{p}_y)$, $(\boldsymbol{p}_{yy}|\boldsymbol{p}_x)$, $(\boldsymbol{p}_{yy}|\boldsymbol{p}_y)$ を計算すれば

$$\begin{aligned}
\boldsymbol{p}_{xx} &= \frac{E_x}{2E}\boldsymbol{p}_x - \frac{E_y}{2E}\boldsymbol{p}_y + h_{11}\boldsymbol{n}, \\
\boldsymbol{p}_{xy} &= \frac{E_y}{2E}\boldsymbol{p}_x + \frac{E_x}{2E}\boldsymbol{p}_y + h_{12}\boldsymbol{n}, \\
\boldsymbol{p}_{yy} &= -\frac{E_x}{2E}\boldsymbol{p}_x + \frac{E_y}{2E}\boldsymbol{p}_y + h_{22}\boldsymbol{n}
\end{aligned} \tag{2.20}$$

を得る．リーマン曲率 R_{1221} を計算しよう．$g_{11} = E$, $g_{12} = 0$ より

$$R_{1221} = \sum_{m=1}^{2} g_{1m}R_{221}^m = ER_{221}^1.$$

(2.15) にしたがって計算すれば

$$R_{221}^1 = \left(\frac{E_x}{2E}\right)_x + \left(\frac{E_y}{2E}\right)_y = \frac{1}{2}\left(\frac{\partial^2}{\partial x^2} + \frac{\partial^2}{\partial y^2}\right)\log E$$

であるから次の公式を得た．

命題 2.5.2 等温座標系 (x, y) に関してガウス曲率は

$$K = -\frac{1}{E}\left(\frac{\partial^2}{\partial x^2} + \frac{\partial^2}{\partial y^2}\right)\log\sqrt{E} \tag{2.21}$$

で与えられる．

一方,

$$\begin{pmatrix} S_{11} & S_{12} \\ S_{21} & S_{22} \end{pmatrix} = \begin{pmatrix} 1/E & 0 \\ 0 & 1/E \end{pmatrix} \begin{pmatrix} h_{11} & h_{12} \\ h_{21} & h_{22} \end{pmatrix} = \begin{pmatrix} h_{11}/E & h_{12}/E \\ h_{21}/E & h_{22}/E \end{pmatrix}$$

であるからワインガルテンの公式は

$$\boldsymbol{n}_x = -\frac{h_{11}}{E}\boldsymbol{p}_x - \frac{h_{21}}{E}\boldsymbol{p}_y, \quad \boldsymbol{n}_y = -\frac{h_{12}}{E}\boldsymbol{p}_x - \frac{h_{22}}{E}\boldsymbol{p}_y \tag{2.22}$$

となる.

2.5.2 曲率線座標系

径数 (u_1, u_2) が次の条件をみたすとき**曲率線座標系**であるという.

$$\mathrm{I\!I} = h_{11}\mathrm{d}u_1^2 + h_{22}\mathrm{d}u_2^2.$$

注意 2.5.3 曲率線座標系は第二基本形式に関する条件であるから曲面が 3 次元空間内にはめ込まれていないと意味がない. また臍点では曲率線が定まらないことに注意.

定義 (u_1, u_2) を径数とする曲面 M の径数表示 $\boldsymbol{p} : \mathcal{D} \to \mathbb{E}^3$ において (u_1, u_2) が等温座標系でありかつ同時に曲率線座標系でもあるとき**等温曲率線座標系**とよぶ.

一般の曲面では等温曲率線座標系はとれるとは限らない. そこで次の定義をしよう.

定義 臍点以外の各点のまわりで等温曲率線座標系がとれる曲面を**等温曲面** (isothermic surface) とよぶ.

注意 2.5.4 等温曲率線座標系は古典幾何 (19 世紀の微分幾何学) では isothermic coordinate system とよばれていた. そこから isothermic surface という名称ができた. isothermic coordinate system という語は等温座標系と紛らわしい. 英語を母国語とする微分幾何学者数人に尋ねてみたところ isothermic と isothermal には特別な語感の違いは感じないという.

例 2.5.5 (回転面) 例 2.2.15 で扱った回転面

$$\boldsymbol{p}(u_1, u_2) = (f(u_1)\cos u_2, f(u_1)\sin u_2, g(u_1))$$

において

$$x = \int_{u_0}^{u} \frac{\sqrt{f'(u_1)^2 + g'(u_1)^2}}{f(u_1)}\,\mathrm{d}u_1, \quad y = u_2$$

と座標変換すれば (x, y) は等温曲率線座標系である.

問 2.5.6 変換 $(u_1, u_2) \mapsto (x, y)$ が座標変換であることを確かめよ*10).

等温曲率線座標系では第一・第二基本形式はそれぞれ

$$\mathrm{I} = e^{\omega}(\mathrm{d}x^2 + \mathrm{d}y^2), \quad \mathrm{II} = e^{\omega}\left(\kappa_1 \mathrm{d}x^2 + \kappa_2 \mathrm{d}y^2\right) \tag{2.23}$$

と表せて κ_1, κ_2 が主曲率である.

等温曲面に対するガウスの公式 (2.2) とワインガルテンの公式 (2.5) は次のようにかなり単純化される.

$$\frac{\partial}{\partial x}\left(\boldsymbol{p}_x\ \boldsymbol{p}_y\ \boldsymbol{n}\right) = \left(\boldsymbol{p}_x\ \boldsymbol{p}_y\ \boldsymbol{n}\right)\begin{pmatrix} \omega_x/2 & \omega_y/2 & -\kappa_1 \\ -\omega_y/2 & \omega_x/2 & 0 \\ e^{\omega}\kappa_1 & 0 & 0 \end{pmatrix},$$

$$\frac{\partial}{\partial y}\left(\boldsymbol{p}_x\ \boldsymbol{p}_y\ \boldsymbol{n}\right) = \left(\boldsymbol{p}_x\ \boldsymbol{p}_y\ \boldsymbol{n}\right)\begin{pmatrix} \omega_y/2 & -\omega_x/2 & 0 \\ \omega_x/2 & \omega_y/2 & -\kappa_2 \\ 0 & e^{\omega}\kappa_2 & 0 \end{pmatrix}.$$

ガウス–コダッチ方程式は

$$\omega_{xx} + \omega_{yy} + 2\kappa_1\kappa_2 e^{\omega} = 0, \tag{2.24}$$

$$\begin{aligned} (\kappa_1 - \kappa_2)\,\omega_x - 2(\kappa_2)_x &= 0, \\ (\kappa_1 - \kappa_2)\,\omega_y + 2(\kappa_1)_y &= 0 \end{aligned} \tag{2.25}$$

となる. ガウスの方程式が (2.24), コダッチの方程式が (2.25) である.

---

*10) ヤコビ行列式 $\dfrac{\partial(x, y)}{\partial(u_1, u_2)}$ が 0 にならないことを確かめよ.

ガウス–ワインガルテンの公式からただちに得られる等温曲面の性質をあげよう．

単連結領域 $\mathcal{D}$ で定義された等温曲面 $\boldsymbol{p}\colon \mathcal{D}\to\mathbb{E}^3$ に対し，次の連立偏微分方程式を考える．

$$ {}^{\mathrm{c}}\boldsymbol{p}_x = e^{-\omega}\boldsymbol{p}_x, \quad {}^{\mathrm{c}}\boldsymbol{p}_y = -e^{-\omega}\boldsymbol{p}_y \tag{2.26} $$

この連立偏微分方程式は解をもつ．積分可能条件を確かめてみよう．

$$ ({}^{\mathrm{c}}\boldsymbol{p}_x)_y = e^{-\omega}(-\omega_y\boldsymbol{p}_x + \boldsymbol{p}_{xy}), \quad ({}^{\mathrm{c}}\boldsymbol{p}_y)_x = -e^{-\omega}(-\omega_x\boldsymbol{p}_y + \boldsymbol{p}_{yx}) $$

より

$$ ({}^{\mathrm{c}}\boldsymbol{p}_x)_y - ({}^{\mathrm{c}}\boldsymbol{p}_y)_x = 2e^{-\omega}\left(\boldsymbol{p}_{xy} - \frac{\omega_y}{2}\boldsymbol{p}_x - \frac{\omega_x}{2}\boldsymbol{p}_y\right) = \boldsymbol{0}. $$

${}^{\mathrm{c}}\boldsymbol{n} = -\boldsymbol{n}$ とおくとこれは ${}^{\mathrm{c}}\boldsymbol{p}$ の単位法ベクトル場であり，

$$ \det(\boldsymbol{p}_x\ \boldsymbol{p}_y\ \boldsymbol{n})\ \text{の符号} = \det({}^{\mathrm{c}}\boldsymbol{p}_x\ {}^{\mathrm{c}}\boldsymbol{p}_y\ {}^{\mathrm{c}}\boldsymbol{n})\ \text{の符号} $$

である．${}^{\mathrm{c}}\boldsymbol{p}$ の基本形式は

$$ {}^{\mathrm{c}}\mathrm{I} = e^{-\omega}\left(\mathrm{d}x^2 + \mathrm{d}y^2\right), \quad {}^{\mathrm{c}}\mathrm{II} = -\kappa_1\mathrm{d}x^2 + \kappa_2\mathrm{d}y^2 \tag{2.27} $$

で与えられるから等温である．${}^{\mathrm{c}}\boldsymbol{p}$ を $\boldsymbol{p}$ の**双対曲面**または**クリストッフェル変換**とよぶ*11)．${}^{\mathrm{c}}\boldsymbol{p}$ の平均曲率 ${}^{\mathrm{c}}H$ は

$$ {}^{\mathrm{c}}H = -\frac{1}{2}e^{\omega}(\kappa_1 - \kappa_2) \tag{2.28} $$

で与えられる．${}^{\mathrm{c}}({}^{\mathrm{c}}\boldsymbol{p})$ は $\boldsymbol{p}$ と相似であることが確かめられる．

2.6 複素座標系

2.6.1 等温座標系への変換

径数 (x,y) で表示された曲面 $\boldsymbol{p}:\mathcal{D}\to\mathbb{E}^3$ の第一基本形式を $\mathrm{I} = g_{11}\mathrm{d}x^2 + 2g_{12}\mathrm{d}x\mathrm{d}y + g_{22}\mathrm{d}y^2$ とする．いま，座標変換 $(x,y)\longmapsto(u,v)$ を行い，第一基本形式が

$$ \mathrm{I} = g_{11}\mathrm{d}x^2 + 2g_{12}\mathrm{d}x\mathrm{d}y + g_{22}\mathrm{d}y^2 = \frac{1}{\rho(u,v)}(\mathrm{d}u^2 + \mathrm{d}v^2) $$

---

*11) ${}^{\mathrm{c}}\boldsymbol{p}$ はもとの曲面と平行な接平面をもち，向き付けが反転している曲面である．曲面の向き付けについては 6.1 節参照．

と書き換えられるとしよう．すなわち (u,v) は等温座標系である．$\mathrm{d}u = u_x \mathrm{d}x + u_y \mathrm{d}y$, $\mathrm{d}v = v_x \mathrm{d}x + v_y \mathrm{d}y$ を代入して計算すると

$$g_{11} = \{(u_x)^2 + (v_x)^2\}/\rho, \quad g_{12} = (u_x u_y + v_x v_y)/\rho \quad g_{22} = \{(u_y)^2 + (v_y)^2\}/\rho$$

が得られる．$w = u + vi$ とおくと

$$\rho\, g_{11} = |w_x|^2 > 0, \quad \rho\, g_{22} = |w_y|^2 > 0$$

と書き直せる．さらに

$$w_x \overline{w}_y = (u_x u_y + v_x v_y) + i(v_x u_y - u_x v_y)$$

より $\rho\, g_{12} = \mathrm{Re}\,(w_x \overline{w}_y)$．そこで $\mu := w_x / w_y$ とおくと

$$\rho\, g_{11} = |w_x|^2 = |\mu \overline{w}_y|^2 = |\mu|^2 |w_y|^2 = \rho\, g_{22} |\mu|^2$$

であるから $|\mu|^2 = g_{11}/g_{22}$．また

$$\frac{g_{12}}{g_{22}} = \frac{\rho\, g_{12}}{\rho\, g_{22}} = \frac{\mathrm{Re}\,(w_x \overline{w}_y)}{|w_y|^2} = \mathrm{Re}\,\frac{w_x}{w_y} = \mathrm{Re}\,\mu.$$

μ の虚数部分を求めよう．

$$\frac{g_{11}}{g_{22}} = |\mu|^2 = (\mathrm{Re}\,\mu)^2 + (\mathrm{Im}\,\mu)^2 = \left(\frac{g_{12}}{g_{22}}\right)^2 + (\mathrm{Im}\,\mu)^2$$

より

$$\mathrm{Im}\,\mu = \frac{\pm\sqrt{g_{11} g_{22} - (g_{12})^2}}{g_{22}}$$

ここで

$$\frac{\partial(u,v)}{\partial(x,y)} = \begin{vmatrix} u_x & u_y \\ v_x & v_y \end{vmatrix} = -\mathrm{Im}\,(w_x \overline{w}_y) = -|w_y|^2\,\mathrm{Im}\,\mu$$

であるから向き付けを保つ条件[*12]：

$$\frac{\partial(u,v)}{\partial(x,y)} > 0 \tag{2.29}$$

を要請すると $\mathrm{Im}\,\mu < 0$．したがって

---

*12) 向き付けについては 6.1 節参照．

$$\mu = \frac{g_{12}}{g_{22}} - \frac{i\sqrt{g_{11}g_{22}-(g_{12})^2}}{g_{22}}$$

を得る[*13)]．以上のことから，径数 (x, y) に対し偏微分方程式

$$\frac{\partial w}{\partial x} = \left(\frac{g_{12}}{g_{22}} - \frac{i\sqrt{g_{11}g_{22}-(g_{12})^2}}{g_{22}}\right)\frac{\partial w}{\partial y}$$

の解 $w = u + vi$ を求めれば等温座標系 (u, v) に変換できることがわかった．この偏微分方程式を**ベルトラミ方程式** (Beltrami equation) とよぶ．この本では証明を与えないが次の基本定理が成り立つ．

定理 2.6.1 曲面 $\boldsymbol{p} : \mathcal{D} \to \mathbb{E}^3$ に対しベルトラミ方程式の解 $w = u + vi$ が存在する．

とくにもともとの径数 (x, y) が等温であればベルトラミ方程式は $w_x = -iw_y$ となるが，これは**コーシー–リーマン方程式**

$$u_x = v_y, \quad u_y = -v_x$$

にほかならない (本講座 [24, p.71])．したがって $w = u + vi$ は $z = x + yi$ の正則函数であることがわかる．

2.6.2 複素座標系

(いままでの観察により) 等温座標系 (x, y) で径数表示された曲面 $\boldsymbol{p} : \mathcal{D} \to \mathbb{E}^3$ においては $z = x + yi$ を複素座標として用いてよい．

領域 $\mathcal{D}$ 上の全微分可能な複素函数 $w = f(x, y) = u(x, y) + iv(x, y)$ に対し $x = (z + \bar{z})/2$, $y = -i(z - \bar{z})/2$ を利用して (独立) 変数を x, y から z, $\bar{z}$ に書き換える．w を z と $\bar{z}$ の 2 変数函数と考え $w = f(z, \bar{z})$ と表すことにしよう．

z 偏微分作用素と $\bar{z}$ 偏微分作用素を

$$\frac{\partial}{\partial z} = \frac{1}{2}\left(\frac{\partial}{\partial x} - i\frac{\partial}{\partial y}\right), \quad \frac{\partial}{\partial \bar{z}} = \frac{1}{2}\left(\frac{\partial}{\partial x} + i\frac{\partial}{\partial y}\right)$$

---

*13) $\dfrac{\partial(u, v)}{\partial(x, y)} < 0$ のときは $-v$ を改めて v とすればよい．

で定めると

$$\frac{\partial f}{\partial \bar{z}} = \frac{1}{2}\{(u_x - v_y) + i(u_y + v_x)\}$$

であるから $f_{\bar{z}} = 0$ であることは u と v がコーシー–リーマン方程式をみたすことと同値，すなわち $w = f(z, \bar{z})$ が正則函数であることと同値である．

注意 2.6.2 複素偏微分を用いるとベルトラミ方程式は

$$\frac{\partial w}{\partial \bar{z}} = \frac{\mu + i}{\mu - i}\frac{\partial w}{\partial z}$$

と書き直せる．

z と $\bar{z}$ の全微分を $\mathrm{d}z = \mathrm{d}x + i\mathrm{d}y$, $\mathrm{d}\bar{z} = \mathrm{d}x - i\mathrm{d}y$ で定める．第一基本形式を $\mathrm{I} = e^{\omega}(\mathrm{d}x^2 + \mathrm{d}y^2)$ と表しておく ($\omega : \mathcal{D} \to \mathbb{R}$ は C^∞ 級函数)．すると $\mathrm{d}z\mathrm{d}\bar{z} = \mathrm{d}x^2 + \mathrm{d}y^2$ であるから

$$\mathrm{I} = e^{\omega}\mathrm{d}z\mathrm{d}\bar{z}$$

と書き換えられる．

複素座標 $z = x + yi$ で複素微分を計算すると $\boldsymbol{p}_z = \frac{1}{2}(\boldsymbol{p}_x - i\boldsymbol{p}_y)$, $\boldsymbol{p}_{\bar{z}} = \frac{1}{2}(\boldsymbol{p}_x + i\boldsymbol{p}_y)$ であるから

$$(\boldsymbol{p}_z|\boldsymbol{p}_z) = \frac{1}{4}\left[\{(\boldsymbol{p}_x|\boldsymbol{p}_x) - (\boldsymbol{p}_y|\boldsymbol{p}_y)\} - 2i(\boldsymbol{p}_x|\boldsymbol{p}_y)\right] = 0.$$

同様に $(\boldsymbol{p}_{\bar{z}}|\boldsymbol{p}_{\bar{z}}) = 0$ を得る．さらに

$$(\boldsymbol{p}_z|\boldsymbol{p}_{\bar{z}}) = \frac{1}{4}\{(\boldsymbol{p}_x|\boldsymbol{p}_x) + (\boldsymbol{p}_y|\boldsymbol{p}_y)\} = \frac{1}{2}e^{\omega}$$

を得る．ガウス–ワインガルテンの公式を z を使って書き換えよう．その準備としてまず複素函数 $Q := (\boldsymbol{p}_{zz}|\boldsymbol{n})$ を定義しておく．Q は複素座標を換えればそれにともなって変化してしまうが，

$$Q^{\#} := Q\,\mathrm{d}z^2$$

とおくと，複素座標の選び方に依存しない量になっている．実際

$$\begin{aligned}(\boldsymbol{p}_{ww}|\boldsymbol{n})\mathrm{d}w^2 &= (\boldsymbol{p}_{zz}z_w z_w|\boldsymbol{n})\,\mathrm{d}w\mathrm{d}w \\ &= (\boldsymbol{p}_{zz}|\boldsymbol{n})\left(\frac{\mathrm{d}z}{\mathrm{d}w}\mathrm{d}w\right)\left(\frac{\mathrm{d}z}{\mathrm{d}w}\mathrm{d}w\right) = (\boldsymbol{p}_{zz}|\boldsymbol{n})\mathrm{d}z^2\end{aligned}$$

であるから，たしかに複素座標の選び方に依存していない (6.3 節を参照)．

定義 $Q^{\#}$ を曲面 $\boldsymbol{p}$ のホップ微分 (Hopf differential) とよぶ.

複素行列値函数 $\mathcal{S}$ を $\mathcal{S}=(\boldsymbol{p}_z\,\boldsymbol{p}_{\bar{z}}\,\boldsymbol{n})$ と選ぶ．単位法ベクトル場は $\boldsymbol{n}=e^{-\omega}(\boldsymbol{p}_x\times\boldsymbol{p}_y)$ で与えられる．するとガウス–ワインガルテンの公式は $\mathcal{S}$ に関する連立偏微分方程式

$$\mathcal{S}_z=\mathcal{S}\,\mathcal{U},\quad \mathcal{S}_{\bar{z}}=\mathcal{S}\,\mathcal{V}, \tag{2.30}$$

$$\mathcal{U}=\begin{pmatrix}\omega_z & 0 & -H\\ 0 & 0 & -2e^{-\omega}Q\\ Q & He^{\omega}/2 & 0\end{pmatrix},\quad \mathcal{V}=\begin{pmatrix}0 & 0 & -2e^{-\omega}\overline{Q}\\ 0 & \omega_{\bar{z}} & -H\\ He^{\omega}/2 & \overline{Q} & 0\end{pmatrix}$$

に書き直せる．(2.30) をフレネ方程式 (Frenet equation) とよぶ.

問 2.6.3 平均曲率が $H=2e^{-\omega}(\boldsymbol{p}_{z\bar{z}}|\boldsymbol{n})$ と表せることを確かめよ．したがって $\mathrm{I\!I}=Q\,\mathrm{d}z^2+H\mathrm{I}+\overline{Q}\,\mathrm{d}\bar{z}^2$ と表せる.

第二基本形式 $\mathrm{I\!I}$ を等温座標 (x,y) で行列表示しよう．$u_1=x$, $u_2=y$ として計算すると

$$Q=(\boldsymbol{p}_{zz}|\boldsymbol{n})=\frac{1}{4}\{(\boldsymbol{p}_{xx}|\boldsymbol{n})-(\boldsymbol{p}_{yy}|\boldsymbol{n})\}-2i(\boldsymbol{p}_{xy}|\boldsymbol{n})\}=\frac{1}{4}\{(h_{11}-h_{22})-2ih_{12}\}$$

であるから

$$Q+\overline{Q}=\frac{1}{2}(h_{11}-h_{22}),\quad Q-\overline{Q}=-ih_{12}.$$

一方,

$$H=2e^{-\omega}(\boldsymbol{p}_{z\bar{z}}|\boldsymbol{n})=\frac{1}{2}e^{-\omega}(\boldsymbol{p}_{xx}+\boldsymbol{p}_{yy}|\boldsymbol{n})=\frac{e^{-\omega}}{2}(h_{11}+h_{22})$$

と計算できるので

$$\mathrm{I\!I}=(h_{ij})=\begin{pmatrix}He^{\omega}+Q+\overline{Q} & i(Q-\overline{Q})\\ i(Q-\overline{Q}) & He^{\omega}-(Q+\overline{Q})\end{pmatrix}$$

を得る.

問 2.6.4 形状作用素 S の $\{\boldsymbol{p}_x,\boldsymbol{p}_y\}$ に関する表現行列が

$$S = (S_{ij}) = \begin{pmatrix} H + e^{-\omega}(Q + \overline{Q}) & ie^{-\omega}(Q - \overline{Q}) \\ ie^{-\omega}(Q - \overline{Q}) & H - e^{-\omega}(Q + \overline{Q}) \end{pmatrix} \tag{2.31}$$

で与えられることを確かめよ.

点 $z_0 = x_0 + y_0 i$ で $Q(z_0) = 0$ となるとしたら，その点での S の表現行列は

$$(S_{ij}(x_0, y_0)) = \begin{pmatrix} H(x_0, y_0) & 0 \\ 0 & H(x_0, y_0) \end{pmatrix}$$

となるから, (x_0, y_0) は臍点であることがわかる.

(2.31) の行列式を計算すると

$$K = \det S = H^2 - e^{-2\omega}(Q + \overline{Q})^2 + e^{-2\omega}(Q - \overline{Q})^2 = H^2 - 4e^{-2\omega}|Q|^2$$

これを書き換えると

$$H^2 - K = 4e^{-2\omega}|Q|^2 \tag{2.32}$$

となるが主曲率 κ_1, κ_2 を用いると

$$H^2 - K = \frac{1}{4}(\kappa_1 + \kappa_2)^2 - \kappa_1 \kappa_2 = \frac{1}{4}(\kappa_1 - \kappa_2)^2$$

であるから

$$(\kappa_1 - \kappa_2)^2 = 16e^{-2\omega}|Q|^2$$

を得る．この式からも臍点と Q の零点 ($Q = 0$ となる点) が一致することがわかる.

複素座標を用いて等温曲面のクリストッフェル変換を求めてみよう．等温座標系 (x, y) で径数表示された曲面 $\boldsymbol{p} : \mathcal{D} \to \mathbb{E}^3$ において (x, y) が等温曲率線座標系であるための条件は $(\boldsymbol{p}_{xy}|\boldsymbol{n}) = 0$ であるが，これは，Q の虚部 $\mathrm{Im}\, Q$ が 0，すなわち Q が実数値であることにほかならない．(x, y) が等温曲率線座標系であるとしよう．また $\mathcal{D}$ は単連結であるとする．$\boldsymbol{p}$ の第一・第二基本形式を (2.23) と表す．このとき $\boldsymbol{p}$ のクリストッフェル変換 ${}^{\mathrm{c}}\boldsymbol{p}$ の定義式 (2.26) を $z = x + yi$ で書き換えると

$${}^{\mathrm{c}}\boldsymbol{p}_z = e^{-\omega}\boldsymbol{p}_{\bar{z}}, \quad {}^{\mathrm{c}}\boldsymbol{p}_{\bar{z}} = e^{-\omega}\boldsymbol{p}_z \tag{2.33}$$

となる．${}^{\mathrm{c}}\boldsymbol{p}$ の単位法ベクトル場を ${}^{\mathrm{c}}\boldsymbol{n} = -\boldsymbol{n}$ で選ぶと $Q = e^{\omega}(\kappa_1 - \kappa_2)/4$ であ

ることと (2.28) より ${}^{\mathrm{c}}\boldsymbol{p}$ の平均曲率 ${}^{\mathrm{c}}H$ とホップ微分 ${}^{\mathrm{c}}Q\,\mathrm{d}z^2$ は

$$ {}^{\mathrm{c}}H = -2Q, \quad {}^{\mathrm{c}}Q = -\frac{H}{2} \tag{2.34} $$

で与えられる.

問 2.6.5 等温座標系 (x, y) に対し $\boldsymbol{p}_{xx} + \boldsymbol{p}_{yy} = 2e^{\omega} H\boldsymbol{n}$ が成立することを確かめよ. したがって $\boldsymbol{p}$ が等温座標系に関してベクトル値の調和函数であることと $H = 0$ が同値であることがわかる.

$H = 0$ の曲面は極小曲面とよばれる. その理由を説明しておこう.

2.6.3 極 小 曲 面

曲面 $\boldsymbol{p} : \mathcal{D} \to \mathbb{E}^3$ の単位法ベクトル場を $\boldsymbol{n}$ とする. いま $\mathcal{D}$ 内に有界な領域 $U \subset \mathcal{D}$ をひとつとりその境界を $C = \partial U$ で表す. 境界を固定して曲面を法ベクトル方向にいろいろ動かしてみよう*14).

$\mathcal{D}$ 上の函数 f を用いて $\overline{\boldsymbol{p}}(u_1, u_2; \varepsilon) := \boldsymbol{p}(u_1, u_2) + \varepsilon f(u_1, u_2)\boldsymbol{n}$ と定める. ただし f は C 上では 0 の値をとるものとする (C を保つため). ここで ε は $\overline{\boldsymbol{p}}$ が曲面片を定めるように充分小さくとっておく. この変形を $\boldsymbol{p}$ の法変分 (normal variation) とよぶ*15). $\mathrm{d}\overline{\boldsymbol{p}} = \mathrm{d}\boldsymbol{p} + \varepsilon(\mathrm{d}f\boldsymbol{n} + f\mathrm{d}\boldsymbol{n})$ より

$$ (\mathrm{d}\overline{\boldsymbol{p}}|\mathrm{d}\overline{\boldsymbol{p}}) = (\mathrm{d}\boldsymbol{p}|\mathrm{d}\boldsymbol{p}) + 2\varepsilon f(\mathrm{d}\boldsymbol{n}|\mathrm{d}\boldsymbol{p}) + \varepsilon^2 \left\{ f^2(\mathrm{d}\boldsymbol{n}|\mathrm{d}\boldsymbol{n}) + \sum_{i,j=1}^{2} f_{u_i} f_{u_j}\, \mathrm{d}u_i \mathrm{d}u_j \right\} $$

と計算できるから $\overline{g}_{ij} = (\overline{\boldsymbol{p}}_{u_i}|\overline{\boldsymbol{p}}_{u_j})$ は

$$ \overline{g}_{ij} = g_{ij} - 2\varepsilon f h_{ij} + \varepsilon^2 \xi_{ij}, \quad \xi_{ij} = f^2 \mathrm{I\!I\!I}_{ij} + f_{u_i} f_{u_j} $$

と表せる. 面積要素を計算すると

$$ \det(\overline{g}_{ij}) = (g_{11} - 2\varepsilon f h_{11})(g_{22} - 2\varepsilon f h_{22}) - (g_{12} - 2\varepsilon f h_{12})^2 + \varepsilon^2 \text{以上の冪(べき)の項} $$

であるから

*14) 曲面の変形を法ベクトル方向に制限してよい理由については [15, 命題 5.1.5] 参照.

*15) $f = 1$ の場合は 2.8 節で扱う法線叢である.

$$\left.\frac{\partial}{\partial\varepsilon}\right|_{\varepsilon=0}\det(\overline{g}_{ij})=-2f(g_{11}h_{22}+g_{22}h_{11}-2g_{12}h_{12})=-4fH\det(g_{ij}).$$

$\overline{\boldsymbol{p}}$ の U 上の表面積を $\mathcal{A}(\varepsilon)$ と表記しよう．いまこの変形で面積が減らないならば $\mathcal{A}(0)\leq\mathcal{A}(\varepsilon)$ が成立する．ということは $\mathcal{A}(\varepsilon)$ を ε の函数として扱い $\varepsilon=0$ における微分係数を求めると 0 になるはずである．

$$\begin{aligned}\mathcal{A}'(0)&=\left.\frac{\partial}{\partial\varepsilon}\right|_{\varepsilon=0}\mathcal{A}(\varepsilon)=\left.\frac{\partial}{\partial\varepsilon}\right|_{\varepsilon=0}\iint_U\sqrt{\det(\overline{g}_{ij})}\,\mathrm{d}u_1\,\mathrm{d}u_2\\&=\iint_U\left.\frac{\partial}{\partial\varepsilon}\right|_{\varepsilon=0}\sqrt{\det(\overline{g}_{ij})}\,\mathrm{d}u_1\,\mathrm{d}u_2=\iint_U\frac{1}{2\sqrt{\det(\overline{g}_{ij})}}\left.\frac{\partial}{\partial\varepsilon}\det(\overline{g}_{ij})\right|_{\varepsilon=0}\mathrm{d}u_1\,\mathrm{d}u_2\\&=\iint_U\frac{-4fH\det(g_{ij})}{2\sqrt{\det(\overline{g}_{ij})}}\mathrm{d}u_1\,\mathrm{d}u_2\\&=-2\iint_U fH\sqrt{\det(g_{ij})}\mathrm{d}u_1\,\mathrm{d}u_2=-2\int_U fH\,\mathrm{d}A.\end{aligned}$$

したがって $H=0$ であれば $\mathcal{A}'(0)=0$ が成立する．

定義 平均曲率が 0 である曲面を**極小曲面** (minimal surface) とよぶ．

[極小曲面の方程式] 極小曲面の概念はラグランジュ (Joseph Louis Lagrange, 1736–1813) の 1760 年の論文にその起源を見ることができる．ただしラグランジュは曲面をグラフとして表示していた．$\boldsymbol{p}(x,y)=(x,y,f(x,y))$ とグラフ表示するとラグランジュが求めた方程式 ($H=0$) は

$$f_{xx}\{1+(f_y)^2\}-2f_xf_yf_{xy}+f_{yy}\{1+(f_x)^2\}=0$$

で与えられる (例 2.2.18)．ボルダ (J. Borda, 1767) も独立に導いていたという．$H=0$ という表示方法はミュニエ (Meusnier, 1776) による．公式 $\mathcal{A}'(0)=-2\int_U fH\,\mathrm{d}A$ を表面積汎函数 $\mathcal{A}$ に対する**第一変分公式**とよぶ．

例 2.6.6 (懸垂面) $a>0$ を定数とする．x_1x_3 平面内の懸垂線 $x_1=a\cosh(x_3/a)$ を x_3 軸のまわりに回転して得られる回転面を**懸垂面** (カテノイド) とよぶ．懸垂線 $(x_1,x_3)=(a\cosh(v/a),v)$ の弧長函数 $s(v)$ は

$$s(v)=\int_0^v\sqrt{\sinh^2(v/a)+1}\,\mathrm{d}v=a\sinh(v/a)$$

で与えられる．したがって懸垂線の弧長径数表示として $(x_1,x_3)=(\sqrt{a+s^2},$

$\sinh^{-1}(s/a))$ が求められた.

懸垂面 $\boldsymbol{p}(u_1, u_2) = (f(u_1)\cos u_2, f(u_1)\sin u_2, g(u_1))$ の輪郭線は

$$f(u_1) = \sqrt{a + u_1^2}, \quad g(u_1) = \sinh^{-1}(u_1/a)$$

であるから (2.11) を使って $H = 0$ を得る.

注意 2.6.7 懸垂面が極小曲面であることはオイラー (第一変分公式を計算) とミュニエ ($H = 0$ を示す) により示された. オイラーは懸垂面を alysseid とよんでいた. catenoid という名称はプラトーによる. 極小曲面である回転面は平面と懸垂面に限ることを 4.1 節で証明する.

図 **2.12** 懸垂面

例 2.6.8 (常螺旋面) $\mathcal{D} = \{(u_1, u_2) \mid 0 < u_2 < 2\pi\}$ 上で定義された曲面片

$$\boldsymbol{p}(u_1, u_2) = (u_1 \cos u_2, u_1 \sin u_2, bu_2)$$

を常螺旋面 (helicoid) という ($b \neq 0$ は定数)(図 2.13).

$$\mathrm{I} = \mathrm{d}u_1^2 + \{(u_1)^2 + b^2\}\mathrm{d}u_2^2, \quad \mathrm{II} = -\frac{2b}{\sqrt{(u_1)^2 + b^2}}\mathrm{d}u_1\mathrm{d}u_2$$

であるから $H = 0$, したがって極小曲面である. $K = -b^2/\{(u_1)^2 + b^2\}^2$. とくに $-1/b^2 \leq K < 0$. $K = -1/b^2$ となるのは $u_1 = 0$ のとき, すなわち像の方で見ると x_3 軸と交叉する点. $\displaystyle\lim_{u_1 \to \pm\infty} K = 0$ に注意.

図 **2.13** 常螺旋面

問 2.6.9 極小曲面 $\boldsymbol{p}:\mathcal{D}\to\mathbb{E}^3$ において次の等式 (第二変分公式) が成立することを確かめよ.

$$\mathcal{A}''(0)=\left.\frac{\partial^2}{\partial\varepsilon^2}\right|_{\varepsilon=0}\mathcal{A}(\varepsilon)=\int_U 2f^2K+\sum_{i,j=1}^{2}g^{ij}f_{u_i}f_{u_j}\,\mathrm{d}A.$$

注意 2.6.10 (平均曲率一定曲面の場合) 序で述べたように極小曲面でない平均曲率一定曲面は「体積を保ったままで表面積を最小化せよ」という (幾何学的変分) 問題により特徴づけられる. (正則とは限らない) 曲面片 $\boldsymbol{p}:\mathcal{D}\to\mathbb{E}^3$ に対し $\mathcal{D}$ 上での $\boldsymbol{p}$ の囲む体積を

$$\mathcal{V}=\frac{1}{3}\iint_{\mathcal{D}}(\boldsymbol{p}|\boldsymbol{p}_{u_1}\times\boldsymbol{p}_{u_2})\,\mathrm{d}u_1\mathrm{d}u_2=\frac{1}{3}\int_{\mathcal{D}}(\boldsymbol{p}|\boldsymbol{n})\,\mathrm{d}A$$

で定める. $\mathcal{V}$ を保つ法変分に対し表面積 $\mathcal{A}$ の第一変分を計算すると「$H=$ 定数 $c\neq 0$」が第一変分公式として得られる ([15, 定理 5.6.5]). 変分問題の観点からは小磯 [15] に詳しく解説されている. この本では可積分幾何の観点にしぼって解説する.

2.7 ガウス–コダッチ方程式

前の節で考察した行列値函数 $\mathcal{S}=(\boldsymbol{p}_z\ \boldsymbol{p}_{\bar{z}}\ \boldsymbol{n})$ を用いてガウス–コダッチ方程式 (2.18)–(2.19) を導いてみよう. ガウス–コダッチ方程式はガウス–ワインガルテンの公式 (2.30) に関する積分可能条件 $\mathcal{V}_z-\mathcal{U}_{\bar{z}}+[\mathcal{U},\mathcal{V}]=O$ で与えられる. 具体的に成分計算をしてみると

$$\omega_{z\bar{z}}+\frac{H^2}{2}e^{\omega}-2|Q|^2e^{-\omega}=0,$$

$$Q_{\bar{z}} = \frac{1}{2}e^{\omega}H_z$$

の 2 本の偏微分方程式が得られる．前者がガウス方程式，後者がコダッチ方程式である．それぞれを (2.18), (2.19) と見比べてみよう．等温座標系 (複素座標系) を用いたことでかなり見やすくなったはずである．

第 1 章で説明したフロベニウスの定理より次が得られる．

定理 2.7.1 複素平面内の単連結領域 $\mathcal{D} \subset \mathbb{C}$ で定義された実数値函数 ω, H，複素数値函数 Q がガウス–コダッチ方程式をみたせば，(2.30) の解 $\mathcal{S} : \mathcal{D} \to \mathrm{GL}_3\mathbb{C}$ が存在する．

ガウス–コダッチ方程式から直ちに得られるいくつかの重要な事実を述べておこう．コダッチ方程式よりすぐわかることは

命題 2.7.2 曲面の平均曲率が定数函数であるための必要十分条件は Q が正則函数であること[*16)]．

この命題を用いると次の定理が示せる．

定理 2.7.3 (ホップ, **1951**) M を閉曲面，$\boldsymbol{p} : M \to \mathbb{E}^3$ を平均曲率が 0 でない定数の曲面とする．このとき M が球面と位相同型 (同相) であれば，M は $\mathbb{E}^3$ 内の全臍的な球面である．

(証明) ここでは 6.3 節で説明するリーマン面の基礎知識を用いる証明を与える[*17)] ので初読の際は「仮定から $Q = 0$ が導かれる」ことを認めて読まれたい．また閉曲面については 6.1 節で改めて説明する．

仮定より M に第一基本形式から誘導されるリーマン面の構造 (等角構造) を与えると，M はリーマン球面とリーマン面として同型である．すると定理 6.3.6 よ

---

*16) この事実を「ホップ微分は正則 2 次微分である」といい表す．

*17) リーマン面の理論を用いない証明は [30] にある．

り M 上の正則 2 次微分は恒等的に 0 なものしかないから $Q=0$. すなわち M は全臍的. $Q=0$ よりワインガルテンの公式から $\boldsymbol{n}_z=-H\boldsymbol{p}_z$ を得る. したがって $\boldsymbol{n}+H\boldsymbol{p}$ は定ベクトル. これを $\boldsymbol{c}$ とおくと $\|\boldsymbol{p}-\boldsymbol{c}/H\|^2=1/H^2$. これは $\boldsymbol{p}$ による M の像が $\boldsymbol{c}/H$ を中心とする半径 $1/H$ の球面に入っていることを意味する. ■

平均曲率一定曲面においては Q が正則である. そこで次のような置き換えをしてみよう.

$$Q\longmapsto Q^{(\lambda)}:=\lambda Q,\quad \lambda=e^{it},\ t\in\mathbb{R}$$

ガウス–コダッチ方程式において (ω,H,Q) を $(\omega,H,Q^{(\lambda)})$ で置き換えてみる. コダッチ方程式は $Q^{(\lambda)}_{\bar{z}}=\lambda Q_{\bar{z}}=0$ なので保たれている. ガウス方程式は

$$\omega_{z\bar{z}}+\frac{H^2}{2}e^{\omega}-2|Q^{(\lambda)}|^2e^{-\omega}=\omega_{z\bar{z}}+\frac{H^2}{2}e^{\omega}-2|Q|^2e^{-\omega}=0$$

なので保たれている. ということはもとの曲面と同じ第一基本形式 $\mathrm{I}=e^{\omega}\mathrm{d}z\mathrm{d}\bar{z}$, 同じ平均曲率 H をもち, $Q^{(\lambda)}\mathrm{d}z^2$ をホップ微分にもつ曲面 $\boldsymbol{p}^{(\lambda)}:\mathcal{D}\to\mathbb{E}^3$ が存在することが言えた. $\boldsymbol{p}^{(\lambda)}$ はもとの曲面と一般には合同ではないが, 同じ第一基本形式・主曲率をもっている. λ は複素平面内の単位円周 $\mathbb{S}^1$ 上を動けるから, もとの曲面を第一基本形式と平均曲率を保ったまま連続的に変形できることが言えた.

定理 2.7.4 (ボンネ, **1867**)　単連結領域 $\mathcal{D}\subset\mathbb{C}$ で定義された平均曲率が一定な曲面 $\boldsymbol{p}:\mathcal{D}\to\mathbb{E}^3$ に対し, 第一基本形式と平均曲率を保つ連続変形族 $\{\boldsymbol{p}^{(\lambda)}\}_{\lambda\in\mathbb{S}^1}$ が存在する. この族を $\boldsymbol{p}$ の同伴族とよぶ.

問 2.7.5　$\boldsymbol{p}^{(\lambda)}$ の形状作用素が $S^{(\lambda)}=H\,\mathrm{Id}+R(-t)(S-H\,\mathrm{Id})$, $\lambda=e^{it}$ で与えられることを示せ. Id は恒等変換を表す. $R(t)$ は角 t の回転を表す.

平均曲率一定曲面では等温曲率線座標系がとれることを示そう.

命題 2.7.6　平均曲率 $H\neq 0$ が一定の曲面では臍点でない点のまわりで

$$\mathrm{I}=e^{\omega}(\mathrm{d}x^2+\mathrm{d}y^2),\quad \mathrm{II}=2He^{\frac{\omega}{2}}\left(\sinh\frac{\omega}{2}\mathrm{d}x^2+\cosh\frac{\omega}{2}\mathrm{d}y^2\right)\tag{2.35}$$

となる等温曲率線座標系 (x, y) がとれる．この座標系のもとでは $Q = -H/2$ でガウス–コダッチ方程式は

$$\omega_{xx} + \omega_{yy} + 4H^2 \sinh \omega = 0 \tag{2.36}$$

と表される (sinh-Gordon 方程式[*18])．

(証明) H が定数なので Q は正則函数．臍点でない点のまわりで複素座標を取り替えて $Q = -H/2$ となるようにできる．そのように取り替えた座標を改めて $z = x + yi$ と書く[*19]．$\mathrm{I} = e^{\omega}(\mathrm{d}x^2 + \mathrm{d}y^2)$ と表すと $4Q = h_{11} - h_{22} - 2ih_{12} = -2H = -e^{-\omega}(h_{11} + h_{22})$ より $\mathrm{II} = 2He^{\frac{\omega}{2}}\left(\sinh \frac{\omega}{2}\mathrm{d}x^2 + \cosh \frac{\omega}{2}\mathrm{d}y^2\right)$ となる．■

注意 2.7.7 $Q = -H/2$ と選ぶと，x 座標曲線，y 座標曲線はそれぞれ曲率線であり，対応する主曲率は，「x 座標曲線に対応する主曲率 $\leq y$ 座標曲線に対応する主曲率」という関係をみたす．大小関係を逆にしたいときは $Q = H/2$ となるように座標変換を行えばよい．

問 2.7.8 極小曲面において，臍点でない点のまわりで $\mathrm{I} = e^{\omega}(\mathrm{d}x^2 + \mathrm{d}y^2)$, $\mathrm{II} = -\mathrm{d}x^2 + \mathrm{d}y^2$ となる等温曲率線座標系 (x, y) がとれることを示せ．この座標系ではガウス–コダッチ方程式は $\omega_{xx} + \omega_{yy} = 2e^{-\omega}$ と表される．この偏微分方程式はリウヴィル方程式とよばれるものの一種である．この等温曲率線座標系をつかって極小曲面 $\boldsymbol{p}$ のクリストッフェル変換を求めよ．

2.8 平 行 曲 面

この節では曲面を法線方向に変形することを考える．曲面片 $\boldsymbol{p} : \mathcal{D} \to \mathbb{E}^3$ と実数 t に対し $\boldsymbol{p}(t) = \boldsymbol{p} + t\boldsymbol{n}$ とおく．点 $(u_1, u_2) \in \mathcal{D}$ をひとつとり固定する．対応

$$t \longmapsto \boldsymbol{p}(u_1, u_2) + t\boldsymbol{n}(u_1, u_2)$$

は $\boldsymbol{p}(u_1, u_2)$ を通り $\boldsymbol{n}(u_1, u_2)$ に平行な直線，すなわち法線を定める．(u_1, u_2) を

[*18] 正確には楕円型 sinh-Gordon 方程式．sinh-Laplace 方程式ともよばれる．

[*19] $(\boldsymbol{p}_{ww}|\boldsymbol{n}) = (\boldsymbol{p}_{zz}|\boldsymbol{n})\left(\dfrac{\mathrm{d}z}{\mathrm{d}w}\right)^2$ より，臍点でない点の近く (近傍) において $w = \displaystyle\int \sqrt{\frac{-2Q}{H}}\,\mathrm{d}z$ で新しい複素座標 w を定め，改めてそれを z と書く．

動かしてみよう．$(u_1, u_2) \in \mathcal{D}$ ごとに法線が定まる．つまりふたつの径数 u_1, u_2 により定まる法線の集まりが得られる．

定義 曲面 $\boldsymbol{p} : \mathcal{D} \to \mathbb{E}^3$ の単位法ベクトル場 $\boldsymbol{n}$ を用いて定まる法線の集まり $\{\boldsymbol{p}(t) := \boldsymbol{p} + t\boldsymbol{n} \mid t \in \mathbb{R}\}$ を $\boldsymbol{p}$ を通る法線叢（ほうせんそう）とよぶ．

$\boldsymbol{p}(t)$ が曲面片を定めるかどうか調べよう．

$$\boldsymbol{p}(t)_{u_1} = \boldsymbol{p}_{u_1} + t\boldsymbol{n}_{u_1} = \boldsymbol{p}_{u_1} - tS\boldsymbol{p}_{u_1} = (\mathrm{Id} - tS)\boldsymbol{p}_{u_1}$$

であるから

$$\boldsymbol{p}(t)_{u_1} \times \boldsymbol{p}(t)_{u_2} = (\mathrm{Id} - tS)\boldsymbol{p}_{u_1} \times (\mathrm{Id} - tS)\boldsymbol{p}_{u_2} = \det(\mathrm{Id} - tS)\boldsymbol{p}_{u_1} \times \boldsymbol{p}_{u_2}$$

が得られる．したがって $\det(\mathrm{Id} - tS) \neq 0$ であれば $\boldsymbol{p}(t)$ も曲面片を定める．とくに $\boldsymbol{p}$ の法線と $\boldsymbol{p}(t)$ の法線は同じ方向を定めるから

$$\boldsymbol{n}(t) = \frac{\boldsymbol{p}(t)_{u_1} \times \boldsymbol{p}(t)_{u_2}}{\|\boldsymbol{p}(t)_{u_1} \times \boldsymbol{p}(t)_{u_2}\|}$$

と定めると $\boldsymbol{n}(t) = \varepsilon\boldsymbol{n}$ である．ただし $\varepsilon = \det(\mathrm{Id} - tS)/|\det(\mathrm{Id} - tS)| = \pm 1$.
$\boldsymbol{p}(t)$ の $\boldsymbol{n}(t)$ に由来する形状作用素 $S(t)$ を調べる．$j = 1, 2$ について

$$S(t)\boldsymbol{p}(t)_{u_j} = -\boldsymbol{n}(t)_{u_j} = -\varepsilon\boldsymbol{n}_{u_j} = \varepsilon S\boldsymbol{p}_{u_j}$$

である．ここで $\boldsymbol{p}(t)_{u_j} = (\mathrm{Id} - tS)\boldsymbol{p}_{u_j}$ より

$$S(t)\boldsymbol{p}(t)_{u_j} = \varepsilon S(\mathrm{Id} - tS)^{-1}\boldsymbol{p}(t)_{u_j}.$$

したがって $S(t) = \varepsilon S(\mathrm{Id} - tS)^{-1}$ を得る．

定義 曲面片 $\boldsymbol{p} : \mathcal{D} \to \mathbb{E}^3$ と $\det(\mathrm{Id}-tS) \neq 0$ をみたす $t \in \mathbb{R}$ に対し $\boldsymbol{p}(t) = \boldsymbol{p}+t\boldsymbol{n}$ で定まる曲面片をもとの曲面の平行曲面片とよぶ．平行曲面片の形状作用素 $S(t)$ は $S(t) = \varepsilon S(\mathrm{Id} - tS)^{-1}$ で与えられる．ただし ε は $\det(\mathrm{Id} - tS)$ の符号を表す．

問 2.8.1 柱面および回転面の平行曲面を調べよ．

平行曲面片の第一・第二基本形式を調べるため，まず $\det(\mathrm{Id}-tS)$ を計算する．

$$\det(\mathrm{Id}-tS)=\begin{vmatrix}1-tS_{11} & -tS_{12}\\ -tS_{21} & 1-tS_{22}\end{vmatrix}=1-2tH+t^2K=(1-t\kappa_1)(1-t\kappa_2)$$

であるから

$$S(t)=\varepsilon S(\mathrm{Id}-tS)^{-1}=\varepsilon(\mathrm{Id}-tS)^{-1}S=\frac{\varepsilon}{1-2tH+t^2K}(S-tK\ \mathrm{Id})$$

を得る．以上のことから次の命題が示される．

命題 2.8.2 平行曲面の平均曲率 $H(t)$ とガウス曲率 $K(t)$ は

$$H(t)=\frac{\varepsilon(H-tK)}{1-2tH+t^2K},\quad K(t)=\frac{K}{1-2tH+t^2K} \tag{2.37}$$

で与えられる．したがってもとの曲面の主曲率が κ_1, κ_2 ならば平行曲面の主曲率 $\kappa_1(t)$, $\kappa_2(t)$ は

$$\kappa_j(t)=\frac{\varepsilon\kappa_j}{1-t\kappa_j},\quad j=1,2$$

で与えられる．

曲面 $\boldsymbol{p}:\mathcal{D}\to\mathbb{E}^3$ の主曲率の間に函数関係があるとき，**ワインガルテン曲面**であるという．すなわち $\mathcal{D}$ 上の (恒等的に 0 ではない) C^∞ 級函数 W で $W(\kappa_1,\kappa_2)=0$ をみたすものが存在することをいう*20)．

系 2.8.3 ワインガルテン曲面の平行曲面もワインガルテン曲面．とくに平坦曲面の平行曲面も平坦曲面．

定義 ガウス曲率と平均曲率が線型関係式 $W(H,K):=\alpha+2\beta H+\gamma K=0$ $(\alpha,\beta,\gamma\in\mathbb{R})$ をみたす曲面を**線型ワインガルテン曲面**とよぶ．$D:=\alpha\gamma-\beta^2$ をこの曲面の判別式とよぶ．

---

*20) ただし W は恒等的に 0 ではないとする．$H=(\kappa_1+\kappa_2)/2$, $K=\kappa_1\kappa_2$ であるからワインガルテン曲面の定義を「$W(H,K)=0$ をみたす (恒等的に 0 ではない) 函数 W が存在する」で置き換えてよい．

ガウス曲率一定曲面や平均曲率一定曲面は線型ワインガルテン曲面の例である．実際 $\beta = 0$, $\gamma \neq 0$ のとき $K = -\alpha/\gamma$. また $\gamma = 0$, $\beta \neq 0$ のとき $H = -\alpha/(2\beta)$ である．

問 2.8.4 線型ワインガルテン曲面の平行曲面も線型ワインガルテン曲面であることを確かめよ．また平行曲面を取る操作で判別式が保たれることを確かめよ．

平行曲面の第一基本形式を調べよう．$\mathrm{d}\boldsymbol{p}(t) = \mathrm{d}\boldsymbol{p} + t\,\mathrm{d}\boldsymbol{n}$ と第一・第二・第三基本形式の定義より次を得る (2.6.3 項の法変分も参照).

$$\mathrm{I}(t) = (\mathrm{d}\boldsymbol{p}(t)|\mathrm{d}\boldsymbol{p}(t)) = (\mathrm{d}\boldsymbol{p}|\mathrm{d}\boldsymbol{p}) + 2t(\mathrm{d}\boldsymbol{p}|\mathrm{d}\boldsymbol{n}) + t^2(\mathrm{d}\boldsymbol{n}|\mathrm{d}\boldsymbol{n}) = \mathrm{I} - 2t\mathrm{II} + t^2\mathrm{III}.$$

ここに (2.13) を使うと

$$\mathrm{I}(t) = (1 - t^2K)\mathrm{I} + 2t(tH - 1)\mathrm{II} \tag{2.38}$$

を得る．$\boldsymbol{p}(t)_{u_1} \times \boldsymbol{p}(t)_{u_2} = \det(\mathrm{Id} - tS)\boldsymbol{p}_{u_1} \times \boldsymbol{p}_{u_2}$ より

$$\det \mathrm{I}(t) = \det(\mathrm{Id} - tS)^2 \det \mathrm{I}$$

であることを注意しておく．また第二基本形式は

$$\mathrm{II}(t) = -(\mathrm{d}\boldsymbol{p}(t)|\mathrm{d}\boldsymbol{n}(t)) = \varepsilon(\mathrm{II} - t\mathrm{III}) = \varepsilon\left\{tK\,\mathrm{I} + (1 - 2tH)\mathrm{II}\right\} \tag{2.39}$$

で与えられる．この本の主題である (極小曲面でない) 平均曲率一定曲面の平行曲面を調べておこう．平均曲率 H は正であると仮定しても一般性を失わない[*21]．まず $t = 1/(2H)$ のときを調べる．

$$\det\left(\mathrm{Id} - \frac{1}{2H}S\right) = \frac{K}{4H^2}$$

であるから，もとの曲面で $K = 0$ となる点に対応する点で $\boldsymbol{p}(1/(2H))$ では曲面になっていないことがわかる．(2.37) より

$$H(1/(2H)) = \frac{\varepsilon H}{K}(2H^2 - K), \quad K(1/(2H)) = 4H^2 > 0$$

であるから，$\boldsymbol{p}(1/(2H))$ のガウス曲率は正で一定である．以後 $\boldsymbol{p}(1/(2H))$ を $\boldsymbol{p}_{\mathrm{K}}$

---

*21) $\boldsymbol{p}$ の代わりに $-\boldsymbol{p}$ を考える．または向きを反転するなどの操作を施せばよい．

と表記する．平行曲面 $\boldsymbol{p}_{\mathrm{K}}$ の単位法ベクトル場 $\boldsymbol{n}_{\mathrm{K}} := \boldsymbol{n}(1/(2H))$ は $\boldsymbol{n}_{\mathrm{K}} = \varepsilon\boldsymbol{n}$ と表せる．符号 ε を調べよう．それには，発想を変えて正定曲率曲面から平均曲率一定曲面を観察するのがよい．

ガウス曲率が正で一定な曲面 $\widetilde{\boldsymbol{p}}: \mathcal{D} \to \mathbb{E}^3$ の平行曲面 $\widetilde{\boldsymbol{p}}(t)$ をとろう．その単位法ベクトル場を $\widetilde{\boldsymbol{n}}$ とする．$\widetilde{\boldsymbol{p}}$ のガウス曲率，平均曲率，形状作用素を $\widetilde{K}$, $\widetilde{H}$, $\widetilde{S}$ と表記する．$\widetilde{\boldsymbol{p}}(1/\sqrt{\widetilde{K}})$ の単位法ベクトル場 $\widetilde{\boldsymbol{n}}(1/\sqrt{\widetilde{K}})$ は $\widetilde{\boldsymbol{n}}(1/\sqrt{\widetilde{K}}) = \widetilde{\varepsilon}\widetilde{\boldsymbol{n}}$ と表せる ($\widetilde{\varepsilon} = \pm 1$).

$$\det\left(\mathrm{Id} - \frac{\widetilde{S}}{\sqrt{\widetilde{K}}}\right) = 1 - \frac{2\widetilde{H}}{\sqrt{\widetilde{K}}} + \frac{\widetilde{K}}{\widetilde{K}} = \frac{2}{\sqrt{\widetilde{K}}}\left(\sqrt{\widetilde{K}} - \widetilde{H}\right) \leq 0$$

より $\widetilde{\varepsilon} = -1$ であることがわかる．また $\widetilde{\boldsymbol{p}}$ の臍点に対応する点で $\widetilde{\boldsymbol{p}}(1/\sqrt{\widetilde{K}})$ は曲面を定めないこともわかる．$\widetilde{\boldsymbol{p}}(1/\sqrt{\widetilde{K}})$ の平均曲率 $\widetilde{H}(1/\sqrt{\widetilde{K}})$ は (2.37) を使って

$$\widetilde{H}(1/\sqrt{\widetilde{K}}) = -\frac{\widetilde{\varepsilon}\sqrt{\widetilde{K}}}{2} = \frac{\sqrt{\widetilde{K}}}{2}$$

と求められるので正の定数である．

平均曲率一定曲面 $\boldsymbol{p}$ に議論を戻そう．平均曲率 H が正で一定の曲面に対し $\boldsymbol{p}_{\mathrm{K}} = \boldsymbol{p} + \boldsymbol{n}/(2H)$ の単位法ベクトル場は $\boldsymbol{n}_{\mathrm{K}} = -\boldsymbol{n}$ で与えられることがわかった．

ここまでの成果を応用して正定曲率曲面上に特別な局所座標系を誘導しよう．極小曲面でない平均曲率一定曲面 ($H > 0$ とする) $\boldsymbol{p}$ において等温曲率線座標 (x, y) をとり I, II を (2.35) のように表しておく．平行曲面 $\boldsymbol{p}_{\mathrm{K}} = \boldsymbol{p}(1/(2H))$ の第一・第二基本形式 I_{K}, II_{K} を (x, y) で表示する．(2.21) と (2.36) より $\boldsymbol{p}$ のガウス曲率は

$$K = -\frac{1}{2}e^{-\omega}(\omega_{xx} + \omega_{yy}) = 2H^2 e^{-\omega}\sinh\omega = 4H^2 e^{-\omega}\sinh\frac{\omega}{2}\cosh\frac{\omega}{2} \tag{2.40}$$

と計算されるので (2.38) より

$$\begin{aligned}
\mathrm{I}_{\mathrm{K}} &= \frac{4H^2 - K}{4H^2}\,\mathrm{I} - \frac{1}{2H}\mathrm{II} \\
&= (1 - e^{-\omega}\sinh\frac{\omega}{2}\cosh\frac{\omega}{2})e^{\omega}(\mathrm{d}x^2 + \mathrm{d}y^2) - \frac{2He^{\frac{\omega}{2}}}{2H}\left(\sinh\frac{\omega}{2}\,\mathrm{d}x^2 + \cosh\frac{\omega}{2}\,\mathrm{d}y^2\right) \\
&= \cosh^2\frac{\omega}{2}\,\mathrm{d}x^2 + \sinh^2\frac{\omega}{2}\,\mathrm{d}y^2
\end{aligned}$$

を得る．$\boldsymbol{p}_K$ の単位法ベクトル場は $\boldsymbol{n}_{\mathrm{K}} = -\boldsymbol{n}$ で与えられるから (2.39) と (2.40)

より

$$\mathrm{I\!I}_{\mathrm{K}}=-\frac{K}{2H}\mathrm{I}=-2H\sinh\frac{\omega}{2}\cosh\frac{\omega}{2}(\mathrm{d}x^2+\mathrm{d}y^2)=-\sqrt{K_{\mathrm{K}}}\sinh\frac{\omega}{2}\cosh\frac{\omega}{2}(\mathrm{d}x^2+\mathrm{d}y^2)$$

を得る．ここで $K_{\mathrm{K}}=4H^2$ は $\boldsymbol{p}_{\mathrm{K}}$ のガウス曲率を表す．

命題 2.8.5 (ボンネ, **1867**)　平均曲率 $H\neq 0$ が一定の曲面 $\boldsymbol{p}:\mathcal{D}\to\mathbb{E}^3$ に対し，$\boldsymbol{p}_{\mathrm{K}}:=\boldsymbol{p}+\boldsymbol{n}/(2H)$ は特異点付き曲面であり，正則点ではガウス曲率が正の定数 $4H^2$ である．$\boldsymbol{p}_{\mathrm{K}}$ の特異点はもとの曲面でガウス曲率が 0 となる点に対応する．

系 2.8.6　ガウス曲率が正で一定の曲面 $\boldsymbol{p}:\mathcal{D}\to\mathbb{E}^3$ において臍点でない点のまわりで

$$\mathrm{I}=\cosh^2\frac{\omega}{2}\,\mathrm{d}x^2+\sinh^2\frac{\omega}{2}\,\mathrm{d}y^2,\quad \mathrm{I\!I}=-\sqrt{K}\,\sinh\frac{\omega}{2}\cosh\frac{\omega}{2}(\mathrm{d}x^2+\mathrm{d}y^2)\quad(2.41)$$

と表せる局所座標系 (x,y) がとれる．この (x,y) は曲率線座標系である．ガウス・コダッチ方程式は (2.36) である．

平均曲率一定曲面 $\boldsymbol{p}$ に対し，平行曲面 $\boldsymbol{p}(1/H)$ を調べる．まず

$$\det\left(\mathrm{I}-\frac{1}{H}S\right)=-\frac{H^2-K}{H^2}\leq 0$$

より $\boldsymbol{p}$ の臍点に対応する点で $\boldsymbol{p}(1/H)$ は曲面を定めない[*22)]．$\boldsymbol{p}(1/H)$ の単位法ベクトル場として $\boldsymbol{n}(1/H)=-\boldsymbol{n}$ を選ぶと，(2.37) より $H(1/H)=H$ であるから平均曲率は一定である．(2.38) と (2.40) より

$$\mathrm{I}(1/H)=\frac{H^2-K}{H^2}\,\mathrm{I}=e^{-\omega}(\mathrm{d}x^2+\mathrm{d}y^2).$$

第 2 基本形式は $\mathrm{I\!I}(1/H)=-H\{(1-e^{-\omega})\,\mathrm{d}x^2-(1+e^{-\omega})\,\mathrm{d}y^2\}$ で与えられるから

$$H(1/H)=-\varepsilon H=H=-2Q,\quad Q(1/H)=-\frac{H}{2}$$

を得る．これらと (2.27), (2.34) を見比べると $\boldsymbol{p}(1/H)$ が $\boldsymbol{p}$ のクリストッフェル変換であることがわかる．

[*22)]　問 2.8.1 の解説を参照．

命題 2.8.7 (ボンネ, **1867**) 平均曲率 $H \neq 0$ が一定の曲面 $\boldsymbol{p}:\mathcal{D}\to\mathbb{E}^3$ に対し $\boldsymbol{p}+\boldsymbol{n}/H$ は特異点付き曲面であり，正則点では一定の平均曲率 H をもつ．$\boldsymbol{p}+\boldsymbol{n}/H$ の特異点はもとの曲面の臍点に対応する．

系 2.8.8 極小曲面でない平均曲率一定曲面の平行曲面 $\boldsymbol{p}+\boldsymbol{n}/H$ は $\boldsymbol{p}$ のクリストッフェル変換である[*23)]．

注意 2.8.9 この事実は等温曲面の範疇で (極小でない) 平均曲率一定曲面を特徴づける．この特徴づけは平均曲率一定曲面を離散化する際に用いられる．

ガウス曲率 K が一定な曲面 $\boldsymbol{p}$ を線型ワインガルテン曲面と考え，平行曲面をとろう．$K=0$ のときは平行曲面の集まり (平行曲面族) $\{\boldsymbol{p}(t)\}$ の要素はすべて平坦曲面である．$K\neq 0$ のときは，ガウス曲率が一定でない曲面が含まれる．判別式は共通であり $K>0$ ならば $D<0$, $K<0$ ならば $D>0$ という性質をもつ．すでに見たように $K>0$ の平行曲面族には (極小曲面でない) 平均曲率一定曲面が含まれる．

注意 2.8.10 (等径曲面) 法線叢・平行曲面を用いて等径曲面という曲面が定義される．曲面 $\boldsymbol{p}:\mathcal{D}\to\mathbb{E}^3$ が等径であるとは，すべての平行曲面 $\boldsymbol{p}(t)$ の平均曲率が一定であることを言う．

問 2.8.11 曲面 $\boldsymbol{p}$ が等径であるための必要十分条件は $\boldsymbol{p}$ の主曲率が一定であることを証明せよ．

研究課題 次の事実を証明せよ．

1) (レヴィ・チヴィタの定理) 完備等径曲面は平面，球面，円柱面に限る[*24)]．
2) 曲面 $\boldsymbol{p}$ が等径であるための必要十分条件は第 2 基本形式の共変微分がつねに 0 で

---

*23) この事実から極小曲面でない平均曲率一定曲面に対しては定義域が単連結でなくてもクリストッフェル変換が定義できることがわかる．

*24) T. Levi-Civita, familiglie di superficie isoparametriche nell'ordinario spazio, *Rend. Acc. Naz. Lincei* XXVI(1937), 657–664. レヴィ・チヴィタの定理とよぶ文献が多いが，E. Laura (1918), B. Segre (1924), C. Somigliana (1918–1919) によっても独立に証明されている．

あること.

研究課題 次の事実を証明せよ[*25)].

平均曲率が一定な曲面 $\boldsymbol{p} : \mathcal{D} \to \mathbb{E}^3$ の各点で螺旋的測地線が 2 本必ず引けるならばこの曲面は等径曲面である．ここで螺旋的測地線とは曲面の測地線であり，$\mathbb{E}^3$ 内の曲線として扱ったとき，曲率と捩率がともに定数であることをいう.

章末問題

問題 2.1 対称行列 $A = (a_{ij}) \in \mathrm{M}_3\mathbb{R}$，ベクトル $\boldsymbol{b} = (b_1, b_2, b_3)$ と $d \in \mathbb{R}$ を用いて定義される x_1, x_2, x_3 の 2 次式

$$F(x_1, x_2, x_3) = {}^t\boldsymbol{x}A\boldsymbol{x} + 2(\boldsymbol{b}|\boldsymbol{x}) + d = \sum_{i,j=1}^{3} a_{ij}x_ix_j + 2\sum_{k=1}^{3} b_kx_k + d$$

に対し方程式 $F = 0$ で定まる部分集合 $M_F := \{\boldsymbol{x} = (x_1, x_2, x_3) \in \mathbb{E}^3 \mid F(\boldsymbol{x}) = 0\}$ を考える．ここで

$$\hat{A} = \begin{pmatrix} A & \boldsymbol{b} \\ {}^t\boldsymbol{b} & d \end{pmatrix} \in \mathrm{M}_4\mathbb{R}, \quad \hat{\boldsymbol{x}} = \begin{pmatrix} \boldsymbol{x} \\ 1 \end{pmatrix} \in \mathbb{R}^4$$

とおくと $F(\boldsymbol{x}) = 0$ は ${}^t\hat{\boldsymbol{x}}\hat{A}\hat{\boldsymbol{x}} = 0$ と書き直せる．行列 $\hat{A}$ の階数が 4 であるとき，M_F は**固有 2 次曲面** (proper quadric) と呼ばれる[*26)].

固有 2 次曲面は次のように分類される (線型代数の教科書 [23]，解析幾何の教科書 [34] 参照)：

$$\text{楕円面 } \frac{x_1^2}{a^2} + \frac{x_2^2}{b^2} + \frac{x_3^2}{c^2} = 1,$$

$$\text{一葉双曲面 } \frac{x_1^2}{a^2} + \frac{x_2^2}{b^2} - \frac{x_3^2}{c^2} = 1, \text{ 二葉双曲面 } \frac{x_1^2}{a^2} + \frac{x_2^2}{b^2} - \frac{x_3^2}{c^2} = -1,$$

$$\text{楕円放物面 } x_3 = \frac{x_1^2}{a^2} + \frac{x_2^2}{b^2}, \text{ 双曲放物面 } x_3 = \frac{x_1^2}{a^2} - \frac{x_2^2}{b^2}.$$

また $\hat{A}$ の階数が 3 で，空集合でも 1 点でもないものは次のように分類される：

$$\text{2 次錐面 } \frac{x_1^2}{a^2} + \frac{x_2^2}{b^2} - \frac{x_3^2}{c^2} = 0, \text{ 楕円柱面 } \frac{x_1^2}{a^2} + \frac{x_2^2}{b^2} = 1,$$

[*25)] M. Tamura, Surfaces which contain helical geodesics, *Geom. Dedicata*, 42(1992), 311–315.

[*26)] 一般に M_F は $\mathbb{E}^3$ 内の曲面であるとは限らないことを注意しておく．たとえば $F(x_1, x_2, x_3) = x_1^2 + x_2^2 + x_3^2 + 1 = 0$ のとき M_F は空集合であり，$F(x_1, x_2, x_3) = x_1^2 + x_2^2 + x_3^2 = 0$ のときは M_F はただ 1 点 (原点) のみである.

$$\text{双曲柱面}\ \frac{x_1^2}{a^2}-\frac{x_2^2}{b^2}=1,\ \text{放物柱面}\ x_2^2=4bx_1.$$

楕円柱面・双曲柱面・放物柱面はそれぞれ，x_1x_2 平面内の楕円，双曲線，放物線を底曲線とする柱面である．固有 2 次曲面と楕円錐面は $\mathbb{E}^3$ 内の曲面である．これらの径数表示を与えよ．

問題 2.2 共通接線をもたない 2 本の空間曲線 $\boldsymbol{A}(u)$ と $\boldsymbol{B}(v)$ を用いて $\boldsymbol{p}(u,v)=\boldsymbol{A}(u)+\boldsymbol{B}(v)$ と定めると，曲面片となる．これを**移動曲面**とよぶ．楕円放物面 $x_3=\dfrac{x_1^2}{a^2}+\dfrac{x_2^2}{b^2}$ および双曲放物面 $x_3=\dfrac{x_1^2}{a^2}-\dfrac{x_2^2}{b^2}$ はともに移動曲面として表せることを示せ．

問題 2.3 移動曲面を $\boldsymbol{p}(x,y)=(x,y,g(x)+h(y))$ とグラフ表示したときに平均曲率とガウス曲率を計算せよ．

問題 2.4 (シャーク曲面) 移動曲面で極小曲面であるものは平面と $e^{x_3}\cos x_2=\cos x_1$ で定義される曲面に限ることを証明せよ[*27]．この曲面を**シャーク曲面** (Scherk surface) とよぶ．

問題 2.5 ガウス曲率が一定な移動曲面は一般柱面に限ることを証明せよ．

問題 2.6 移動曲面であって，平均曲率が 0 でない定数であるものは円柱面に限ることを示せ．

[*27] 正確には相似．

第 3 章

ラックス表示

CHAPTER 3

ガウス–ワインガルテンの公式を書き換えたフレネ方程式は 3 次行列値函数についての連立偏微分方程式であった．この章では複素数を成分にもつ 2 次行列を使ってフレネ方程式を書き換える．そのために四元数を用いる．四元数は 3DCG (3 次元コンピュータグラフィックス) においても用いられていることを注意しておこう．

3.1 四　元　数

3.1.1 四 元 数 体

実数，複素数に続く新たな "数" としてハミルトンが考案した四元数とは 1 と 3 つの虚数単位 i, j, k で生成される数である[*1]．正確に述べよう．$\{\mathbf{1}, \boldsymbol{i}, \boldsymbol{j}, \boldsymbol{k}\}$ を基底とする 4 次元の実線型空間を $\mathbf{H}$ で表す．

$$\mathbf{H} = \{\xi = \xi_0\mathbf{1} + \xi_1\boldsymbol{i} + \xi_2\boldsymbol{j} + \xi_3\boldsymbol{k} \mid \xi_0, \xi_1, \xi_2, \xi_3 \in \mathbb{R}\}.$$

$\mathbf{H}$ においては加法と減法が定義されている．

$$\xi \pm \eta = (\xi_0 \pm \eta_0)\mathbf{1} + (\xi_1 \pm \eta_1)\boldsymbol{i} + (\xi_2 \pm \eta_2)\boldsymbol{j} + (\xi_3 \pm \eta_3)\boldsymbol{k}.$$

また $c \in \mathbb{R}$ による $\xi \in \mathbf{H}$ の c 倍 $c\xi$ が

$$c\xi = c(\xi_0\mathbf{1} + \xi_1\boldsymbol{i} + \xi_2\boldsymbol{j} + \xi_3\boldsymbol{k}) = (c\xi_0)\mathbf{1} + (c\xi_1)\boldsymbol{i} + (c\xi_2)\boldsymbol{j} + (c\xi_3)\boldsymbol{k}$$

と定義されている．これらの演算に加えて乗法を定義する．乗法を定めるには基

[*1] William Rowan Hamilton (1805–1865), *Lectures on Quaternions*, 1853.

底同士の積を定めておけばよい.

$$\mathbf{1}\boldsymbol{i} = \boldsymbol{i}\mathbf{1} = \boldsymbol{i},\ \ \mathbf{1}\boldsymbol{j} = \boldsymbol{j}\mathbf{1} = \boldsymbol{j},\ \ \mathbf{1}\boldsymbol{k} = \boldsymbol{k}\mathbf{1} = \boldsymbol{k},$$

$$\boldsymbol{i}\boldsymbol{j} = -\boldsymbol{j}\boldsymbol{i} = \boldsymbol{k},\ \ \boldsymbol{j}\boldsymbol{k} = -\boldsymbol{k}\boldsymbol{j} = \boldsymbol{i},\ \ \boldsymbol{k}\boldsymbol{i} = -\boldsymbol{i}\boldsymbol{k} = \boldsymbol{j},$$

$$\boldsymbol{i}^2 = \boldsymbol{j}^2 = \boldsymbol{k}^2 = -\mathbf{1}.$$

この乗法について $\mathbf{H}$ は可換ではない体 (斜体・可除環) になる. $\mathbf{H}$ を四元数体, $\mathbf{H}$ の要素を**四元数**とよぶ. 複素数 $z = x + yi$ を $x\mathbf{1} + y\boldsymbol{i}$ という四元数とみなすことにしよう. とくに実数 x は $x\mathbf{1}$ という四元数と見なす. この約束で $\mathbb{R} \subset \mathbb{C} \subset \mathbf{H}$ とみなす.

四元数 $\xi = \xi_0\mathbf{1} + \xi_1\boldsymbol{i} + \xi_2\boldsymbol{j} + \xi_3\boldsymbol{k}$ に対し $\mathrm{Re}\,\xi := \xi_0$, $\mathrm{Im}\,\xi := \xi_1\boldsymbol{i} + \xi_2\boldsymbol{j} + \xi_3\boldsymbol{k}$ と定めそれぞれ ξ の**実部** (real part)・**虚部** (imaginary part) とよぶ. 虚部の定義の仕方が複素数のときと違っていることに注意. $\mathrm{Re}\,\xi = 0$ である四元数を**純虚四元数** (pure imaginary quaternion) とよび, その全体を

$$\mathrm{Im}\,\mathbf{H} = \{\xi_1\boldsymbol{i} + \xi_2\boldsymbol{j} + \xi_3\boldsymbol{k} \mid \xi_1, \xi_2, \xi_3 \in \mathbb{R}\}$$

と表す. また $\bar{\xi} := \xi_0\,\mathbf{1} - \mathrm{Im}\,\xi$ を ξ の**共軛四元数** (conjugate quaternion) とよぶ. 一般に $\xi\eta \neq \eta\xi$ であるが

$$\overline{\xi\eta} = \bar{\eta}\bar{\xi}$$

は成立する. とくに $\xi\bar{\xi} = \bar{\xi}\xi = \xi_0^2 + \xi_1^2 + \xi_2^2 + \xi_3^2$ に注意しよう.

対応 $z = x + yi \longmapsto (x, y)$ により複素数全体 $\mathbb{C}$ は数平面 (ユークリッド平面) $\mathbb{E}^2$ と同一視できた. 同様に $\mathbf{H}$ は 4 次元ユークリッド空間 $\mathbb{E}^4$ と同一視できる. 実際

$$\xi = \xi_0\mathbf{1} + \xi_1\mathbf{i} + \xi_2\boldsymbol{j} + \xi_3\boldsymbol{k} \longleftrightarrow \begin{pmatrix} \xi_0 \\ \xi_1 \\ \xi_2 \\ \xi_3 \end{pmatrix} \in \mathbb{E}^4$$

と対応させればよい. この対応のもとで $\mathbb{E}^4$ の自然な内積 $(\cdot|\cdot)$ は

$$(\xi|\eta) = \mathrm{Re}\,(\bar{\xi}\eta)$$

と表示される. とくに ξ を 4 次元のベクトルと考えたときの長さは $|\xi| = \sqrt{\xi\bar{\xi}}$ で

与えられる．そこで $|\xi| = \sqrt{\xi\bar{\xi}}$ を四元数 ξ の長さとよぶ．同様に $\mathbf{H}$ の虚部 $\mathrm{Im}\,\mathbf{H}$ も 3 次元ユークリッド空間 $\mathbb{E}^3$ と同一視する．

$$\xi_1\boldsymbol{i} + \xi_2\boldsymbol{j} + \xi_3\boldsymbol{k} \longleftrightarrow \begin{pmatrix} \xi_1 \\ \xi_2 \\ \xi_3 \end{pmatrix} \in \mathbb{E}^3.$$

注意 3.1.1 (さまざまな表記法)　四元数体 $\mathbf{H}$ はスカラーとベクトルの組

$$\{(\xi_0, \boldsymbol{\xi}) \mid \xi_0 \in \mathbb{R},\ \boldsymbol{\xi} = \xi_1\boldsymbol{i} + \xi_2\boldsymbol{j} + \xi_3\boldsymbol{k} \in \mathbb{R}^3\}$$

と考えてもよい．このように考え $\mathbf{1}$ を省略して四元数を $\xi = \xi_0 + \xi_1\boldsymbol{i} + \xi_2\boldsymbol{j} + \xi_3\boldsymbol{k}$ と表記してよい．このとき ξ_0 を ξ のスカラー部分，$\boldsymbol{\xi} = \xi_1\boldsymbol{i} + \xi_2\boldsymbol{j} + \xi_3\boldsymbol{k}$ をベクトル部分とよぶ．また線型空間としての直和 $\mathbb{R} \oplus \mathbb{R}^3$ と考えてもよい．そのように考えたときは四元数を $\xi = \xi_0 + \boldsymbol{\xi}$ と表記できる．この記法では $\bar{\xi} = \mathrm{Re}\,\xi - \boldsymbol{\xi}$ と表せる．

問 3.1.2　ふたつの四元数 $\xi = \xi_0 + \boldsymbol{\xi}$, $\eta = \eta_0 + \boldsymbol{\eta}$ に対し

$$\xi\eta = \xi_0\eta_0 - (\boldsymbol{\xi}|\boldsymbol{\eta}) + \xi_0\boldsymbol{\eta} + \eta_0\boldsymbol{\xi} + \boldsymbol{\xi} \times \boldsymbol{\eta} \tag{3.1}$$

が成立することを確かめよ．とくにふたつの純虚四元数 $\boldsymbol{\xi}$,$\boldsymbol{\eta}$ に対し，その積と内積，外積が

$$\boldsymbol{\xi}\boldsymbol{\eta} = -(\boldsymbol{\xi}|\boldsymbol{\eta}) + \boldsymbol{\xi} \times \boldsymbol{\eta}$$

という関係にあることがわかる．

3.1.2　2 次行列による表現

とはいえ，乗法が交換可能でない数は扱いにくい．そこで複素数を使って四元数を取り扱うことにしよう．

$$\xi = (\xi_0\mathbf{1} + \xi_1\boldsymbol{i}) + \boldsymbol{k}(\xi_3\mathbf{1} + \xi_2\boldsymbol{i}) = (\xi_0\mathbf{1} + \xi_1\boldsymbol{i}) + (\xi_3\mathbf{1} - \xi_2\boldsymbol{i})\boldsymbol{k}$$

と書き直せることに注意する．そこで $\mathbf{H}$ を複素線型空間として扱ってみよう．$\mathbf{H}$ を $\{\mathbf{1}, \boldsymbol{k}\}$ を基底とする複素線型空間と考える．このとき注意が必要なのは，$\boldsymbol{k}$ と複素数の積である．複素数 $\alpha = a + bi$ に対し $\boldsymbol{k}$ との積を計算してみよう．$\alpha = a\mathbf{1} + b\boldsymbol{i}$ という四元数と見て計算すると

$$\alpha\boldsymbol{k} = (a\mathbf{1} + b\boldsymbol{i})\boldsymbol{k} = a\boldsymbol{k} - b\boldsymbol{j},\ \ \boldsymbol{k}\alpha = \boldsymbol{k}(a\mathbf{1} + b\boldsymbol{i}) = a\boldsymbol{k} + b\boldsymbol{j},\ \ \boldsymbol{k}\bar{\alpha} = \boldsymbol{k}(a\mathbf{1} - b\boldsymbol{i}) = a\boldsymbol{k} - b\boldsymbol{j}$$

なので $\alpha \boldsymbol{k} = \boldsymbol{k}\overline{\alpha}$ となっている．したがってスカラー乗法について結合法則が成り立つようにするには

- 四元数を $\alpha\mathbf{1} + \beta\boldsymbol{k}$ と表し，複素数によるスカラー倍は左からのみ行う
- 四元数を $\alpha\mathbf{1} + \boldsymbol{k}\beta$ と表し，複素数によるスカラー倍は右からのみ行う

のどちらかを選ばないといけない．たとえば下を選択すると

$$(\alpha\mathbf{1} + \boldsymbol{k}\beta)\gamma = (\alpha\mathbf{1})\gamma + (\boldsymbol{k}\beta)\gamma = (\alpha\gamma)\mathbf{1} + \boldsymbol{k}(\beta\gamma)$$

と結合法則が成り立つ[*2)]．そこでこの本では，四元数を $\alpha\mathbf{1} + \boldsymbol{k}\beta$ と表し，複素数によるスカラー倍は右からのみ行うことにする．このようにスカラー乗法を右にだけ制限しているので「$\mathbf{H}$ は複素右線型空間である」といい表す．また注意 3.1.1 で述べたことにしたがって $\alpha\mathbf{1} + \boldsymbol{k}\beta$ の $\mathbf{1}$ を省略して $\alpha + \boldsymbol{k}\beta$ と表すことも行う．

四元数 $\alpha + \boldsymbol{k}\beta$ をひとつとろう．これを四元数 $\xi = z + \boldsymbol{k}w$ に左からかけてみる：

$$(\alpha + \boldsymbol{k}\beta)\xi = (\alpha + \boldsymbol{k}\beta)(z + \boldsymbol{k}w) = (\alpha z - \overline{\beta}w) + \boldsymbol{k}(\beta z + \overline{\alpha}w).$$

そこで $\mathbf{H}$ 上の変換 $L_{\alpha+\boldsymbol{k}\beta}$ を

$$L_{\alpha+\boldsymbol{k}\beta}(\xi) = (\alpha + \boldsymbol{k}\beta)\xi$$

で定めると右複素線型変換である．この右複素線型変換の基底 $\{\mathbf{1}, \boldsymbol{k}\}$ に関する表現行列は

$$\begin{pmatrix} \alpha & -\overline{\beta} \\ \beta & \overline{\alpha} \end{pmatrix}$$

である．$\alpha + \boldsymbol{k}\beta$ にこの行列を対応させる写像は右複素線型で $\mathbf{H}$ と

$$\left\{ \begin{pmatrix} \alpha & -\overline{\beta} \\ \beta & \overline{\alpha} \end{pmatrix} \;\middle|\; \alpha, \beta \in \mathbb{C} \right\}$$

との間の線型同型写像であり乗法も保つ (斜体同型写像)．とくに基底 $\{\mathbf{1}, \boldsymbol{i}, \boldsymbol{j}, \boldsymbol{k}\}$ は

---

*2) この本では取り扱わないが四元数の数空間 $\mathbf{H}^n$ $(n \geq 2)$ において四元数を成分とする行列を用いて 1 次変換を考える際には $\mathbf{H}^n$ は複素数によるスカラー乗法を右に選ぶことが適切である．

$$\mathbf{1} = \begin{pmatrix} 1 & 0 \\ 0 & 1 \end{pmatrix}, \boldsymbol{i} = \begin{pmatrix} i & 0 \\ 0 & -i \end{pmatrix}, \ \boldsymbol{j} = \begin{pmatrix} 0 & i \\ i & 0 \end{pmatrix}, \boldsymbol{k} = \begin{pmatrix} 0 & -1 \\ 1 & 0 \end{pmatrix}$$

と対応する[*3)]．$\mathbf{H} = \mathbb{E}^4$ と同一視したとき，$\mathbb{E}^4$ の自然な内積は，上で挙げた 2 行 2 列複素行列モデルでは

$$(\xi|\eta) = -\frac{1}{2}\{\mathrm{tr}\,(\xi\eta) - \mathrm{tr}(\xi)\mathrm{tr}(\eta)\}$$

と表される．

注意 3.1.3 $\mathbf{H}$ を 2 行 2 列複素行列のなす線型空間 $\mathrm{M}_2\mathbb{C}$ 内に実現したが，実現の仕方はいくらでもある．可積分系・曲面の研究では 1/2 とか i が頻繁に現れるため，それらを消し去るためにここで挙げたものとは異なる実現を用いることがある．たとえば $\mathbf{H} = \mathbb{C} \oplus \boldsymbol{j}\mathbb{C}$ とみなすと $\boldsymbol{i}$ の対応する 2 次行列はそのままだが $\boldsymbol{j}$ と $\boldsymbol{k}$ は次のものに変わる．

$$\boldsymbol{j} = \begin{pmatrix} 0 & -1 \\ 1 & 0 \end{pmatrix}, \boldsymbol{k} = \begin{pmatrix} 0 & -i \\ -i & 0 \end{pmatrix}.$$

CG の教科書やプログラムでもこの本とは異なるモデルを使うことが多い．

注意 3.1.4 (スピン行列) 物理学では行列の組 $\{\sigma_x, \sigma_y, \sigma_z\}$ を $\sigma_x = -i\boldsymbol{j}$, $\sigma_y = i\boldsymbol{k}$, $\sigma_z = -i\boldsymbol{i}$ と定め，パウリ[*4)] 行列 (またはパウリのスピン行列) とよぶ．$\{\sigma_1, \sigma_2, \sigma_3\}$ と表記することもある．

複素平面においては長さ 1 の複素数全体

$$\{z \in \mathbb{C} \mid |z| = 1\} = \{e^{i\theta} = \cos\theta + i\sin\theta \mid 0 \leq \theta < 2\pi\}$$

は単位円周 $\mathbb{S}^1$ であったことを思い出そう (注意 1.4.6)．四元数の場合，“単位円周” $\{\xi \in \mathbf{H} \mid \xi\overline{\xi} = 1\}$ は 4 次元ユークリッド空間 $\mathbb{E}^4$ 内の **3 次元単位球面**

$$\mathbb{S}^3 = \{(\xi_0, \xi_1, \xi_2, \xi_3) \in \mathbb{E}^4 \mid \xi_0^2 + \xi_1^2 + \xi_2^2 + \xi_3^2 = 1\}$$

である．単位円周を $\mathrm{Sp}(1)$ と表記する．$\mathrm{Sp}(1) = \{\alpha + \boldsymbol{k}\beta \mid \alpha\overline{\alpha} + \beta\overline{\beta} = 1\}$ と表

[*3)] このように四元数体を $\mathrm{M}_2\mathbb{C}$ 内の部分集合として実現したものを $\mathbf{H}$ の **2 行 2 列複素行列モデル**とよぶ．

[*4)] Wolfgang Ernst Pauli (1900–1958).

されるから Sp(1) は 2 行 2 列複素行列モデルでは

$$\mathrm{Sp}(1) = \left\{ \begin{pmatrix} \alpha & -\overline{\beta} \\ \beta & \overline{\alpha} \end{pmatrix} \,\middle|\, |\alpha|^2 + |\beta|^2 = 1 \right\}$$

と表示される．これは Sp(1) が 2 次の特殊ユニタリ群 SU(2) と対応することを示している (問 1.4.8 参照)．さらに SU(2) のリー環 $\mathfrak{su}(2) = \mathfrak{sl}_2\mathbb{C} \cap \mathfrak{u}(2)$ が $\mathrm{Im}\,\mathbf{H}$ と対応していることもわかる．

さて，われわれが曲面の研究を行う舞台 (容れ物) である 3 次元ユークリッド空間 $\mathbb{E}^3$ を $\mathrm{Im}\,\mathbf{H}$ と同一視しよう．つまり $\mathbb{E}^3$ の点の位置ベクトル $\boldsymbol{\xi} = (\xi_1, \xi_2, \xi_3)$ を

$$\begin{pmatrix} \xi_1 \\ \xi_2 \\ \xi_3 \end{pmatrix} \longmapsto \begin{pmatrix} \xi_1 i & -\xi_3 + \xi_2 i \\ \xi_3 + \xi_2 i & -\xi_1 i \end{pmatrix}$$

この式の右辺にある 2 行 2 列複素行列と思うことにする．後の章で平均曲率一定曲面を構成する際には，$\mathbb{E}^3$ をこのような 2 次行列と思って計算するのが便利である．

$\mathbb{E}^3$ の自然な内積 $(\cdot|\cdot)$ は $\mathfrak{su}(2)$ 上では

$$(\boldsymbol{\xi}|\boldsymbol{\eta}) = -\frac{1}{2}\mathrm{tr}\,(\boldsymbol{\xi}\boldsymbol{\eta}), \quad \boldsymbol{\xi}, \boldsymbol{\eta} \in \mathfrak{su}(2) \tag{3.2}$$

と表せる．$\mathbb{E}^3$ の外積は

$$\boldsymbol{\xi} \times \boldsymbol{\eta} = \frac{1}{2}[\boldsymbol{\xi}, \boldsymbol{\eta}] = \frac{1}{2}(\boldsymbol{\xi}\boldsymbol{\eta} - \boldsymbol{\eta}\boldsymbol{\xi})$$

と表される*5)．

注意 3.1.5 (専門的な注意)　この内積は SU(2) の両側不変計量を定め定曲率 1 をもつ．すなわち SU(2) はこの計量を介して 3 次元単位球面 $\mathbb{S}^3$ と (リーマン多様体として) 同一視される．

$\mathbb{E}^3$ 上の直交変換を SU(2) を用いて表示しておこう．$a \in \mathrm{SU}(2)$ に対し $\mathfrak{su}(2)$

---

*5)　$(\mathbb{E}^3, \times)$ と $\mathfrak{su}(2)$ をリー環として同一視したい場合 (1/2 を消したい場合) は $\mathbf{H}$ の 2 行 2 列行列環への実現の仕方を変えればよい．

上の線型変換 $\mathrm{Ad}(a)$ を

$$\mathrm{Ad}(a)\boldsymbol{\xi} = a\,\boldsymbol{\xi}\,a^{-1},\ \boldsymbol{\xi} \in \mathfrak{su}(2)$$

で定めると直交変換であることがわかる．実際

$$(\mathrm{Ad}(a)\boldsymbol{\xi}|\mathrm{Ad}(a)\boldsymbol{\eta}) = -\frac{1}{2}\mathrm{tr}\,(a\boldsymbol{\xi}a^{-1}\,a\boldsymbol{\eta}a^{-1}) = -\frac{1}{2}\mathrm{tr}\,(\boldsymbol{\xi}\,\boldsymbol{\eta}) = (\boldsymbol{\xi}|\boldsymbol{\eta}).$$

$\mathfrak{su}(2)$ の基底 $\{\boldsymbol{i},\boldsymbol{j},\boldsymbol{k}\}$ に関する $\mathrm{Ad}(a)$ の表現行列を同じ記号 $\mathrm{Ad}(a)$ で表すことにすると，対応 $a \longmapsto \mathrm{Ad}(a)$ は

$$\mathrm{Ad} : \mathrm{SU}(2) \to \mathrm{O}(3)$$

という写像を定めている．$\mathrm{Ad}(ab) = \mathrm{Ad}(a)\mathrm{Ad}(b)$ であることに注意しよう．すなわち Ad は群準同型写像である．

注意 3.1.6 Ad は

$$\mathrm{Ad} : \mathrm{SU}(2) \times \mathfrak{su}(2) \to \mathfrak{su}(2);\quad \mathrm{Ad}(a)\boldsymbol{\xi} = a\,\boldsymbol{\xi}\,a^{-1},\ a \in \mathrm{SU}(2),\ \boldsymbol{\xi} \in \mathfrak{su}(2)$$

という写像を定めており，$\mathrm{Ad}(ab) = \mathrm{Ad}(a)\mathrm{Ad}(b)$, $\mathrm{Ad}(\mathbf{1}) = \mathrm{Id}$ をみたしている．したがって Ad は SU(2) の $\mathfrak{su}(2)$ 上の作用 (action) を定めている (群の作用については [13, p.102], [4, p.81] 参照).

例 3.1.7 (Ad(exp($\theta\boldsymbol{i}$)) の表現行列) 具体的に $\mathrm{Ad}(a)$ の表現行列を計算してみよう．$a = \cos\theta\mathbf{1} + \sin\theta\boldsymbol{i}$ と選ぶ．行列の指数函数 exp を使うと $a = \exp(\theta\boldsymbol{i})$ と表せる．

$$\begin{aligned}
\mathrm{Ad}(\exp(\theta\boldsymbol{i}))\boldsymbol{i} &= \boldsymbol{i},\\
\mathrm{Ad}(\exp(\theta\boldsymbol{i}))\boldsymbol{j} &= \begin{pmatrix} e^{i\theta} & 0 \\ 0 & e^{-i\theta} \end{pmatrix}\begin{pmatrix} 0 & i \\ i & 0 \end{pmatrix}\begin{pmatrix} e^{-i\theta} & 0 \\ 0 & e^{i\theta} \end{pmatrix}\\
&= \cos(2\theta)\boldsymbol{j} + \sin(2\theta)\boldsymbol{k},\\
\mathrm{Ad}(\exp(\theta\boldsymbol{i}))\boldsymbol{k} &= \begin{pmatrix} e^{i\theta} & 0 \\ 0 & e^{-i\theta} \end{pmatrix}\begin{pmatrix} 0 & -1 \\ 1 & 0 \end{pmatrix}\begin{pmatrix} e^{-i\theta} & 0 \\ 0 & e^{i\theta} \end{pmatrix}\\
&= -\sin(2\theta)\boldsymbol{j} + \cos(2\theta)\boldsymbol{k}.
\end{aligned}$$

したがって

$$\mathrm{Ad}(\exp(\theta \boldsymbol{i})) = \begin{pmatrix} 1 & 0 & 0 \\ 0 & \cos(2\theta) & -\sin(2\theta) \\ 0 & \sin(2\theta) & \cos(2\theta) \end{pmatrix}$$

を得る.

問 3.1.8　$\mathrm{Ad}(\exp(\theta \boldsymbol{j}))$, $\mathrm{Ad}(\exp(\theta \boldsymbol{k}))$ の表現行列がそれぞれ

$$\begin{pmatrix} \cos(2\theta) & 0 & \sin(2\theta) \\ 0 & 1 & 0 \\ -\sin(2\theta) & 0 & \cos(2\theta) \end{pmatrix}, \quad \begin{pmatrix} \cos(2\theta) & -\sin(2\theta) & 0 \\ \sin(2\theta) & \cos(2\theta) & 0 \\ 0 & 0 & 1 \end{pmatrix}$$

で与えられることを確かめよ.

例 3.1.7 と，この問から $R_1(\theta) = \mathrm{Ad}(\exp(\theta \boldsymbol{i}))$, $R_2(\theta) = \mathrm{Ad}(\exp(\theta \boldsymbol{j}))$, $R_3(\theta) = \mathrm{Ad}(\exp(\theta \boldsymbol{k}))$ はそれぞれ $\mathfrak{su}(2)$ 内の $\mathbb{R}\boldsymbol{i}$, $\mathbb{R}\boldsymbol{j}$, $\mathbb{R}\boldsymbol{k}$ を軸とする回転角 θ の回転であることがわかる*6)．とくにどれも SO(3) の要素である．Ad は連続写像であることと，SU(2) の連結性から，実は Ad による像 $\mathrm{Ad}(a)$ は回転群 SO(3) に値をとることがわかる*7)．さらに Ad は全射である．すなわち $\mathrm{Ad}(\mathrm{SU}(2)) = \{\mathrm{Ad}(a) \mid a \in \mathrm{SU}(2)\}$ は SO(3) と一致する.

問 3.1.9　単位ベクトル $\boldsymbol{u} \in \mathbb{E}^3$ に対し $\mathrm{Ad}(\cos\frac{\theta}{2} + \sin\frac{\theta}{2}\boldsymbol{u})$ は $\mathbb{R}\boldsymbol{u}$ を軸とする回転角 θ の回転であることを確かめよ.

回転群 SO(3) に対し次の事実は基本的である ([4, p.74]).

定理 3.1.10 (オイラーの角)　任意の $A \in \mathrm{SO}(3)$ に対し

$$0 \leq \phi < 2\pi, \quad 0 \leq \psi < 2\pi, \quad 0 \leq \theta \leq \pi$$

をみたす角 ϕ, θ, ψ が存在し

---

*6)　記号の説明: $\mathbb{R}\boldsymbol{i} = \{t\boldsymbol{i} \mid t \in \mathbb{R}\}$.

*7)　詳細な証明は例えば [33, pp.44–45] にある．SO(3) は O(3) の単位行列を含む連結成分である.

$$A = \begin{pmatrix} \cos\phi & -\sin\phi & 0 \\ \sin\phi & \cos\phi & 0 \\ 0 & 0 & 1 \end{pmatrix} \begin{pmatrix} \cos\theta & 0 & \sin\theta \\ 0 & 1 & 0 \\ -\sin\theta & 0 & \cos\theta \end{pmatrix} \begin{pmatrix} \cos\psi & -\sin\psi & 0 \\ \sin\psi & \cos\psi & 0 \\ 0 & 0 & 1 \end{pmatrix}$$

と分解される．(ϕ, θ, ψ) を**オイラーの角**とよぶ．

$a \in \mathrm{SU}(2)$ に対し $\mathrm{Ad}(a)$ の表現行列はオイラーの角 (ϕ, θ, ψ) を用いて

$$\mathrm{Ad}(a) = \mathrm{Ad}(\exp(\frac{\phi}{2}\boldsymbol{k}))\mathrm{Ad}(\exp(\frac{\theta}{2}\boldsymbol{j}))\mathrm{Ad}(\exp(\frac{\psi}{2}\boldsymbol{k}))$$

と表せることがわかった．

注意 3.1.11 (オイラーの角の不定性)　$A \in \mathrm{SO}(3)$ をオイラーの角 (ϕ, θ, ψ) を用いて $A = A(\phi, \theta, \psi)$ と表記するとき次が成立する．

1) $\theta \neq 0, \pi$ のとき

$$A(\phi, \theta, \psi) = A(\phi', \theta', \psi') \iff (\phi, \theta, \psi) = (\phi', \theta', \psi');$$

すなわち $\theta \neq 0, \pi$ のとき ϕ と ψ は A に対し一意的に決まる．

2) 任意の $\alpha \in \mathbb{R}$ に対し $A(\phi, 0, \psi) = A(\phi + \alpha, 0, \psi - \alpha)$;

3) 任意の $\alpha \in \mathbb{R}$ に対し $A(\phi, \pi, \psi) = A(\phi + \alpha, \pi, \psi + \alpha)$.

注意 3.1.12 (群論的注意)　Ad の核は $\{\pm\mathbf{1}\}$ である[*8)]．$\{\pm\mathbf{1}\}$ は $\mathbb{Z}_2 = \mathbb{Z}/2\mathbb{Z} = \{\pm 1\}$ と同型であるので，$\{\pm\mathbf{1}\} = \mathbb{Z}_2$ と略記する．群準同型定理 ([13, 定理 11.13]) より $\mathrm{SU}(2)/\mathbb{Z}_2 \cong \mathrm{SO}(3)$ が得られる．この事実を「SU(2) は SO(3) の **2 重被覆群**である」と言い表す．

問 3.1.13　Ad の核は $\{\pm\mathbf{1}\}$ であることを確かめよ[*9)]．

$\mathbb{E}^3$ の合同変換は直交変換に平行移動を併せたものであった．運動群 SE(3) の $\mathfrak{su}(2)$ 上での表示を与えよう．回転 $\mathrm{Ad}(b)$ と $\boldsymbol{\zeta}$ による平行移動の組み合わせをベクトル $\boldsymbol{\xi}$ に施すと $\mathrm{Ad}(b)\boldsymbol{\xi} + \boldsymbol{\zeta}$ が得られる．このベクトルに続けて回転 $\mathrm{Ad}(a)$ と平行移動 $\boldsymbol{\eta}$ を施すと

---

*8) 群準同型写像 $f : G \to G'$ に対し $\mathrm{Ker}\, f = \{a \in G \mid f(a) = e'\}$ で定まる G の部分群を f の核 (kernel) とよぶ．ここで e' は G' の単位元．

*9) (ヒント) 連立方程式 $\mathrm{Ad}(\xi)\boldsymbol{i} = \boldsymbol{i}$, $\mathrm{Ad}(\xi)\boldsymbol{j} = \boldsymbol{j}$, $\mathrm{Ad}(\xi)\boldsymbol{k} = \boldsymbol{k}$ を解けばよい．

$$\mathrm{Ad}(a)(\mathrm{Ad}(b)\boldsymbol{\xi}+\boldsymbol{\zeta})+\boldsymbol{\eta}=\mathrm{Ad}(ab)\boldsymbol{\xi}+\mathrm{Ad}(a)\boldsymbol{\zeta}+\boldsymbol{\eta}$$

となることから $\mathrm{SU}(2)\times\mathfrak{su}(2)$ に群構造

$$(a,\boldsymbol{\eta})\cdot(b,\boldsymbol{\zeta})=(ab,\mathrm{Ad}(a)\boldsymbol{\zeta}+\boldsymbol{\eta})$$

を定めたものが運動群 SE(3) の 2 重被覆群であることがわかる．

問 3.1.14　$\mathbb{E}^3=\mathfrak{su}(2)$ 内の単位球面を $\mathbb{S}^2$ で表す：

$$\mathbb{S}^2=\{\boldsymbol{\xi}\in\mathfrak{su}(2)\mid(\boldsymbol{\xi}|\boldsymbol{\xi})=1\}=\{\xi_1\boldsymbol{i}+\xi_2\boldsymbol{j}+\xi_3\boldsymbol{k}\mid\xi_1^2+\xi_2^2+\xi_3^2=1\}.$$

$\boldsymbol{\xi}\in\mathfrak{su}(2)$ に対し $\boldsymbol{\xi}\in\mathbb{S}^2\iff\boldsymbol{\xi}^2=-1$ を確かめよ．2 次方程式 $\xi^2+1=0$ は実数体 $\mathbb{R}$ には解をもたない．複素数体 $\mathbb{C}$ では解 $\pm i$ をもつ．四元数体では無限個の解をもつ．

この本で活躍するホップ射影を定義する．$\boldsymbol{i}\in\mathbb{S}^2\subset\mathfrak{su}(2)$ に対し $\mathrm{Ad}(a)\boldsymbol{i}$ も $\mathbb{S}^2$ の点である．そこで $\pi:\mathrm{SU}(2)\to\mathbb{S}^2$ を $\pi(g)=\mathrm{Ad}(g)\boldsymbol{i}$ で定めると全射である．つまり

$$\mathbb{S}^2=\{\mathrm{Ad}(g)\boldsymbol{i}\mid g\in\mathrm{SU}(2)\}$$

と表すことができる．π を**ホップ射影**とよぶ．

$\boldsymbol{i}$ を動かさない SU(2) の要素の全体 $\{a\in\mathrm{SU}(2)\mid\mathrm{Ad}(a)\boldsymbol{i}=\boldsymbol{i}\}$ は SU(2) の部分群であり SU(2) の $\boldsymbol{i}$ における**固定群**とよばれる ([4, p.101] 参照)．固定群は

$$\left\{\left(\begin{array}{cc}e^{i\theta}&0\\0&e^{-i\theta}\end{array}\right)\middle|\ 0\leq\theta<2\pi\right\}\cong\mathrm{U}(1)=\{e^{i\theta}\mid 0\leq\theta<2\pi\}\qquad(3.3)$$

と求められ，U(1) と同型なので以後 U(1) と表記する．固定群 U(1) のリー環は $\mathfrak{k}=\mathbb{R}\boldsymbol{i}$ である．$\boldsymbol{i}$ における $\mathbb{S}^2$ の接ベクトル空間 $T_{\boldsymbol{i}}\mathbb{S}^2$ は $\mathfrak{p}=\mathbb{R}\boldsymbol{j}\oplus\mathbb{R}\boldsymbol{k}$ と同一視される．線型空間としての直和分解 $\mathfrak{su}(2)=\mathfrak{k}\oplus\mathfrak{p}$ は $\mathfrak{su}(2)$ の元を**対角成分** (diagonal) と**反対角成分** (off diagonal) に分解することである．$\mathfrak{k}$, $\mathfrak{p}$ はそれぞれ k, p のドイツ文字 (Fraktur 体) である．

注意 3.1.15 (四元数とこま)　クライン (F. Klein) とゾンマーフェルト (A. J. W. Sommerfeld) の著書 *Theorie des Kreisels* (『こまの理論』, 1897–1910) では四元数を用いて，こま・ジャイロスコープの力学を説明している．邦書では森口繁一著，『力学』(機械工学講座, 日本機械学会, 1949) に四元数を用いたこまの解説がある．この本は 1959 年に『初等力学』という名前で培風館から再刊されている．

注意 3.1.16 (ジンバルロック) 3DCG の作成においては回転 $A \in \mathrm{SO}(3)$ を，$R_1(\theta_1)$, $R_2(\theta_2)$, $R_3(\theta_3)$ の積 $A = R_1(\theta_1)R_2(\theta_2)R_3(\theta_3)$ で表すことも行われる．$(\theta_1, \theta_2, \theta_3)$ をオイラーの角とよぶことがある．簡単な計算で $R_1(\theta)R_2(\pm\pi/2) = R_2(\pm\pi/2)R_3(\pm\theta)$ が成り立つことが確かめられる．この式より $\theta_2 = \pm\pi/2$ のとき回転の自由度が (見かけ上) 退化してしまうことがわかる．この現象をジンバルロック (gimbal lock) とよぶ．複雑な回転のアニメーションを作る際にはこの現象が不都合なことがある．目的によっては四元数を用いることが有効である．$\boldsymbol{q}_1$, $\boldsymbol{q}_2 \in \mathrm{Sp}(1)$ に対し $\cos\theta = (\boldsymbol{q}_1|\boldsymbol{q}_2)$ とおく．$\boldsymbol{q}_1$ と $\boldsymbol{q}_2$ を線分で補間する方法 (線型補間) $\{(1-t)\boldsymbol{q}_1 + t\boldsymbol{q}_2 \mid 0 \leq t \leq 1\}$ の代わりに**球面線型補間** (spherical linear interpolation) とよばれる方法がシューメークにより提案された[*10)]．

$$\mathrm{slerp}(\boldsymbol{q}_1, \boldsymbol{q}_2, t) = \frac{\sin\{(1-t)\theta\}}{\sin\theta}\boldsymbol{q}_1 + \frac{\sin(t\theta)}{\sin\theta}\boldsymbol{q}_2, \quad 0 \leq t \leq 1$$

$\mathrm{slerp}(\boldsymbol{q}_1, \boldsymbol{q}_2, t)$ は $\boldsymbol{q}_1$ と $\boldsymbol{q}_2$ を結ぶ $\mathrm{Sp}(1)$ 内の曲線である．シューメークはカメラの振れ制御にホップ射影が有用であることを指摘している．

直和分解 $\mathfrak{su}(2) = \mathfrak{k} \oplus \mathfrak{p}$ についてもう少し詳しく調べておく．実線型空間

$$\mathfrak{k} = \mathfrak{u}(1) = \{v\boldsymbol{i} \mid v \in \mathbb{R}\}, \quad \mathfrak{p} = T_{\boldsymbol{i}}\mathbb{S}^2 = \{s\boldsymbol{j} + t\boldsymbol{k} \mid s, t \in \mathbb{R}\},$$

の係数を複素数に拡げておく．

$$\mathfrak{k}^{\mathbb{C}} = \{c\boldsymbol{i} \mid c \in \mathbb{C}\}, \quad \mathfrak{p}^{\mathbb{C}} = \{a\boldsymbol{j} + b\boldsymbol{k} \mid a, b \in \mathbb{C}\}. \tag{3.4}$$

これらを $\mathfrak{k}$, $\mathfrak{p}$ の**複素化**とよぶ．これらはもちろん複素線型空間である．このとき直和 $\mathfrak{k}^{\mathbb{C}} \oplus \mathfrak{p}^{\mathbb{C}}$ は $\mathfrak{sl}_2\mathbb{C}$ に一致する．この事実を「$\mathfrak{sl}_2\mathbb{C}$ は $\mathfrak{su}(2)$ の複素化である」といい表す[*11)]．簡単な計算で次の補題が確かめられる．

補題 3.1.17 交換子積について次が成り立つ．

1) $X, Y \in \mathfrak{k}^{\mathbb{C}} \Longrightarrow [X, Y] = O$.
2) $X \in \mathfrak{k}^{\mathbb{C}}, Y \in \mathfrak{p}^{\mathbb{C}} \Longrightarrow [X, Y] \in \mathfrak{p}^{\mathbb{C}}$.
3) $X, Y \in \mathfrak{p}^{\mathbb{C}} \Longrightarrow [X, Y] \in \mathfrak{k}^{\mathbb{C}}$.

---

*10) Ken Shoemake, Animating rotation with quaternion curves, *Computer Graphics* (Proc. SIGGRAPH85) 19 (1985), no. 3, 245–254.

*11) $\mathfrak{su}(2)$ は $\{\boldsymbol{i}, \boldsymbol{j}, \boldsymbol{k}\}$ を基底とする実線型空間である．$\mathfrak{sl}_2\mathbb{C}$ は $\{\boldsymbol{i}, \boldsymbol{j}, \boldsymbol{k}\}$ を基底とする複素線型空間であり，$\{\boldsymbol{i}, \boldsymbol{j}, \boldsymbol{k}, i\boldsymbol{i}, i\boldsymbol{j}, i\boldsymbol{k}\}$ を基底とする実線型空間である．

複素化 $\mathfrak{sl}_2\mathbb{C}$ から，その実部 (実型) である $\mathfrak{su}(2)$ を取り出すために次の変換を用意しておく．

定義　$\iota : \mathfrak{sl}_2\mathbb{C} \to \mathfrak{sl}_2\mathbb{C}$ を $\iota(\xi) = -\overline{{}^t\xi}$ で定め $\mathfrak{su}(2)$ に関する共軛変換とよぶ．$\xi \in \mathfrak{sl}_2\mathbb{C}$ に対し $\iota(\xi) = \xi \Longleftrightarrow \xi \in \mathfrak{su}(2)$ である．また $\xi + \iota(\xi) \in \mathfrak{su}(2)$ である．

$\mathfrak{k}^{\mathbb{C}}$ と $\mathfrak{p}^{\mathbb{C}}$ を特徴づける線型変換を与えておく．$\mathfrak{sl}_2\mathbb{C}$ 上の線型変換 $\sigma : \mathfrak{sl}_2\mathbb{C} \to \mathfrak{sl}_2\mathbb{C}$ を

$$\sigma(X) = \mathrm{Ad}\begin{pmatrix} 1 & 0 \\ 0 & -1 \end{pmatrix} X$$

で定める．$\sigma(\sigma(X)) = X$ であるから，σ は固有値 $1 = (-1)^0$ と $(-1)^1$ をもつ．σ の $(-1)^0$-固有空間 $\mathfrak{g}_0^{\mathbb{C}}$ と $(-1)^1$-固有空間 $\mathfrak{g}_1^{\mathbb{C}}$ はそれぞれ

$$\mathfrak{g}_0^{\mathbb{C}} = \{c\boldsymbol{i} \mid c \in \mathbb{C}\} = \mathfrak{k}^{\mathbb{C}}, \quad \mathfrak{g}_1^{\mathbb{C}} = \{a\boldsymbol{j} + b\boldsymbol{k} \mid a, b \in \mathbb{C}\} = \mathfrak{p}^{\mathbb{C}}$$

で与えられる*12)．$\mathfrak{g}_0^{\mathbb{C}} = \mathfrak{k}^{\mathbb{C}}$ をリー環にもつリー群は次の問で与えられる．

問 3.1.18　$\mathrm{SL}_2\mathbb{C}$ の部分群 (リー群)

$$\left\{ \begin{pmatrix} z & 0 \\ 0 & 1/z \end{pmatrix} \middle| \, z \in \mathbb{C}^{\times} \right\} \cong \mathbb{C}^{\times}$$

のリー環が $\mathfrak{k}^{\mathbb{C}}$ と一致することを確かめよ．この群を $\mathrm{U}(1)^{\mathbb{C}}$ と表記する．また

$$B = \left\{ \begin{pmatrix} r & 0 \\ 0 & 1/r \end{pmatrix} \middle| \, r \in \mathbb{R}^{\times} \right\} \cong \mathbb{R}^{\times} \tag{3.5}$$

のリー環 $\mathfrak{b}$ が $\mathfrak{b} = \mathbb{R}(i\boldsymbol{i})$ で与えられることを確かめよ．

この問から実線型空間としての直和分解 $\mathfrak{k}^{\mathbb{C}} = \mathfrak{k} \oplus \mathfrak{b}$ が得られる．

四元数を使って等温座標系を特徴づけてみよう．(x, y) で径数表示された曲面 $\boldsymbol{p} : \mathcal{D} \to \mathbb{E}^3$ に対し (3.1) を使って計算すると

---

*12)　補題 3.1.17 より

$$X \in \mathfrak{g}_k^{\mathbb{C}},\ Y \in \mathfrak{g}_\ell^{\mathbb{C}} \Longrightarrow [X, Y] \in \mathfrak{g}_{k+\ell}^{\mathbb{C}} \mod 2$$

が成立していることを注意しておく．

$$(\boldsymbol{p}_x)^2 = -||\boldsymbol{p}_x||^2,\ \ (\boldsymbol{p}_y)^2 = -||\boldsymbol{p}_y||^2,\ \ \boldsymbol{p}_x\,\boldsymbol{p}_y = -(\boldsymbol{p}_x|\boldsymbol{p}_y) + \boldsymbol{p}_x \times \boldsymbol{p}_y$$

より $\boldsymbol{p}_x\,\boldsymbol{p}_y + \boldsymbol{p}_y\,\boldsymbol{p}_x = -2(\boldsymbol{p}_x|\boldsymbol{p}_y)$ であるから次を得る．

命題 3.1.19 (x,y) が等温座標系であるための必要十分条件は

$$(\boldsymbol{p}_x)^2 = (\boldsymbol{p}_y)^2,\ \ \boldsymbol{p}_x\,\boldsymbol{p}_y + \boldsymbol{p}_y\,\boldsymbol{p}_x = \boldsymbol{0}. \tag{3.6}$$

系 3.1.20 (x,y) が等温座標系であるための必要十分条件は

$$\boldsymbol{p}_x\,(\boldsymbol{p}_y)^{-1} + \boldsymbol{p}_y\,(\boldsymbol{p}_x)^{-1} = \boldsymbol{0}. \tag{3.7}$$

等温座標系 (x,y) で径数表示された曲面 $\boldsymbol{p}$ は微分方程式

$$*\mathrm{d}\boldsymbol{p} = -\boldsymbol{n}\mathrm{d}\boldsymbol{p} \tag{3.8}$$

をみたしている．ここで $*$ はホッジ (Hodge) のスター作用素とよばれるもので

$$*\mathrm{d}z = -i\mathrm{d}z,\ \ *\mathrm{d}\bar{z} = i\mathrm{d}\bar{z} \tag{3.9}$$

で定められる．

曲面であるとは限らない C^∞ 級写像 $\boldsymbol{p}: \mathcal{D} \subset \mathbb{C} \to \mathbb{E}^3$ とベクトル場 $\boldsymbol{n}$ に対し (3.8) を書き下してみよう．

$$* \,\mathrm{d}\boldsymbol{p} = *(\boldsymbol{p}_z\mathrm{d}z + \boldsymbol{p}_{\bar{z}}\mathrm{d}\bar{z}) = -i(\boldsymbol{p}_z\mathrm{d}z - \boldsymbol{p}_{\bar{z}}\mathrm{d}\bar{z}),$$
$$\boldsymbol{n}\mathrm{d}\boldsymbol{p} = -(\boldsymbol{n}|\mathrm{d}\boldsymbol{p}) + (\boldsymbol{n} \times \boldsymbol{p}_z)\mathrm{d}z + (\boldsymbol{n} \times \boldsymbol{p}_{\bar{z}})\mathrm{d}\bar{z}$$

を比較して

$$(\boldsymbol{n}|\boldsymbol{p}_z) = 0, (\boldsymbol{n}|\boldsymbol{p}_{\bar{z}}) = 0,\ \ i\boldsymbol{p}_z = \boldsymbol{n} \times \boldsymbol{p}_z.$$

これは (x,y) で書き直すと

$$\boldsymbol{p}_x = \boldsymbol{p}_y \times \boldsymbol{n},\ \ \boldsymbol{p}_y = \boldsymbol{n} \times \boldsymbol{p}_x,\ \ (\boldsymbol{n}|\boldsymbol{p}_x) = (\boldsymbol{n}|\boldsymbol{p}_y) = 0$$

であるから，もし $\boldsymbol{p}$ が曲面であれば $\boldsymbol{n}$ は $\boldsymbol{p}$ の法ベクトル場になっている．さらに $\|\boldsymbol{n}\| = 1$ である．実際 $**\,\mathrm{d}\boldsymbol{p} = -\mathrm{d}\boldsymbol{p}$ に注意すると

$$-\mathrm{d}\boldsymbol{p} = -*\boldsymbol{n}\mathrm{d}\boldsymbol{p} = -\boldsymbol{n}*\mathrm{d}\boldsymbol{p} = \boldsymbol{n}^2\mathrm{d}\boldsymbol{p}$$

であるから $\|\boldsymbol{n}\|^2 = -\boldsymbol{n}^2 = 1$. さらにラグランジュの公式 (B.2) より $\|\boldsymbol{p}_x\|^2 = \|\boldsymbol{p}_y \times \boldsymbol{n}\|^2 = \|\boldsymbol{p}_y\|^2$, $(\boldsymbol{p}_x|\boldsymbol{p}_y) = (\boldsymbol{p}_y \times \boldsymbol{n}|\boldsymbol{n} \times \boldsymbol{p}_x) = -(\boldsymbol{p}_x|\boldsymbol{p}_y)$ であるから (x,y) は等温座標系になっている.

等温曲面の場合を考えよう. クリストッフェル変換 ${}^{\mathrm{c}}\boldsymbol{p}$ は (2.26) で定義されたから

$$\mathrm{d}({}^{\mathrm{c}}\boldsymbol{p}) = e^{-\omega}(\boldsymbol{p}_x \mathrm{d}x - \boldsymbol{p}_y \mathrm{d}y)$$

が得られる. ここで $\mathrm{d}\boldsymbol{p}$ と $\mathrm{d}({}^{\mathrm{c}}\boldsymbol{p})$ を $\mathrm{M}_2\mathbb{C}$ 値の 1 次微分形式と考えて外積 $\mathrm{d}\boldsymbol{p} \wedge \mathrm{d}({}^{\mathrm{c}}\boldsymbol{p})$ を計算してみる. 式 (3.6) を使うと

$$\begin{aligned} \mathrm{d}\boldsymbol{p} \wedge \mathrm{d}({}^{\mathrm{c}}\boldsymbol{p}) &= (\boldsymbol{p}_x \mathrm{d}x + \boldsymbol{p}_y \mathrm{d}y) \wedge e^{-\omega}(\boldsymbol{p}_x \mathrm{d}x - \boldsymbol{p}_y \mathrm{d}y) \\ &= -e^{-\omega}(\boldsymbol{p}_x\boldsymbol{p}_y + \boldsymbol{p}_y\boldsymbol{p}_x)\,\mathrm{d}x \wedge \mathrm{d}y = 2e^{-\omega}(\boldsymbol{p}_x|\boldsymbol{p}_y)\mathrm{d}x \wedge \mathrm{d}y = \mathbf{0} \end{aligned}$$

を得る. ところで $(\boldsymbol{p}_x)^2 = -e^{\omega}$ より $(\boldsymbol{p}_x)^{-1} = -e^{-\omega}\boldsymbol{p}_x$ であるから

$$\mathrm{d}({}^{\mathrm{c}}\boldsymbol{p}) = -(\boldsymbol{p}_x)^{-1}\,\mathrm{d}x + (\boldsymbol{p}_y)^{-1}\,\mathrm{d}y$$

と書き直せることに注意しよう.

定理 3.1.21 領域 $\mathcal{D}$ 上で定義されたふたつの曲面 $\boldsymbol{p}$ と $\boldsymbol{q}$ が

$$\mathrm{d}\boldsymbol{p} \wedge \mathrm{d}\boldsymbol{q} = \mathrm{d}\boldsymbol{q} \wedge \mathrm{d}\boldsymbol{p} = \mathbf{0}$$

をみたすならば $\boldsymbol{p}$ と $\boldsymbol{q}$ はともに等温曲面であり, お互いのクリストッフェル変換になっている. すなわち $\boldsymbol{q} = {}^{\mathrm{c}}\boldsymbol{p}$ かつ $\boldsymbol{p} = {}^{\mathrm{c}}\boldsymbol{q}$. このような等温曲面の対 $\{\boldsymbol{p}, \boldsymbol{q}\}$ をクリストッフェル対とよぶ.

注意 3.1.22 (反インスタントン) $\mathfrak{su}(2)$ 値の微分形式を作る際に四元数が役立つことがある. 理論物理 (ゲージ理論) から例をひとつ紹介する.

$$A(\xi) = \mathrm{Im}\,\frac{\bar{\xi}\mathrm{d}\xi}{1+|\xi|^2}, \quad \mathrm{d}\xi = \mathrm{d}\xi_0 + \mathrm{d}\xi_1\boldsymbol{i} + \mathrm{d}\xi_2\boldsymbol{j} + \mathrm{d}\xi_3\boldsymbol{k}$$

は $\mathrm{Im}\,\mathbf{H} = \mathfrak{su}(2)$ に値をもつ $\mathbf{H} = \mathbb{E}^4$ で定義された 1 次微分形式であり, **BPST 反インスタントン**とよばれる[*13)]. BPST 反インスタントンは 4 次元球面 $\mathbb{S}^4$ 上の反自己双対接続を定める.

---

*13) A. Belavin, A. Polyakov, A. Schwartz, Yu. Trupkin, 1975. 四元数を用いた表示は M. Atiyah による.

3.2 シム–ボベンコ公式

等温座標系 (x,y) で径数表示された曲面 $\boldsymbol{p}:\mathcal{D}\to\mathbb{E}^3$ を考える．$\mathcal{D}$ は単連結であると仮定する．第一基本形式を $\mathrm{I}=e^{\omega}(\mathrm{d}x^2+\mathrm{d}y^2)$ と表す．$\{\boldsymbol{i},\boldsymbol{j},\boldsymbol{k}\}$ は $\mathfrak{su}(2)$ の正規直交基底．一方，$(\boldsymbol{n}\, e^{-\omega/2}\boldsymbol{p}_x\, e^{-\omega/2}\boldsymbol{p}_y)$ は $\mathcal{D}$ で定義された正規直交基底の場 (正規直交標構)．どちらも右手系である．したがってこれらは直交変換 (回転) で移り合う．すなわち

$$\mathrm{Ad}(\Phi)\boldsymbol{i}=\boldsymbol{n},\ \mathrm{Ad}(\Phi)\boldsymbol{j}=e^{-\omega/2}\boldsymbol{p}_x,\ \mathrm{Ad}(\Phi)\boldsymbol{k}=e^{-\omega/2}\boldsymbol{p}_y$$

をみたす $\Phi:\mathcal{D}\to\mathrm{SU}(2)$ が存在する．$U=\Phi^{-1}\Phi_z, V=\Phi^{-1}\Phi_{\bar{z}}$ を計算しよう．$\boldsymbol{\eta}_{\pm}=(\boldsymbol{j}\pm i\boldsymbol{k})/2$ とおくと $\boldsymbol{p}_z=e^{\omega/2}\mathrm{Ad}(\Phi)\boldsymbol{\eta}_-$, $\boldsymbol{p}_{\bar{z}}=e^{\omega/2}\mathrm{Ad}(\Phi)\boldsymbol{\eta}_+$ と表せる．

$$\begin{aligned}\frac{\partial}{\partial\bar{z}}\boldsymbol{p}_z&=\frac{\partial}{\partial\bar{z}}\left(e^{\omega/2}\,\Phi\boldsymbol{\eta}_-\Phi^{-1}\right)\\&=\frac{\omega_{\bar{z}}}{2}e^{\omega/2}\mathrm{Ad}(\Phi)\boldsymbol{\eta}_-+e^{\omega/2}\frac{\partial}{\partial\bar{z}}\left(\Phi\boldsymbol{\eta}_-\Phi^{-1}\right)\\&=\frac{\omega_{\bar{z}}}{2}e^{\omega/2}\mathrm{Ad}(\Phi)\boldsymbol{\eta}_-+e^{\omega/2}\left(\Phi_{\bar{z}}\boldsymbol{\eta}_-\Phi^{-1}+\Phi\boldsymbol{\eta}_-(\Phi^{-1})_{\bar{z}}\right)\\&=\frac{\omega_{\bar{z}}}{2}e^{\omega/2}\mathrm{Ad}(\Phi)\boldsymbol{\eta}_-+e^{\omega/2}\left(\Phi V\boldsymbol{\eta}_-\Phi^{-1}-\Phi\boldsymbol{\eta}_-(\Phi^{-1}\Phi_{\bar{z}}\Phi^{-1})\right)\\&=e^{\omega/2}\mathrm{Ad}(\Phi)\left(\frac{\omega_{\bar{z}}}{2}\boldsymbol{\eta}_-+[V,\boldsymbol{\eta}_-]\right).\end{aligned}$$

$V=v_1\boldsymbol{i}+v_2\boldsymbol{j}+v_3\boldsymbol{k}$ とおくと

$$\begin{aligned}[V,\boldsymbol{\eta}_{\mp}]&=\frac{1}{2}[V,\boldsymbol{j}\mp i\boldsymbol{k}]=\frac{1}{2}[v_1\boldsymbol{i}+v_2\boldsymbol{j}+v_3\boldsymbol{k},\boldsymbol{j}\mp i\boldsymbol{k}]\\&=(-v_3\mp iv_2)\boldsymbol{i}\pm iv_1\boldsymbol{j}+v_1\boldsymbol{k}\end{aligned}$$

であるから

$$\frac{\omega_{\bar{z}}}{2}\boldsymbol{\eta}_-+[V,\boldsymbol{\eta}_-]=-(v_3+iv_2)\boldsymbol{i}+\left(\frac{\omega_{\bar{z}}}{4}+iv_1\right)\boldsymbol{j}+(v_1-\frac{i}{4}\omega_{\bar{z}})\boldsymbol{k}.$$

ガウスの公式 (2.30) より

$$\boldsymbol{p}_{z\bar{z}}=\frac{H}{2}e^{\omega}\boldsymbol{n}=\frac{H}{2}e^{\omega}\mathrm{Ad}(\Phi)\boldsymbol{i}$$

であるから

$$v_3 + iv_2 = -\frac{H}{2}e^{\omega/2}, \quad v_1 = \frac{i}{4}\omega_{\bar{z}}$$

を得る．次に $\boldsymbol{p}_{\bar{z}\bar{z}}$ を計算する．$\boldsymbol{p}_{z\bar{z}}$ の計算と同様にして

$$\frac{\partial}{\partial \bar{z}}\boldsymbol{p}_{\bar{z}} = e^{\omega/2}\mathrm{Ad}(\Phi)\left(\frac{\omega_{\bar{z}}}{2}\boldsymbol{\eta}_+ + [V, \boldsymbol{\eta}_+]\right)$$

を得る．さらに

$$\frac{\omega_{\bar{z}}}{2}\boldsymbol{\eta}_+ + [V, \boldsymbol{\eta}_+] = (-v_3 + iv_2)\boldsymbol{i} + \omega_{\bar{z}}\boldsymbol{\eta}_+$$

を得る．ガウスの公式 $\boldsymbol{p}_{\bar{z}\bar{z}} = \omega_{\bar{z}}\boldsymbol{p}_{\bar{z}} + \overline{Q}\boldsymbol{n} = \mathrm{Ad}(\Phi)(\omega_{\bar{z}}\boldsymbol{\eta}_+ + \overline{Q}\boldsymbol{i})$ と比較すれば $e^{-\omega/2}\overline{Q} = -v_3 + iv_2$ が得られる．以上より

$$V = \begin{pmatrix} iv_1 & -v_3 + iv_2 \\ v_3 + iv_2 & -iv_1 \end{pmatrix} = \begin{pmatrix} -\omega_{\bar{z}}/4 & \overline{Q}e^{-\omega/2} \\ -\frac{H}{2}e^{\omega/2} & \omega_{\bar{z}}/4 \end{pmatrix}$$

が得られた．

同様の計算で

$$U = \begin{pmatrix} \omega_z/4 & \frac{H}{2}e^{\omega/2} \\ -Qe^{-\omega/2} & -\omega_z/4 \end{pmatrix}$$

を得る．ガウス–ワインガルテンの公式は Φ を使って

$$\frac{\partial}{\partial z}\Phi = \Phi U, \quad \frac{\partial}{\partial \bar{z}}\Phi = \Phi V, \tag{3.10}$$

$$U = \begin{pmatrix} \omega_z/4 & \frac{H}{2}e^{\omega/2} \\ -Qe^{-\omega/2} & -\omega_z/4 \end{pmatrix}, \quad V = \begin{pmatrix} -\omega_{\bar{z}}/4 & \overline{Q}e^{-\omega/2} \\ -\frac{H}{2}e^{\omega/2} & \omega_{\bar{z}}/4 \end{pmatrix} \tag{3.11}$$

と書き直せた．(3.10) の積分可能条件はもちろんガウス–コダッチ方程式である．

問 3.2.1 $V_z - U_{\bar{z}} + [U, V] = O$ を計算して，積分可能条件がガウス–コダッチ方程式であることを確かめよ．

曲面 $\boldsymbol{p} : \mathcal{D} \to \mathbb{E}^3$ の平均曲率が定数であるとしよう．このとき Q を $Q^{(\lambda)} = \lambda Q$ で置き換えても積分可能条件 (ガウス・コダッチ方程式) が保たれたことを思い出そう．$\mathrm{I} = e^{\omega}\mathrm{d}z\mathrm{d}\bar{z}$ を第一基本形式，H を平均曲率，$Q^{(\lambda)}\mathrm{d}z^2$ をホップ微分にもつ平均曲率一定曲面 $\boldsymbol{p}^{(\lambda)}$ の族をもとの曲面の同伴族とよんだ．$\boldsymbol{p}^{(\lambda)}$ の単位法べ

クトル場を $\boldsymbol{n}^{(\lambda)}$ としよう．このとき $\Phi^{(\lambda)}:\mathcal{D}\to\mathrm{SU}(2)$ を

$$\mathrm{Ad}(\Phi^{(\lambda)})\boldsymbol{i}=\boldsymbol{n}^{(\lambda)},\quad \mathrm{Ad}(\Phi^{(\lambda)})\boldsymbol{j}=e^{-\omega/2}\boldsymbol{p}_x^{(\lambda)},\quad \mathrm{Ad}(\Phi^{(\lambda)})\boldsymbol{k}=e^{-\omega/2}\boldsymbol{p}_y^{(\lambda)}$$

で定めれば $U^{(\lambda)}:=(\Phi^{(\lambda)})^{-1}\Phi_z^{(\lambda)}$ と $V^{(\lambda)}:=(\Phi^{(\lambda)})^{-1}\Phi_{\overline{z}}^{(\lambda)}$ は U,V において Q を $Q^{(\lambda)}$ に置き換えたものである．すなわち $\Phi^{(\lambda)}$ は

$$\frac{\partial}{\partial z}\Phi^{(\lambda)}=\Phi^{(\lambda)}U^{(\lambda)},\quad \frac{\partial}{\partial \overline{z}}\Phi^{(\lambda)}=\Phi^{(\lambda)}V^{(\lambda)}, \tag{3.12}$$

$$U^{(\lambda)}=\begin{pmatrix}\omega_z/4 & \frac{H}{2}e^{\omega/2}\\ -\lambda Qe^{-\omega/2} & -\omega_z/4\end{pmatrix},\quad V(\lambda)=\begin{pmatrix}-\omega_{\overline{z}}/4 & \lambda^{-1}\overline{Q}e^{-\omega/2}\\ -\frac{H}{2}e^{\omega/2} & \omega_{\overline{z}}/4\end{pmatrix} \tag{3.13}$$

をみたす．この連立偏微分方程式を $\boldsymbol{p}$ のラックス表示とよぶ．$H\neq 0$ のときは同伴族の位置ベクトル場 $\boldsymbol{p}^{(\lambda)}$ を次の手続きで求めることができる．

定理 3.2.2 (シム–ボベンコ)　$H\neq 0$ とし，$\lambda=e^{it}$, $(t\in\mathbb{R})$ と表すと

$$\boldsymbol{p}^{(\lambda)}=\frac{2}{H}\frac{\partial}{\partial t}\Phi^{(\lambda)}\,(\Phi^{(\lambda)})^{-1}-\frac{1}{H}\boldsymbol{n}^{(\lambda)},\quad \boldsymbol{n}^{(\lambda)}=\mathrm{Ad}(\Phi^{(\lambda)})\boldsymbol{i} \tag{3.14}$$

で位置ベクトル場 $\boldsymbol{p}^{(\lambda)}$ を求めることができる．$\boldsymbol{p}^{(\lambda)}$ の単位法ベクトル場は $\boldsymbol{n}^{(\lambda)}$ で与えられる．

(証明)　式 (3.14) で定義された $\boldsymbol{p}^{(\lambda)}$ を $z,\overline{z}$ で偏微分してみると

$$\frac{\partial}{\partial z}\boldsymbol{p}^{(\lambda)}=\frac{2}{H}\mathrm{Ad}(\Phi^{(\lambda)})\left\{\frac{\partial}{\partial t}U^{(\lambda)}-\frac{1}{2}\left[U^{(\lambda)},\boldsymbol{i}\right]\right\},$$
$$\frac{\partial}{\partial \overline{z}}\boldsymbol{p}^{(\lambda)}=\frac{2}{H}\mathrm{Ad}(\Phi^{(\lambda)})\left\{\frac{\partial}{\partial t}V^{(\lambda)}-\frac{1}{2}\left[V^{(\lambda)},\boldsymbol{i}\right]\right\}$$

を得る．ここで

$$\frac{\partial}{\partial t}U^{(\lambda)}-\frac{1}{2}\left[U^{(\lambda)},\boldsymbol{i}\right]=\frac{H}{2}e^{\omega/2}\boldsymbol{\eta}_-,\quad \frac{\partial}{\partial t}V^{(\lambda)}-\frac{1}{2}\left[V^{(\lambda)},\boldsymbol{i}\right]=\frac{H}{2}e^{\omega/2}\boldsymbol{\eta}_+$$

と計算されるから

$$\frac{\partial}{\partial z}\boldsymbol{p}^{(\lambda)}=e^{\omega/2}\mathrm{Ad}(\Phi^{(\lambda)})\boldsymbol{\eta}_-,\quad \frac{\partial}{\partial \overline{z}}\boldsymbol{p}^{(\lambda)}=e^{\omega/2}\mathrm{Ad}(\Phi^{(\lambda)})\boldsymbol{\eta}_+$$

となる．$\boldsymbol{p}_x^{(\lambda)}=\boldsymbol{p}_z^{(\lambda)}+\boldsymbol{p}_{\overline{z}}^{(\lambda)}$, $\boldsymbol{p}_y^{(\lambda)}=i(\boldsymbol{p}_z^{(\lambda)}-\boldsymbol{p}_{\overline{z}}^{(\lambda)})$ を利用すると

$$\mathrm{Ad}(\Phi^{(\lambda)})\boldsymbol{i} = \boldsymbol{n}^{(\lambda)},\quad \mathrm{Ad}(\Phi^{(\lambda)})\boldsymbol{j} = e^{-\omega/2}\boldsymbol{p}_x^{(\lambda)},\quad \mathrm{Ad}(\Phi^{(\lambda)})\boldsymbol{k} = e^{-\omega/2}\boldsymbol{p}_y^{(\lambda)}$$

となるから，式 (3.14) で定義された $\boldsymbol{p}^{(\lambda)}$ は $\boldsymbol{p}$ に同伴している平均曲率一定曲面である．■

簡単な例で確かめてみよう．

例 3.2.3 (円柱面) $H = 1/2$, $Q = H/2 = 1/4$ とすると $\omega = 0$ は複素平面 $\mathbb{C}$ 全体で定義されたガウス–コダッチ方程式の解である．$\omega = 0$ の定める平均曲率一定曲面はガウス曲率が 0 なので円柱面であることがわかるが，シム–ボベンコ公式 (3.14) を使って円柱面であることを確かめてみる．$\Phi^{(\lambda)}(z,\bar{z})$ を定める連立偏微分方程式

$$\Phi_z^{(\lambda)} = \Phi^{(\lambda)}\begin{pmatrix} 0 & 1/4 \\ -\lambda/4 & 0 \end{pmatrix},\quad \Phi_{\bar{z}}^{(\lambda)} = \Phi^{(\lambda)}\begin{pmatrix} 0 & \lambda^{-1}/4 \\ -1/4 & 0 \end{pmatrix}$$

を初期条件 $\Phi^{(\lambda)}(0,0) = \mathbf{1}$ で解こう．$U^{(\lambda)}$ と $V^{(\lambda)}$ は交換可能であることに注意すると $\Phi^{(\lambda)}(z,\bar{z})$ は行列の指数函数を使って

$$\Phi^{(\lambda)} = \exp\left(zU^{(\lambda)} + \bar{z}V^{(\lambda)}\right) = \exp\begin{pmatrix} 0 & (z+\lambda^{-1}\bar{z})/4 \\ -(\lambda z+\bar{z})/4 & 0 \end{pmatrix}$$

と求められる．ここで $\lambda = e^{it} = \nu^2$ とおくと

$$\begin{aligned}\Phi^{(\lambda)}(z,\bar{z}) &= \exp\begin{pmatrix} 0 & \nu^{-1}(\nu z+\nu^{-1}\bar{z})/4 \\ -\nu(\nu z+\nu^{-1}\bar{z})/4 & 0 \end{pmatrix} \\ &= \begin{pmatrix} \cos\{(\nu z+\nu^{-1}\bar{z})/4\} & \nu^{-1}\sin\{(\nu z+\nu^{-1}\bar{z})/4\} \\ -\nu\sin\{(\nu z+\nu^{-1}\bar{z})/4\} & \cos\{(\nu z+\nu^{-1}\bar{z})/4\} \end{pmatrix}\end{aligned}$$

が得られる．したがって

$$\mathrm{Ad}(\Phi^{(\lambda)})\boldsymbol{i} = i\begin{pmatrix} \cos\{(\nu z+\nu^{-1}\bar{z})/2\} & -\nu^{-1}\sin\{(\nu z+\nu^{-1}\bar{z})/2\} \\ -\nu\sin\{(\nu z+\nu^{-1}\bar{z})/2\} & -\cos\{(\nu z+\nu^{-1}\bar{z})/2\} \end{pmatrix}$$

より

$$\boldsymbol{n}^{(\lambda)}(z,\overline{z}) = \begin{pmatrix} \cos\{(\nu z+\nu^{-1}\overline{z})/2\} \\ -\frac{1}{2}(\nu+\nu^{-1})\sin\{(\nu z+\nu^{-1}\overline{z})/2\} \\ -\frac{i}{2}(\nu-\nu^{-1})\sin\{(\nu z+\nu^{-1}\overline{z})/2\} \end{pmatrix}$$
$$= \begin{pmatrix} \cos\{\cos(t/2)x-\sin(t/2)y\} \\ -\cos(t/2)\sin\{\cos(t/2)x-\sin(t/2)y\} \\ \sin(t/2)\sin\{\cos(t/2)x-\sin(t/2)y\} \end{pmatrix}.$$

とくに $\boldsymbol{n}^{(1)}(z,\overline{z}) = (\cos x, -\sin x, 0)$ を得る．ここで $(\nu z+\nu^{-1}\overline{z})/2 = \cos(t/2)x-\sin(t/2)y$ を使った．

$$\boldsymbol{p}^{(\lambda)}(z,\overline{z}) = \begin{pmatrix} -1-\cos\{(\nu z+\nu^{-1}\overline{z})/2\} \\ \frac{1}{2}(\nu+\nu^{-1})\sin\{(\nu z+\nu^{-1}\overline{z})/2\} - \frac{1}{4}(\nu-\nu^{-1})(\nu z-\nu^{-1}\overline{z}) \\ \frac{i}{2}(\nu-\nu^{-1})\sin\{(\nu z+\nu^{-1}\overline{z})/2\} - \frac{i}{4}(\nu+\nu^{-1})(\nu z-\nu^{-1}\overline{z}) \end{pmatrix}$$
$$= \begin{pmatrix} -1-\cos\{\cos(t/2)x-\sin(t/2)y\} \\ \cos(t/2)\sin\{\cos(t/2)x-\sin(t/2)y\} + \sin(t/2)(\sin(t/2)x+\cos(t/2)y) \\ -\sin(t/2)\sin\{\cos(t/2)x-\sin(t/2)y\} + \cos(t/2)(\sin(t/2)x+\cos(t/2)y) \end{pmatrix}$$
$$= \begin{pmatrix} 1 & 0 & 0 \\ 0 & \cos(t/2) & \sin(t/2) \\ 0 & -\sin(t/2) & \cos(t/2) \end{pmatrix} \begin{pmatrix} -\cos\{\cos(t/2)x-\sin(t/2)y\} \\ \sin\{\cos(t/2)x-\sin(t/2)y\} \\ \sin(t/2)x+\cos(t/2)y \end{pmatrix} + \begin{pmatrix} -1 \\ 0 \\ 0 \end{pmatrix}$$

ここで $(\nu z-\nu^{-1}\overline{z})/2 = i(\sin(t/2)x+\cos(t/2)y)$ を使った．とくに

$$\boldsymbol{p}^{(1)}(z,\overline{z}) = (-\cos x, \sin x, y) + (-1,0,0),$$
$$\boldsymbol{p}^{(-1)}(z,\overline{z}) = (-\cos y, x, \sin y) + (-1,0,0)$$

である．$\boldsymbol{p}^{(\lambda)}$ はすべて円柱面 $(-\cos x, \sin x, y)$ に合同である．第一・第二基本形式を求めると

$$\mathrm{I} = \mathrm{d}x^2+\mathrm{d}y^2,\ \mathrm{II} = \cos^2\frac{t}{2}\,\mathrm{d}x^2 - 2\sin\frac{t}{2}\cos\frac{t}{2}t\,\mathrm{d}y + \sin^2\frac{t}{2}\,\mathrm{d}y^2,$$
$$H = \frac{1}{2},\ Q^{(\lambda)} = \frac{\lambda}{4} = \frac{e^{it}}{4}.$$

とくに $\lambda = \pm 1$ のとき (x,y) は等温曲率線座標である．$\lambda = -1$ のときは命題 2.7.6 で与えた等温曲率線座標系である．$\boldsymbol{p}^{(\lambda)}(1/(2H))$ を計算すると

$$\boldsymbol{p}^{(\lambda)}(1/(2H)) = \left(-1, \sin\frac{t}{2}(\sin\frac{t}{2}x + \cos\frac{t}{2}y), \cos\frac{t}{2}(\sin\frac{t}{2}x + \cos\frac{t}{2}y)\right).$$

とくに

$$\boldsymbol{p}^{(-1)}(1/(2H))(z,\overline{z}) = (-1, 0, y), \quad \boldsymbol{p}^{(1)}(1/(2H))(z,\overline{z}) = (-1, x, 0).$$

これらは直線である (問 2.8.1 の解説を参照). クリストッフェル変換 ${}^{\mathsf{c}}\boldsymbol{p}^{(\lambda)} = \boldsymbol{p}^{(\lambda)} + \boldsymbol{n}/H$ は

$$\begin{aligned}
{}^{\mathsf{c}}\boldsymbol{p}^{(\lambda)}(z,\overline{z}) &= \begin{pmatrix} -1 + \cos\{(\nu z + \nu^{-1}\overline{z})/2\} \\ -\frac{1}{2}(\nu + \nu^{-1})\sin\{(\nu z + \nu^{-1}\overline{z})/2\} - \frac{1}{4}(\nu - \nu^{-1})(\nu z - \nu^{-1}\overline{z}) \\ -\frac{i}{2}(\nu - \nu^{-1})\sin\{(\nu z + \nu^{-1}\overline{z})/2\} - \frac{i}{4}(\nu + \nu^{-1})(\nu z - \nu^{-1}\overline{z}) \end{pmatrix} \\
&- \begin{pmatrix} -1 + \cos\{\cos(t/2)x - \sin(t/2)y\} \\ -\cos(t/2)\sin\{\cos(t/2)x - \sin(t/2)y\} + \sin(t/2)(\sin(t/2)x + \cos(t/2)y) \\ \sin(t/2)\sin\{\cos(t/2)x - \sin(t/2)y\} + \cos(t/2)(\sin(t/2)x + \cos(t/2)y) \end{pmatrix} \\
&= \begin{pmatrix} 1 & 0 & 0 \\ 0 & \cos(t/2) & \sin(t/2) \\ 0 & -\sin(t/2) & \cos(t/2) \end{pmatrix} \begin{pmatrix} \cos\{\cos(t/2)x - \sin(t/2)y\} \\ -\sin\{\cos(t/2)x - \sin(t/2)y\} \\ \sin(t/2)x + \cos(t/2)y \end{pmatrix} + \begin{pmatrix} -1 \\ 0 \\ 0 \end{pmatrix}.
\end{aligned}$$

とくに

$$\begin{aligned}
{}^{\mathsf{c}}\boldsymbol{p}^{(1)}(z,\overline{z}) &= (\cos x, -\sin x, y) + (-1, 0, 0), \\
{}^{\mathsf{c}}\boldsymbol{p}^{(-1)}(z,\overline{z}) &= (\cos y, x, -\sin y) + (-1, 0, 0)
\end{aligned}$$

を得る.

問 3.2.4

$$\begin{aligned}
&\exp\begin{pmatrix} 0 & (z + \lambda^{-1}\overline{z})/4 \\ -(\lambda z + \overline{z})/4 & 0 \end{pmatrix} \\
&= \begin{pmatrix} \cos\{(\nu z + \nu^{-1}\overline{z})/4\} & \nu^{-1}\sin\{(\nu z + \nu^{-1}\overline{z})/4\} \\ -\nu\sin\{(\nu z + \nu^{-1}\overline{z})/4\} & \cos\{(\nu z + \nu^{-1}\overline{z})/4\} \end{pmatrix}
\end{aligned}$$

を確かめよ.

3.3 ガウス写像

曲面の曲がり具合は単位法ベクトル場の変化の具合に反映される．単位法ベクトル場を微分することで形状作用素が定義され，平均曲率とガウス曲率が導かれた．この節では単位法ベクトル場自身に着目しよう．

曲面 $\boldsymbol{p}:\mathcal{D}\to\mathbb{E}^3$ の単位法ベクトル場の始点が原点になるよう平行移動しよう．各点でこの操作を実行すると $\mathcal{D}$ で定義され，単位球面 $\mathbb{S}^2$ に値をとる写像 $\boldsymbol{\psi}$ が得られる．

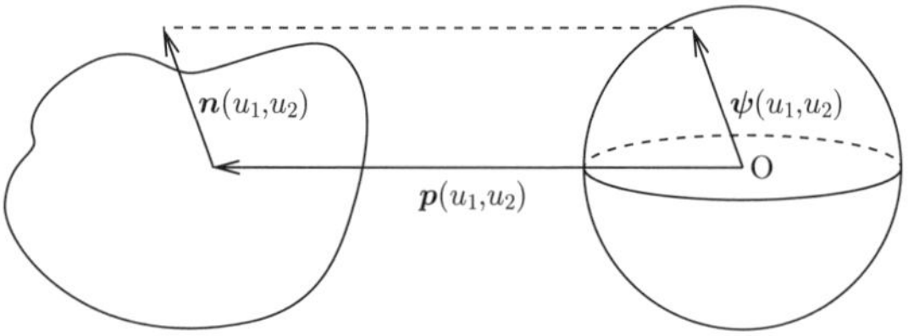

図 **3.1**　ガウス写像

この写像 $\boldsymbol{\psi}$ を $\boldsymbol{p}$ のガウス写像とよぶ．

複素函数論では複素平面 $\mathbb{C}$ に無限遠点 ∞ を付け加えた拡大複素平面 $\overline{\mathbb{C}}=\mathbb{C}\cup\{\infty\}$ を考える (本講座 [24, p.23] または [27, p.278])．立体射影を介して $\overline{\mathbb{C}}$ は $\mathbb{S}^2$ と全単射対応する．立体射影を使ってガウス写像を書き直してみよう．$\boldsymbol{i}$ における $\mathbb{S}^2$ の接ベクトル空間 $\mathfrak{p}=\{\xi_2\boldsymbol{j}+\xi_3\boldsymbol{k}\mid\xi_2,\xi_3\in\mathbb{R}\}$ を複素平面と考えることにしよう．すなわち $\mathfrak{p}=\{\xi_2+\xi_3 i\mid\xi_2,\xi_3\in\mathbb{R}\}$ と同一視する．

定義　$\boldsymbol{i}$ を極とする立体射影 $\mathrm{pr}:\mathbb{S}^2\setminus\{\boldsymbol{i}\}\to\mathbb{C}=T_{\boldsymbol{i}}\mathbb{S}^2$ を

$$\mathrm{pr}(\xi_1\boldsymbol{i}+\xi_2\boldsymbol{j}+\xi_3\boldsymbol{k})=\frac{1}{1-\xi_1}(\xi_2+\xi_3 i) \tag{3.15}$$

で定める．$\mathrm{pr}(\boldsymbol{i})=\infty$ と定め，pr を $\mathbb{S}^2$ から $\overline{\mathbb{C}}$ への全単射に拡張する．

ガウス写像 $\boldsymbol{\psi} = (\psi_1, \psi_2, \psi_3)$ を $\boldsymbol{\psi} = \mathrm{Ad}\begin{pmatrix} \alpha & -\overline{\beta} \\ \beta & \overline{\alpha} \end{pmatrix}\boldsymbol{i}$ と表すと $\psi_1 = |\alpha|^2 - |\beta|^2$, $\psi_2 = 2\mathrm{Re}\,(\alpha\overline{\beta})$, $\psi_3 = 2\mathrm{Im}\,(\alpha\overline{\beta})$ であるから

$$(\mathrm{pr} \circ \boldsymbol{\psi})(u_1, u_2) := \mathrm{pr}(\boldsymbol{\psi}(u_1, u_2)) = \frac{\alpha(u_1, u_2)}{\beta(u_1, u_2)}$$

が得られる．$\mathrm{pr} \circ \boldsymbol{\psi} : \mathcal{D} \to \overline{\mathbb{C}}$ もガウス写像とよんでしまう．$\boldsymbol{\psi}$ との区別が必要なときは立体射影ガウス写像 (projected Gauss map) とよぶ.

平均曲率一定曲面を特徴づけるために次の概念を用意する.

定義　領域 $\mathcal{D} \subset \mathbb{C}$ で定義され $\mathbb{S}^2 \subset \mathbb{E}^3$ に値をもつ C^∞ 級写像 $\boldsymbol{\psi}$ に対し

$$\boldsymbol{\psi}_{z\overline{z}} = \rho\,\boldsymbol{\psi} \tag{3.16}$$

をみたす函数 $\rho : \mathcal{D} \to \mathbb{R}$ が存在するとき $\boldsymbol{\psi}$ を調和写像 (harmonic map) とよぶ[*14].

注意 3.3.1　調和写像の概念は一般のリーマン多様体の間の C^∞ 級写像 $\psi : (M, g) \to (N, h)$ に対しエネルギー汎函数 $E(\psi) := \frac{1}{2}\int \|\mathrm{d}\psi\|^2\,\mathrm{d}v_g$ の臨界点として導入された (イールズ, サンプソン, 1964)．定義域が 2 次元，行き先が $\mathbb{S}^2 \subset \mathbb{E}^3$ の場合，調和写像の方程式は (3.16) で与えられるため，この本では (3.16) を定義として採用した.

注意 3.3.2　C^∞ 級写像 $\boldsymbol{\psi} : \mathcal{D} \to \mathbb{S}^2$ に対し $g = \mathrm{pr} \circ \boldsymbol{\psi}$ とおく．このとき $\boldsymbol{\psi}$ の調和写像方程式は $g : \mathcal{D} \to \overline{\mathbb{C}}$ に関する次の偏微分方程式に書き換えられる.

$$g_{z\overline{z}} - \frac{2\overline{g}}{1 + |g|^2} g_z g_{\overline{z}} = 0.$$

一般に C^∞ 級の写像 $g : \mathcal{D} \to \overline{\mathbb{C}}$ が $g_{\overline{z}} = 0$ をみたすとき g を $\overline{\mathbb{C}}$ への正則写像とよぶ．$g_z = 0$ のときは反正則写像とよぶ．$\overline{\mathbb{C}}$ への正則写像は $\mathcal{D}$ 上の有理型函数ともよばれる ([24, p.166]).

平均曲率が一定であるための必要十分条件を求めよう.

命題 3.3.3 (ルー–ヴィルムス, 1970)　曲面 $\boldsymbol{p} : \mathcal{D} \to \mathbb{E}^3$ の平均曲率が一定であ

---

*14)　数理物理学では $\mathbb{C}P^1$ シグマ模型とも呼ばれている.

るための必要十分条件はガウス写像が調和であること．

(証明) ワインガルテンの公式 (2.30) より

$$\boldsymbol{\psi}_{z\bar{z}} = (\boldsymbol{\psi}_z)_{\bar{z}} = -H_{\bar{z}}\boldsymbol{p}_z - 2(Qe^{-\omega})_{\bar{z}}\,\boldsymbol{p}_{\bar{z}} - H\boldsymbol{p}_{z\bar{z}} - 2Qe^{-\omega}\boldsymbol{p}_{\bar{z}\bar{z}}.$$

ガウスの公式とワインガルテンの公式 (2.30) をもう一度使い，コダッチ方程式も用いると

$$\boldsymbol{\psi}_{z\bar{z}} = -H_{\bar{z}}\boldsymbol{p}_z - H_z\boldsymbol{p}_{\bar{z}} - \left(2|Q|^2e^{-\omega} + \frac{H^2}{2}e^{\omega}\right)\boldsymbol{\psi}.$$

したがって $\boldsymbol{\psi}$ が調和 $\Longleftrightarrow$ H は定数. ■

ガウス曲率についても同様の特徴づけが知られている．曲面 $\boldsymbol{p}:\mathcal{D}\to\mathbb{E}^3$ のガウス曲率が正であると仮定しよう．このとき $\det \mathrm{I\!I} > 0$ である．したがって必要なら $\boldsymbol{n}$ を $-\boldsymbol{n}$ に取り替えることで $\mathrm{I\!I}$ が正値対称行列値函数であるようにできる．I の代わりに $\mathrm{I\!I}$ を使い，$\mathrm{I\!I}$ に関する等温座標系 (u,v) をとることができる．(u,v) を第二等温座標系 (bisothermal coordinate system) とよぶ．

注意 3.3.4 (第二共形構造) $K>0$ の曲面においては，$\mathrm{I\!I}$ を用いてリーマン面の構造を定めることができる．このリーマン面構造を第二共形構造とよぶ．等積微分幾何においては第一基本形式がないため第二共形構造が活躍する*15)．

第二等温座標系 (u,v) を用いて $w=u+vi$ とおく．ホップ微分の類似として $R^{\#}=R\,\mathrm{d}w^2$ を $R=(\boldsymbol{p}_w|\boldsymbol{p}_w)$ で定めクロッツ微分 (Klotz differential) とよぶ．コダッチ方程式よりクロッツ微分が正則 ($R_{\bar{w}}=0$) であることと K が定数であることは同値であることが導かれる*16)．

命題 3.3.5 (**クロッツ, 1963**) $\boldsymbol{p}:\mathcal{D}\to\mathbb{E}^3$ を $K>0$ をみたす曲面とする．K が一定であるための条件は第二共形構造に関してガウス写像が調和であること．

---

*15) 野水克巳・佐々木武,『アファイン微分幾何学』, 裳華房 (1994) 参照.

*16) この事実と次の命題の証明はワインシュタイン (Tilla Weinstein=Tilla Klotz) の論文 T. Klotz, Some uses of the second conformal structure on strictly convex surfaces, *Proc. Amer. Math. Soc.* 14 (1963), 793–799 (オープンアクセス), または教科書 T. Weinstein, *An Introduction to Lorentz Surfaces*, de Gruyter (1996) を参照.

郵 便 は が き

恐縮ですが
切手を貼付
して下さい

1 6 2 - 8 7 0 7

東京都新宿区新小川町6-29

株式会社 朝倉書店

愛読者カード係 行

●本書をご購入ありがとうございます。今後の出版企画・編集案内などに活用させていただきますので，本書のご感想また小社出版物へのご意見などご記入下さい。

フリガナ お名前	男・女　年齢　　歳
ご自宅	〒　　電話
E-mailアドレス	
ご勤務先 学 校 名	（所属部署・学部）
同上所在地	
ご所属の学会・協会名	
ご購読新聞	・朝日 ・毎日 ・読売 ・日経 ・その他(　　　)
ご購読雑誌	(　　　　)

書名（ご記入下さい）

本書を何によりお知りになりましたか

1．広告をみて（新聞・雑誌名　　　　　　　　　　　　　　　　）
2．弊社のご案内
（●図書目録●内容見本●宣伝はがき●E-mail●インターネット●他）
3．書評・紹介記事（　　　　　　　　　　　　　　　　　　　　）
4．知人の紹介
5．書店でみて

お買い求めの書店名（　　　　　　市・区　　　　　　書店）
　　　　　　　　　　　　　　　　町・村

本書についてのご意見

今後希望される企画・出版テーマについて

図書目録，案内等の送付を希望されますか？　・要　・不要
・図書目録を希望する

ご送付先　・ご自宅　・勤務先

E-mailでの新刊ご案内を希望されますか？
・希望する　・希望しない　・登録済み

ご協力ありがとうございます。ご記入いただきました個人情報については、目的以外の利用ならびに第三者への提供はいたしません。

3.4 ワイエルシュトラス–エンネッパーの表現公式

$\mathbb{C}$ 内の領域 $\mathcal{D}$ で定義された C^∞ 級写像 $\boldsymbol{p}:\mathcal{D}\to\mathbb{E}^3$ を考える．いま $\mathcal{D}$ の複素座標 $w=u+vi$ を使って $\boldsymbol{\varphi}:=\boldsymbol{p}_w$ とおく．$\boldsymbol{\varphi}=(\varphi_1,\varphi_2,\varphi_3)$ に対し

$$(\boldsymbol{\varphi}|\boldsymbol{\varphi})=\frac{1}{4}(g_{11}-g_{22}-2ig_{12}),\quad \langle\boldsymbol{\varphi}|\boldsymbol{\varphi}\rangle=(\boldsymbol{\varphi}|\overline{\boldsymbol{\varphi}})=\frac{1}{4}(g_{11}+g_{22})$$

であるから次の命題を得る．

命題 3.4.1 $\boldsymbol{p}$ が (u,v) を等温座標系とする曲面であるための必要十分条件は $(\boldsymbol{\varphi}|\boldsymbol{\varphi})=0$ かつ $\langle\boldsymbol{\varphi}|\boldsymbol{\varphi}\rangle>0$ である．すなわち

$$(\varphi_1)^2+(\varphi_2)^2+(\varphi_3)^2=0,\quad |\varphi_1|^2+|\varphi_2|^2+|\varphi_3|^2>0.$$

このとき第一基本形式は $\mathrm{I}=2|\boldsymbol{\varphi}|^2\,\mathrm{d}w\mathrm{d}\overline{w}$ で与えられる．

$w=u+iv$ が等温座標であるから，問 2.6.5 より $\boldsymbol{p}$ が極小曲面であるための必要十分条件は $\boldsymbol{\varphi}_{\overline{w}}=\boldsymbol{p}_{w\overline{w}}=\boldsymbol{0}$ である．

系 3.4.2 $w=u+vi$ で径数表示された C^∞ 級ベクトル値函数 $\boldsymbol{p}:\mathcal{D}\subset\mathbb{C}\to\mathbb{E}^3$ が (u,v) を等温座標系にもつ極小曲面であるための必要十分条件は $\boldsymbol{\varphi}=\boldsymbol{p}_w$ が

$$(\boldsymbol{\varphi}|\boldsymbol{\varphi})=0,\quad \langle\boldsymbol{\varphi}|\boldsymbol{\varphi}\rangle>0,\quad \boldsymbol{\varphi}_{\overline{w}}=\boldsymbol{0} \tag{3.17}$$

をみたすことである．

定義 C^∞ 級ベクトル値函数 $\boldsymbol{\varphi}:\mathcal{D}\to\mathbb{C}^3$ が (3.17) をみたすとき正則等方曲線 (holomorphic isotropic curve) とよぶ．正則零的曲線 (holomorphic null curve) ともよばれる．

逆に正則等方曲線から極小曲面を得ることができる．

定理 3.4.3 単連結領域 $\mathcal{D}\subset\mathbb{C}$ で定義された正則等方曲線 $\boldsymbol{\varphi}(w)$ に対し (u,v)

を等温座標系にもち $\boldsymbol{p}_w = \boldsymbol{\varphi}$ をみたす極小曲面 $\boldsymbol{p}: \mathcal{D} \to \mathbb{E}^3$ が存在する．

(証明) どこか 1 点 $w_0 \in \mathcal{D}$ をとり

$$\boldsymbol{p}(w,\overline{w}) = 2\mathrm{Re}\int_{w_0}^{w} \boldsymbol{\varphi}(w)\mathrm{d}w = 2\mathrm{Re}\left(\int_{w_0}^{w} \varphi_1(w)\mathrm{d}w, \int_{w_0}^{w} \varphi_2(w)\mathrm{d}w, \int_{w_0}^{w} \varphi_3(w)\mathrm{d}w\right)$$

とおく．$\mathcal{D}$ が単連結なので上の積分は経路によらず定義される．$\boldsymbol{p}(w,\overline{w}) = (x_1(w,\overline{w}), x_2(w,\overline{w}), x_3(w,\overline{w}))$ と表示すると

$$x_j(w,\overline{w}) = \int \varphi_j(w)\,\mathrm{d}w + \int \overline{\varphi_j(w)}\,\mathrm{d}\overline{w}, \quad j = 1, 2, 3$$

より

$$\frac{\partial}{\partial w} x_j(w,\overline{w}) = \frac{\partial}{\partial w}\int \varphi_j(w)\,\mathrm{d}w = \varphi_j(w), \quad \frac{\partial}{\partial w}\int \overline{\varphi_j(w)}\,\mathrm{d}\overline{w} = 0$$

なので $\boldsymbol{p}_w = \boldsymbol{\varphi}$ である．$\boldsymbol{p}$ が曲面であることを確かめよう．ある点 $w_1 \in \mathcal{D}$ で $D\boldsymbol{p}$ の階数が 2 未満であると仮定しよう．一方，$|\boldsymbol{p}_w| = |\boldsymbol{\varphi}| > 0$ より，$\{\varphi_1(w_1), \varphi_2(w_1), \varphi_3(w_1)\}$ のうち少なくともひとつは 0 でない．そこで $\varphi_1(w_1) \neq 0$ としよう．すると

$$\begin{vmatrix} (x_2)_u & (x_3)_u \\ (x_2)_v & (x_3)_v \end{vmatrix} = 0, \quad \begin{vmatrix} (x_1)_u & (x_3)_u \\ (x_1)_v & (x_3)_v \end{vmatrix} = 0, \quad \begin{vmatrix} (x_1)_u & (x_2)_u \\ (x_1)_v & (x_2)_v \end{vmatrix} = 0 \tag{3.18}$$

であるから，$\varphi_2(w_0) = a\varphi_1(w_0)$ かつ $\varphi_3(w_0) = b\varphi_1(w_0)$ となる実数 a，b $(a^2 + b^2 \neq 0)$ がみつかるが

$$(\boldsymbol{\varphi}(w_1)|\boldsymbol{\varphi}(w_1)) = \varphi_1(w_1)^2 + \varphi_2(w_1)^2 + \varphi_3(w_1)^2 = (1 + a^2 + b^2)\varphi_1(w_0)^2 \neq 0$$

となり矛盾する．したがって $D\boldsymbol{p}$ の階数は 2．以上のことから $\boldsymbol{p}(u,v)$ は (u,v) は等温座標系にもつ極小曲面．■

複素函数論を学んだ読者向けにワイエルシュトラス–エンネッパーの表現公式を紹介しておこう．正則等方曲線 $\boldsymbol{\varphi} = (\varphi_1, \varphi_2, \varphi_3)$ に対し φ_1，φ_2，φ_3 がすべて恒等的に 0 となる場合，$\boldsymbol{p}$ は曲面にならないので，そのような場合は考察対象からはずそう．たとえば $\varphi_1 \neq 0$ と仮定しよう．等方条件 $(\boldsymbol{\varphi}|\boldsymbol{\varphi}) = 0$ より $\varphi_2 - i\varphi_3 \neq 0$ である．さらに $\varphi_2 - i\varphi_3 = 0$ となる D の点の集合は孤立点のみからなる．実際，

$\{w \in \mathcal{D} \mid \varphi_2(w) - i\varphi_3(w) = 0\}$ が開集合ならば，一致の定理 ([24, p.161], [27, p.264]) より $\varphi_2 \equiv i\varphi_3$ となり矛盾.

そこで

$$f = \varphi_2 - i\varphi_3, \quad g = \frac{\varphi_1}{\varphi_2 - i\varphi_3} \tag{3.19}$$

と定義する．$f(w)$ は $\mathcal{D}$ 上の正則函数，$g(w)$ は有理型函数である．また，

$$\varphi_2 + i\varphi_3 = -\frac{(\varphi_1)^2}{\varphi_2 - i\varphi_3} = -fg^2 \tag{3.20}$$

より，

$$\varphi_1 = fg, \quad \varphi_2 = \frac{1}{2}f(1-g^2), \quad \varphi_3 = \frac{i}{2}f(1+g^2) \tag{3.21}$$

を得る．(3.20) の左辺の $\varphi_2 + i\varphi_2$ は正則函数だから，g が m 位の極をもつ点は f の少なくとも $2m$ 位の零点になる．一方 $|\boldsymbol{\varphi}|^2 = |f|^2\big(1+|g|^2\big)^2/2$ だから $|\boldsymbol{\varphi}|^2 > 0$ であるためには，g の極が m 位の点で f の零はちょうど $2m$ 位でなければならない[*17)]．以上の議論によりワイエルシュトラス–エンネッパーの表現公式を得る.

定理 3.4.4 単連結領域 $\mathcal{D} \subset \mathbb{C}$ で定義された極小曲面 $\boldsymbol{p} = (x_1, x_2, x_3) : \mathcal{D} \to \mathbb{E}^3$ は次のように表せる.

$$\begin{aligned} x_1(w,\overline{w}) &= \mathrm{Re}\int_{w_0}^{w} 2f(w)g(w)\,\mathrm{d}w, \\ x_2(w,\overline{w}) &= \mathrm{Re}\int_{w_0}^{w} f(w)(1-g(w)^2)\,\mathrm{d}w, \\ x_3(w,\overline{w}) &= \mathrm{Re}\int_{w_0}^{w} if(w)(1+g(w)^2)\,\mathrm{d}w. \end{aligned} \tag{3.22}$$

$f(w)$ は $\mathcal{D}$ 上の正則函数，$g(w)$ は $\mathcal{D}$ 上の有理型関数で $f(w)$ の零点と $g(w)$ の極は一致し，$f(w)$ の零点としての位数は $g(w)$ の極としての位数の 2 倍に等しい．またこのとき，第一基本形式は

$$\mathrm{I} = |f(w)|^2\Big(1+|g(w)|^2\Big)^2\,\mathrm{d}w\mathrm{d}\overline{w}$$

で与えられる.

---

*17) 極とその位数 (次数)，零点の位数 (次数) については [24, p.161, p.165], [27, p.262, p.272] を参照.

例 3.4.5 (エンネッパーの極小曲面)　$\mathcal{D}=\mathbb{C}$, $f(w)=1$, $g(w)=w$, $w_0=0$ と選ぶと

$$x_1=\mathrm{Re}\int_0^w 2w\,\mathrm{d}w=\mathrm{Re}\,(w^2)=u^2-v^2,$$
$$x_2=\mathrm{Re}\int_0^w (1-w^2)\,\mathrm{d}w=\mathrm{Re}\,\left(w-\frac{1}{3}w^3\right)=u+uv^2-\frac{1}{3}u^3,$$
$$x_3=\mathrm{Re}\int_0^w i(1+w^2)\,\mathrm{d}w=\mathrm{Re}\,\left(i(w+\frac{1}{3}w^3)\right)=-v-u^2v+\frac{1}{3}v^3.$$

この極小曲面はエンネッパーの極小曲面とよばれている.

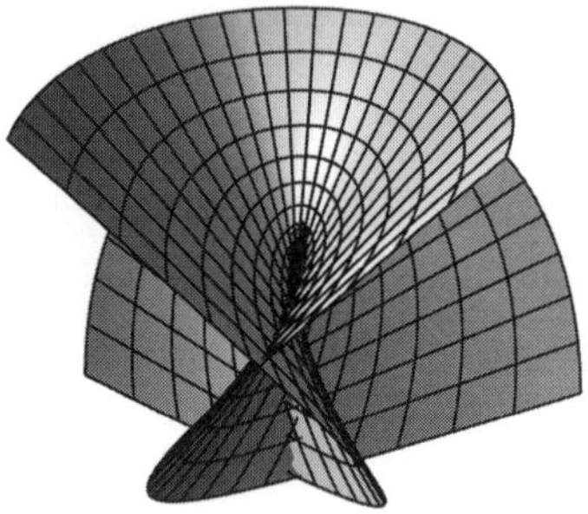

図 **3.2**　エンネッパーの極小曲面

ワイエルシュトラス–エンネッパーの表現公式 (3.22) を用いて与えられた極小曲面 $\boldsymbol{p}$ の単位法ベクトル場 $\boldsymbol{n}=(\boldsymbol{p}_u\times\boldsymbol{p}_v)/\|\boldsymbol{p}_u\times\boldsymbol{p}_v\|$ を計算すると

$$\boldsymbol{n}=\frac{1}{1+|g|^2}(|g|^2-1,2\mathrm{Re}\,g,2\mathrm{Im}\,g).$$

$\boldsymbol{n}$ を平行移動してガウス写像 $\boldsymbol{\psi}:\mathcal{D}\to\mathbb{S}^2$ を作り，立体射影 (3.15) で写してみると $\mathrm{pr}\circ\boldsymbol{\psi}=g$ であることがわかる．すなわち g は (立体射影) ガウス写像である.

$\boldsymbol{n}$ に由来する第二基本形式を計算しよう．$\boldsymbol{p}_{w\overline{w}}=\boldsymbol{0}$ より $\mathrm{I\!I}=(\boldsymbol{p}_{ww}|\boldsymbol{n})\mathrm{d}w^2+\overline{(\boldsymbol{p}_{ww}|\boldsymbol{n})}\,\mathrm{d}\overline{w}^2$ で与えられることに注意. $\boldsymbol{p}_{ww}=((\varphi_1)_w,(\varphi_2)_w,(\varphi_3)_w)$ を (3.21) を使って f と g で書き直し $\boldsymbol{n}$ と内積をとると $(\boldsymbol{p}_{ww}|\boldsymbol{n})=-f(w)g'(w)$ が得られる．したがって $\boldsymbol{p}$ のホップ微分は $-f(w)g'(w)\mathrm{d}w^2$．第二基本形式は $\mathrm{I\!I}=-2\mathrm{Re}\,(fg'\mathrm{d}w^2)$ と表示される．(2.32) を使うと

$$K = -\left(\frac{2|g'|}{|f|(1+|g|^2)^2}\right)^2 \leq 0$$

を得る．ホップ微分が $-f(w)g'(w)\mathrm{d}w^2$ で与えられることから $\boldsymbol{p}$ の同伴族 $\boldsymbol{p}^{(\lambda)}$ はワイエルシュトラス–エンネッパーの表現公式で f を λf に変えたものであることがわかる．

定理 3.4.6　(3.22) で与えられた極小曲面 $\boldsymbol{p}$ の同伴族 $\boldsymbol{p}^{(\lambda)} = (x_1^{(\lambda)}, x_2^{(\lambda)}, x_3^{(\lambda)})$ は

$$x_1^{(\lambda)}(w,\overline{w}) = \mathrm{Re}\int_{w_0}^{w} 2\lambda f(w)g(w)\,\mathrm{d}w,$$
$$x_2^{(\lambda)}(w,\overline{w}) = \mathrm{Re}\int_{w_0}^{w} \lambda f(w)(1-g(w)^2)\,\mathrm{d}w,$$
$$x_3^{(\lambda)}(w,\overline{w}) = \mathrm{Re}\int_{w_0}^{w} i\lambda f(w)(1+g(w)^2)\,\mathrm{d}w.$$

で与えられる．$\boldsymbol{p}^{(\lambda)}$ のホップ微分は $-\lambda f(w)g'(w)\,\mathrm{d}w^2$ である．$\boldsymbol{p}^{(i)}$ は $\boldsymbol{p}$ の共軛極小曲面とよばれる．

問 3.4.7 (ヘリカテノイド)　定数 $a > 0$ に対し $f(w) = e^{-w}/2$, $g(w) = -ie^{w}$ と選んで得られる極小曲面の族 $\{\boldsymbol{p}^{(\lambda)}\}$ を求めよ．とくに $\boldsymbol{p}^{(1)}$ は常螺旋面，$\boldsymbol{p}^{(i)}$ は懸垂面であることを示せ．

第 4 章

平均曲率一定回転面

CHAPTER 4

これまでにみてきた極小曲面でない平均曲率一定曲面の例は球面と円柱面だけであった．新たな例を得るために平均曲率が一定となる回転面を探してみよう．

4.1 ドロネー曲面

回転面を $\boldsymbol{p}(u,v)=(f(u)\cos v, f(u)\sin v, g(u))$ と表示する．u を輪郭線の弧長径数に選ぶ．問 2.2.16 より平均曲率 $H=H(u)$ は

$$2H(u)=\frac{g'(u)}{f(u)}-\frac{f''(u)}{g'(u)}$$

で与えられる．この両辺に $f(u)g'(u)$ をかけてやると

$$\begin{aligned}2H(u)f(u)g'(u)&=g'(u)^2-f''(u)f(u)=1-f'(u)^2-f''(u)f(u)\\&=1-(f(u)f'(u))'\end{aligned}$$

と計算されるから

$$(f(u)f'(u))'=-2H(u)f(u)g'(u)+1$$

を得る．一方 $f(u)f'(u)$ をかけてやると，$f'(u)f''(u)=-g'(u)g''(u)$ より

$$\begin{aligned}2H(u)f(u)f'(u)&=f'(u)g'(u)-\frac{f(u)}{g'(u)}f'(u)f''(u)=f'(u)g'(u)+\frac{f(u)}{g'(u)}g'(u)g''(u)\\&=(f(u)g'(u))'\end{aligned}$$

と計算される．したがって

$$\frac{\mathrm{d}}{\mathrm{d}u}\begin{pmatrix}f(u)f'(u)\\f(u)g'(u)\end{pmatrix}=2H(u)\begin{pmatrix}0&-1\\1&0\end{pmatrix}\begin{pmatrix}f(u)f'(u)\\f(u)g'(u)\end{pmatrix}+\begin{pmatrix}1\\0\end{pmatrix}\quad(4.1)$$

を得る．この式の中に原点を中心とする 90° 回転を表す行列が登場していることに着目しよう．そこで

$$h(u) = f(u)f'(u) + if(u)g'(u)$$

とおくと (4.1) は $h'(u) = 2H(u)ih(u) + 1$ と書き直せる．これは線型常微分方程式であるから定数変化法で解を

$$\begin{aligned} h(u) = &\int_0^u \exp\left(-2i\int_0^s H(t)\,\mathrm{d}t\right)\,\mathrm{d}s \cdot \exp\left(2i\int_0^s H(t)\,\mathrm{d}t\right) \\ &+ C\exp\left(2i\int_0^u H(t)\,\mathrm{d}t\right), \quad C \in \mathbb{C} \end{aligned} \tag{4.2}$$

と求められる．

問 4.1.1 定数変化法を用いて (4.2) を確かめよ．

見栄えをよくするために

$$F(u) = \int_0^u \sin\left(2\int_0^u H(t)\,\mathrm{d}t\right)\,\mathrm{d}u, \quad G(u) = \int_0^u \cos\left(2\int_0^u H(t)\,\mathrm{d}t\right)\,\mathrm{d}u$$

とおくと

$$G'(u) \pm iF'(u) = \exp\left(\pm 2i\int_0^u H(t)\,\mathrm{d}t\right)$$

であるから

$$G(u) \pm iF(u) = \int_0^u \exp\left(\pm 2i\int_0^u H(t)\,\mathrm{d}t\right)\,\mathrm{d}u.$$

したがって

$$\begin{aligned} h(u) &= (G(u) - iF(u))(G'(u) + iF'(u)) + C(G'(u) + iF'(u)) \\ &= (G(u) - iF(u) + C)(G'(u) + iF'(u)) \\ &= (F(u) + iG(u) + iC)(F'(u) - iG'(u)). \end{aligned}$$

ここで $C = c_2 + ic_1$ と表すと

$$h(u) = \{(F(u) - c_1) + i(G(u) + c_2)\}\,(F'(u) - iG'(u))$$

と表せる．

$|h(u)|^2 = |f(u)|^2$ と $F'(u)^2 + G'(u)^2 = 1$ に注意すると

$$|f(u)|^2 = (F(u) - c_1)^2 + (G(u) + c_2)^2$$

が得られるので $f(u)$ が次のように求められる.

$$f(u) = \sqrt{(F(u) - c_1)^2 + (G(u) + c_2)^2} > 0. \tag{4.3}$$

一方, $f(u)g'(u) = \mathrm{Im}\, h(u) = \{h(u) - \overline{h}(u)\}/(2i)$ より

$$g'(u) = \frac{(G(u) + c_2)F'(u) - (F(u) - c_1)G'(u)}{\sqrt{(F(u) - c_1)^2 + (G(u) + c_2)^2}}.$$

したがって

$$g(u) = \int_0^u \frac{(G(u) + c_2)F'(u) - (F(u) - c_1)G'(u)}{\sqrt{(F(u) - c_1)^2 + (G(u) + c_2)^2}}\, \mathrm{d}u + c_3 \tag{4.4}$$

を得る. x_3 軸に沿う平行移動を回転面全体に施しても曲面の形状は変わらないので, $c_3 = 0$ と選んでよいことを注意しておく.

定理 4.1.2 (剱持, 1980)　区間 I で定義された函数 $H(u)$ に対し $H(u)$ を平均曲率にもつ回転面の輪郭線 $(x_1, x_3) = (f(u), g(u))$ は (4.3), (4.4) で与えられる.

H が定数の場合を詳しく調べる.

a.　$H = 0$ のとき

$F(u) = 0$, $G(u) = u$ より

$$f(u) = \sqrt{c_1^2 + (u + c_2)^2}, \quad g(u) = \int_0^u \frac{c_1}{\sqrt{c_1^2 + (u + c_2)^2}}\, \mathrm{d}u.$$

- $c_1 = 0$ のとき: 輪郭線は直線 $x_3 = 0$ の $x_1 > 0$ の部分であるから得られる回転面は平面の一部.
- $c_1 \neq 0$ のとき: 輪郭線の弧長径数 u を $s := u + c_2$ に変更しても弧長径数のままであることを利用しよう. まず $f(s) = \sqrt{s^2 + c_1^2}$ を得る. 一方

$$g(s) = \int_{c_2}^s \frac{c_1}{\sqrt{s^2 + c_1^2}}\, \mathrm{d}s = \int_0^s \frac{c_1}{\sqrt{s^2 + c_1^2}}\, \mathrm{d}s + \int_{c_2}^0 \frac{c_1}{\sqrt{s^2 + c_1^2}}\, \mathrm{d}s$$

において最右辺の 2 番目の項 (定積分) は定数である. そこで x_3 軸に沿う平

行移動を施して

$$f(s) = \sqrt{s^2 + c_1^2}, \quad g(s) = \int_0^s \frac{c_1}{\sqrt{s^2 + c_1^2}} \mathrm{d}s$$

が輪郭線であるとしてよい．また $c_1 > 0$ の場合だけ考えておけばよい．

$$g(s) = c_1 \log \frac{s + \sqrt{s^2 + c_1^2}}{c_1}$$

より $\exp(g(s)/c_1) = (s + \sqrt{s^2 + c_1^2})/c_1 = (f(s) + \sqrt{f(s)^2 - c_1^2})/c_1$ であるから輪郭線 $(x_1, x_3) = (f(s), g(s))$ は

$$x_1 = c_1 \cosh \frac{x_3}{c_1}$$

となり懸垂線である．したがってこの回転面は懸垂面.

懸垂線は放物線を滑ることなく直線上を転がしたときの焦点の軌跡である.

問 4.1.3 放物線 $y = x^2/4$ を x 軸に接しながら転がすとき，点 A(0,1) はどのような軌跡を描くかを以下の設問に沿って求めよ.

1) 点 $\mathrm{P}(x, x^2/4)$ における接線の方向ベクトル $\boldsymbol{T}$ を x を用いて表せ．ただし $\boldsymbol{T}$ の x 成分を 1 とする.
2) $r = |\overrightarrow{\mathrm{PA}}|$ を x を用いて表せ.
3) $\overrightarrow{\mathrm{PA}}$ と $\boldsymbol{T}$ のなす角を θ とするとき $\cos\theta$ および $\sin\theta$ を x を用いて表せ.
4) 弧 OP の長さを s とするとき，s を x を用いて表せ.
5) 点 A の軌跡の x 座標，y 座標をそれぞれ X, Y で表す．X, Y を x で表せ.
6) $e^X + e^{-X}$ を考えることにより X と Y の関係式を求めよ．(気象大学校入試)

b. $H \neq 0$ のとき

$$F(u) = \frac{1}{2H}(1 - \cos(2Hu)), \quad G(u) = \frac{1}{2H}\sin(2Hu).$$

であるから

$$\begin{aligned}
&(F(u) - c_1)^2 + (G(u) + c_2)^2 \\
&= \frac{1}{4H^2}\left[\{(\cos(2Hu) - 1) + 2c_1 H\}^2 + (\sin(2Hu) + 2c_2 H)^2\right] \\
&= \frac{1}{4H^2}\{1 + 4c_2 H \sin(2Hu) + (4c_1 H - 2)\cos(2Hu) + C\}
\end{aligned}$$

と計算される．ここで $C = 4H^2(c_1^2 + c_2^2) - 4c_1H + 1$ とおいた．さらに $B = \sqrt{(2c_2H)^2 + (2c_1H-1)^2}$ とおくと，$B^2 = C$ であり三角函数の合成を使うと

$$(F(u)-c_1)^2 + (G(u)+c_2)^2 = \frac{1}{4H^2}(1 + 2B\cos(2Hu+\alpha) + B^2)$$

を得る．次に

$$\begin{aligned}&(G(u)+c_2)F'(u) - (F(u)-c_1)G'(u)\\ &= \left(\frac{\sin(2Hu)}{2H} + c_2\right)\sin(2Hu) - \left(\frac{1-\cos(2Hu)}{2H} - c_1\right)\cos(2Hu)\\ &= \frac{1}{2H}\left(1 + 2c_2H\sin(2Hu) + (2c_1H-1)\cos(2Hu)\right)\end{aligned}$$

において先ほど定めた B と α を使うと

$$(G(u)+c_2)F'(u) - (F(u)-c_1)G'(u) = \frac{1}{2H}(1 + B\cos(2Hu+\alpha))$$

を得る．弧長径数 u を $s = u + \alpha/(2H)$ に変更し，x_3 軸に沿う平行移動を施せば輪郭線

$$f(s) = \frac{1}{2H}\sqrt{1 + 2B\cos(2Hs) + B^2},\quad g(s) = \int_0^s \frac{1 + B\cos(2Ht)}{\sqrt{1 + 2B\cos(2Ht) + B^2}}\,\mathrm{d}t$$

が求められる．$B \geq 0$ であると仮定して差し支えないことを注意しておく (確かめよ)．この表示式を楕円積分を使って書き換えておこう ([7, p.6, p.28])．

定義 k を $0 < k < 1$ をみたす定数とする．

$$F(k,\varphi) = \int_0^\varphi \frac{\mathrm{d}\varphi}{\sqrt{1 - k^2\sin^2\varphi}},\quad E(k,\varphi) = \int_0^\varphi \sqrt{1 - k^2\sin^2\varphi}\,\mathrm{d}\varphi$$

と定め，それぞれ母数 k の**第 1 種不完全楕円積分**，**第 2 種不完全楕円積分**とよぶ．また $K(k) = F(k,\pi/2)$, $E(k) = E(k,\pi/2)$ を母数 k の**第 1 種完全楕円積分**，**第 2 種完全楕円積分**とよぶ．

ここで $k_1 = 2\sqrt{B}/(1+B)$ とおくと

$$1 + 2B\cos(2Ht) + B^2 = 1 + B^2 + 2B(1 - 2\sin^2(Ht))$$

$$= (1+B)^2\left(1 - k_1^2\sin^2(Ht)\right).$$

一方，$k_2 = \sqrt{2B/(1+B)}$ とおくと

$$1 + B\cos(2Hu) = 1 + B(1 - 2\sin^2(Ht)) = (1+B)\left(1 - k_2^2\sin^2(Ht)\right)$$

となるから

$$f(s) = \frac{1+B}{2H}\sqrt{1 - \left(\frac{2\sqrt{B}}{1+B}\right)^2\sin^2(Hs)}.$$

一方 $g(s)$ は

$$\begin{aligned}
g(s) &= \int_0^s \frac{1 - k_2^2\sin^2(Ht)}{\sqrt{1 - k_1^2\sin^2(Ht)}}\,\mathrm{d}t \\
&= \int_0^s \frac{1}{\sqrt{1 - k_1^2\sin^2(Ht)}}\,\mathrm{d}t + \frac{k_2^2}{k_1^2}\int_0^s \frac{(1 - k_1^2\sin^2(Ht)) - 1}{\sqrt{1 - k_1^2\sin^2(Ht)}}\,\mathrm{d}t \\
&= \frac{1}{H}\left\{F(k_1, Hs) + \frac{k_2^2}{k_1^2}(E(k_1, Hs) - F(k_1, Hs))\right\} \\
&= \frac{1-B}{2H}F(2\sqrt{B}/(1+B), Hs) + \frac{1+B}{2H}E(2\sqrt{B}/(1+B), Hs)
\end{aligned}$$

と計算される．母数 $k_1 = 2\sqrt{B}/(1+B)$ を B の函数と見ると $B \geq 0$ において $0 \leq k_1 \leq 1$ であり $B = 1$ のとき最大値 1 をとる．また $B = 0$ のとき最小値 0 をとることに注意しよう．また $0 \leq B < 1$ において k_1 は単調増加，$B > 1$ において単調減少．この事実から $B = 1$ の前後で回転面の性質が変化することが予想される．

- $B = 0$ のとき：$f(s) = 1/(2H)$, $g(s) = s$ であるから輪郭線は直線．得られる曲面は円柱面である．
- $B = 1$ のとき：

$$f(s) = \frac{1}{2H}\sqrt{2 + 2\cos(2Hs)} = \frac{1}{H}\cos(Hs),$$
$$g(s) = \int_0^s \frac{1 + \cos(2Hs)}{\sqrt{2}\sqrt{1 + \cos(2Hs)}} = \frac{1}{H}\sin(Hs)$$

より開区間 $(0, \pi/H)$ 上で $(f(s), g(s))$ は正則な平面曲線を定め，$f(s) > 0$ をみたしている．輪郭線は $x_1^2 + x_3^2 = 1/H^2$ で定まる半円弧から端点を除いたものであるから，得られる回転面は球面から 2 点 (極) を除いたもの．

- $0 < B < 1$ のとき：輪郭線はアンデュラリー (undulary) とよばれる曲線である．これは楕円を滑ることなく直線上を転がしたときの (一方の) 焦点の軌跡として得られる．アンデュラリーを輪郭線とする回転面はアンデュロイド (unduloid) とよばれる．

図 **4.1** アンデュロイド

- $B > 1$ のとき：輪郭線はノダリー (nodary)，回転面はノドイド (nodoid) とよばれる．ノダリーは直線上で双曲線を滑ることなく転がしたときの (双方の) 焦点の軌跡である．

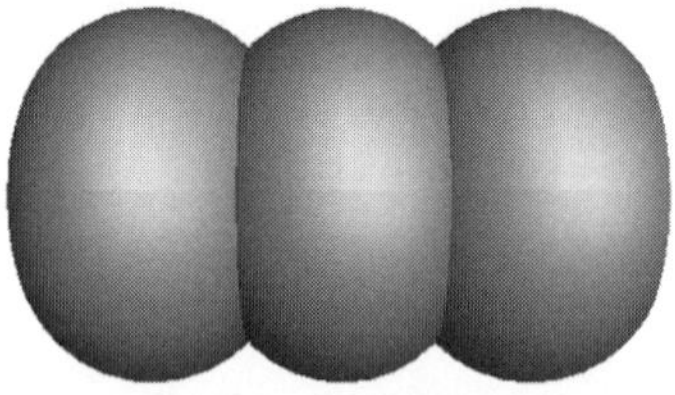

図 **4.2** ノドイド

定理 4.1.4 (**ドロネー, 1841**) 平均曲率が一定な回転面は平面，円柱面，球面，懸垂面，アンデュロイド，ノドイド (の一部) のいずれかと合同である．

平均曲率が一定な回転面はドロネー曲面*1) ともよばれている．

アンデュラリー，ノダリーについてより詳しくは [30] を参照されたい*2)．

定義 h を定数とする．x_1x_3 平面内の曲線 $(x_1, x_3) = (f(u), g(u))$，ただし $f > 0$

*1) Charles Eugène Delaunay, 天文学者・数学者．著書 *La Théorie du mouvement de la lune* (『月の理論』, 1860, 1867) で知られる．

*2) 小磯深幸, Delaunay 曲面について, 京都教育大学紀要 B 97(2000), 13–33 も参照．

に対し

$$\boldsymbol{p}_h(u,v) = (f(u)\cos v, f(u)\sin v, g(u) + hv)$$

で定まる曲面を，この曲線を輪郭線にもつ**螺旋曲面**とよぶ．h はピッチとよばれる．$h = 0$ のときは回転面である．

$(f(u), g(u)) = (u, 0)$, $h = b \neq 0$ と選べば例 2.6.8 で扱った常螺旋面である．

懸垂面の同伴族は螺旋曲面で与えられ，常螺旋面を含む．アンデュロイド，ノドイドについては次が成立する[*3]．

図 **4.3** ノドイドの同伴曲面 (螺旋曲面)

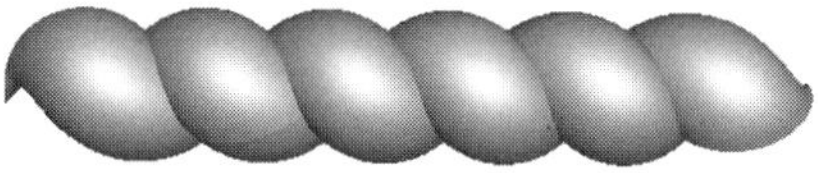

図 **4.4** ツイッズラー

定理 4.1.5 (ド・カルモ–ダイチャー) アンデュロイド，ノドイドの同伴族は螺旋曲面で与えられる．

アンデュロイド，ノドイドの同伴族の中に位相的に円柱面であるものが存在することをヒットとルソーが示した[*4]．それらの曲面はツイッズラー (twizzler) とよ

---

*3) M. P. do Carmo, M. Dajczer, Helicoidal surfaces with constant mean curvature, *Tôhoku Math. J.* 34(1982), 425–435 (オープンアクセス).

*4) L. R. Hitt, I. M. Roussos, Computer graphics of helicoidal surfaces with constant mean curvature, *An. Acad. Bras. Ci.* 63(1991), no. 3, 211–228. 森川裕二, Twizzlers, 神戸大学修士論文, 2003.

ばれている.

平均曲率が 0 でない定数である回転面・螺旋曲面の内で閉曲面[*5] であるものは球面のみである.

この節で説明したドロネー曲面の輪郭線を求める方法 (劔持の方法) および平均曲率一定螺旋面については [11] に詳しい解説がある.

4.2 ガウス曲率が正で一定の回転面

ガウス曲率が正で一定の曲面は平均曲率が一定な平行曲面をもつ (定理 2.8.5). また回転面の平行曲面も回転面である (問 2.8.1). そこでガウス曲率が正で一定な回転面を調べておこう.

弧長径数表示された輪郭線をもつ回転面 $\boldsymbol{p}(u,v) = (f(u)\cos v, f(u)\sin v, g(u))$ のガウス曲率は問 2.2.16 より $K(u) = -f''(u)/f(u)$ で与えられる. a を正の定数とし $K = 1/a^2$ と選ぶ. $f''(u) = -f(u)/a^2$ の一般解は

$$f(u) = C_1 \cos\frac{u}{a} + C_2 \sin\frac{u}{a}, \quad C_1, C_2 \in \mathbb{R}$$

で与えられる. 三角函数の合成を使って

$$f(u) = b\cos\left(\frac{u}{a} + \alpha\right), \quad b = \sqrt{C_1^2 + C_2^2}$$

と表す. 弧長径数 u を $\tilde{u} = u - a\alpha$ に変更してもよい. $\widetilde{u}$ を改めて u と書こう. すなわち $f(u) = b\cos(u/a)$ に対し $g(u)$ を求めよう.

$$g'(u) = \pm\sqrt{1 - f'(u)^2}$$

より

$$g(u) = \pm \int_0^u \sqrt{1 - \frac{b^2}{a^2}\sin^2\frac{t}{a}}\,\mathrm{d}t$$

- $a = b$ のとき : $g(u) = \pm\int_0^u \cos(t/a)\,\mathrm{d}t = \pm a\sin(u/a)$. $g(u)$ は閉区間 $[-\pi/2, \pi/2]$ で定義されている. 輪郭線は x_1x_3 平面内の原点を中心とする半径 a の半円弧である. ただし $u = \pm\pi/2$ のときこの半円弧は x_3 軸と交わる

[*5] 6.1 節参照.

ことに注意．また長さは πa である．回転面は原点を中心とする半径 a の球面．この径数表示は北極および南極では曲面片を定めないのは例 2.1.3 で見た通りである．

- $a > b$ のとき：$g(u)$ は閉区間 $[-\pi/2, \pi/2]$ で定義されている．$g(u)$ は開区間 $(-\infty, \infty)$ でも意味をもつことに注意．$k = b/a$ とおき
$$g(u) = \int_0^u \sqrt{1 - k^2 \sin^2(t/a)}\, \mathrm{d}t$$
を計算する．$\varphi := u/a$ とおくと第 2 種不完全楕円積分を使って
$$g(u) = a\int_0^{u/a} \sqrt{1 - k^2 \sin^2 \varphi}\, \mathrm{d}\varphi = aE(k, u/a)$$
と表せる．開区間 $(-\infty, \infty)$ において，この曲線は x_3 軸と $u = (n + 1/2)\pi a$ の点で交わる．交点では曲面片を定めない．交点間の距離は πa である．この回転面は紡錘型 (spindle type) の正定曲率回転面とよばれている．
- $a < b$ のとき：$g(u)$ は閉区間 $[-a\sin^{-1}(a/b), a\sin^{-1}(a/b)]$ で定義される．
$$\sin\frac{u}{a} = \frac{a}{b}\sin\varphi = \frac{1}{k}\sin\varphi$$
とおくと
$$f(u) = ak\sqrt{1 - (1/k)^2 \sin^2 \frac{u}{a}},$$
$$g(u) = \frac{1}{b}\int_0^{\varphi} \frac{a^2\cos^2\varphi}{\sqrt{1 - (1/k)^2\sin^2\varphi}}\, \mathrm{d}\varphi.$$
ここで $a^2\cos^2\varphi = a^2(1 - \sin^2\varphi) = a^2 - b^2 + b^2(1 - k^{-2}\sin^2\varphi)$ を利用すると
$$g(u) = ak\int_0^{\varphi} \sqrt{1 - k^{-2}\sin^2\varphi}\, \mathrm{d}\varphi - a\left(k - \frac{1}{k}\right)\int_0^{\varphi} \frac{1}{\sqrt{1 - k^{-2}\sin^2\varphi}}\, \mathrm{d}\varphi$$
$$= akE(k^{-1}, \sin^{-1}(k\sin(u/a))) - a\left(k - \frac{1}{k}\right)F(k^{-1}, \sin^{-1}(k\sin(u/a)))$$
が得られる．この回転面は樽型 (bulge type) の正定曲率回転面とよばれている．

問 2.8.1 で見たように回転面の平行曲面も回転面である．とくにガウス曲率が正で一定の値 $1/a^2 (a > 0)$ である回転面 $\boldsymbol{p}_{\mathrm{K}}$ の単位法ベクトル場を $\boldsymbol{n}_{\mathrm{K}}$ とすると平行曲面 $\boldsymbol{p}_{\mathrm{K}}(a) := \boldsymbol{p}_{\mathrm{K}} + a\boldsymbol{n}_{\mathrm{K}}$ は平均曲率が $1/(2a)$ の回転面である．

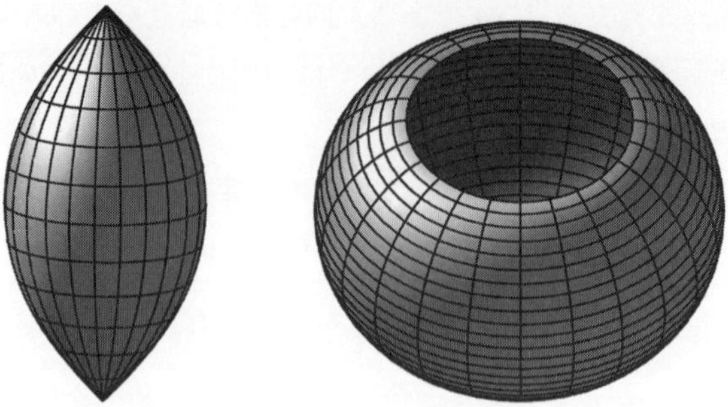

図 **4.5** 紡錘型 (左) と樽型 (右)

研究課題 紡錘型正定曲率回転面，樽型正定曲率回転面の平行曲面 $\boldsymbol{p}_{\mathrm{K}}(a)$ がそれぞれアンデュロイド，ノドイドであることを確かめよ．

注
ベネッセハウスミュージアム (香川県直島) に，杉本博司による「観念の形 003 オンデュロイド：平均曲率が 0 でない定数となる回転面」(2005) という作品がある．

第 5 章

ベックルンド変換

CHAPTER 5

19 世紀の微分幾何学においては曲面の変換理論 (与えられた曲面から同種 (あるいは異種の) 曲面を組織的に構成すること) が研究されていた．この章ではビアンキによって考察された平均曲率一定曲面の変換を解説する．

5.1　曲面のベックルンド変換

この節では $K = -1$ の曲面の変換を紹介する．詳しい証明は割愛し結果のみを述べる．詳細については [10], [8] を参照されたい[*1)]．

ガウス曲率 K が一定値 -1 をもつ曲面では，次のような径数を選ぶことができる[*2)]．

命題 5.1.1　負のガウス曲率 $K = -1$ をもつ曲面では

$$\mathrm{I} = \mathrm{d}u^2 + 2\cos\phi\,\mathrm{d}u\mathrm{d}v + \mathrm{d}v^2,\quad \mathrm{II} = 2\sin\phi\,\mathrm{d}u\mathrm{d}v$$

と表示される径数 (u, v) が存在する．この径数を**漸近チェヴィシェフ網**という．函数 ϕ を $\boldsymbol{p}$ の (u, v) に関する**漸近角** (または**チェヴィシェフ角**) とよぶ．この表示のもとではガウス–コダッチ方程式は**サイン・ゴルドン方程式** (sine-Gordon equation)

$$\phi_{uv} = \sin\phi$$

---

*1)　[10], [8] は入手しにくいため，本節の内容を詳しく述べた単行本 (本書の姉妹書に相当) として [9] を準備している．

*2)　正確には「弱正則曲面」というものを考える．[10] 参照．

となる.

例 5.1.2 (ベルトラミの擬球)　x_1x_3 平面内の曲線 (トラクトリクス)

$$(x_1, x_3) = (\operatorname{sech} u_1, u_1 - \tanh u_1)$$

を x_3 軸の周りに回転させて得られる回転面

$$\boldsymbol{p}(u_1, u_2) = (\operatorname{sech} u_1 \cos u_2, \operatorname{sech} u_1 \sin u_2, u_1 - \tanh u_1) \tag{5.1}$$

をベルトラミの擬球 (図 5.1) とよぶ. $u = (u_1 + u_2)/2$, $v = (u_1 - u_2)/2$ とおくと (u, v) は漸近チェヴィシェフ網であり, ベルトラミの擬球はサイン・ゴルドン方程式の解

$$\phi(u, v) = 4 \tan^{-1} \exp(u + v)$$

を与える. この解はサイン・ゴルドン方程式の定常キンク解とよばれている.

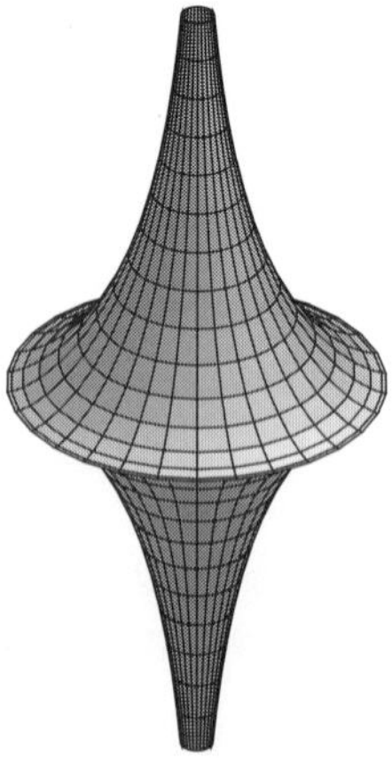

図 **5.1**　ベルトラミの擬球

定義 (ベックルンド変換)　曲面 $\boldsymbol{p}(u_1, u_2) : \mathcal{D} \to \mathbb{E}^3$ と $\mathcal{D}$ 上で定義された単位ベクトル場 $\boldsymbol{\xi}(u_1, u_2)$ に対し

$$\tilde{\boldsymbol{p}}(u_1, u_2) = \boldsymbol{p}(u_1, u_2) + r\, \boldsymbol{\xi}(u_1, u_2)$$

と定める. ただし r は定数である. $\tilde{\boldsymbol{p}} : \mathcal{D} \to \mathbb{E}^3$ が曲面を定め, さらに以下の条件をみたすとき, $\tilde{\boldsymbol{p}}$ を $\boldsymbol{p}$ のベックルンド変換とよぶ.

1) $\boldsymbol{\xi}(u_1, u_2)$ は $\boldsymbol{p}(u_1, u_2)$ と $\tilde{\boldsymbol{p}}(u_1, u_2)$ の両方に接する.

2) $\tilde{\boldsymbol{p}}(u_1, u_2)$ における単位法ベクトル $\tilde{\boldsymbol{n}}(u_1, u_2)$ と $\boldsymbol{p}(u_1, u_2)$ における単位法ベクトル $\boldsymbol{n}(u_1, u_2)$ のなす角は一定, すなわち $(\tilde{\boldsymbol{n}}(u_1, u_2) \mid \boldsymbol{n}(u_1, u_2)) = \cos\theta(u_1, u_2)$ で定まる函数 θ は定数.

注意 5.1.3 曲面 $\boldsymbol{p} : \mathcal{D} \to \mathbb{E}^3$ と $\mathcal{D}$ 上で定義されたベクトル場 $\boldsymbol{\xi}(u, v)$ で定まる直線の集まり $\{\boldsymbol{p} + t\boldsymbol{\xi} \mid t \in \mathbb{R}\}$ を $\boldsymbol{p}$ を通る線叢とよぶ. とくに $\boldsymbol{\xi}$ が曲面 $\boldsymbol{p}$ に接するとき, この線叢を接線叢とよぶ. $\boldsymbol{\xi}$ として単位法ベクトル場 $\boldsymbol{n}$ を選べば 2.8 節で扱った法線叢である. ベックルンド変換は定距離条件と定角条件をみたす特殊な接線叢である.

定理 5.1.4 (ベックルンド, **1875**) 曲面 $\boldsymbol{p}$ がベックルンド変換をもてば, $\boldsymbol{p}$ のガウス曲率は負の一定値 $K = -(\sin\theta/r)^2$ をもつ.

ガウス曲率が負で一定という曲面の性質が「ベックルンド変換をもつ」という性質で特徴づけられる. 簡単のため $K = -1$ の場合にベックルンド変換の表示式を与えておこう (条件 $K = -1$ より $r = \sin\theta$ と選ぶことに注意).

定理 5.1.5 $\boldsymbol{p} : \mathcal{D} \to \mathbb{R}^3$ を漸近チェヴィシェフ網 (u, v) で径数表示された $K = -1$ の曲面とする. このとき $\boldsymbol{p}$ のベックルンド変換 $\tilde{\boldsymbol{p}}$ は

$$\tilde{\boldsymbol{p}} = \boldsymbol{p} + \frac{\sin\theta}{2}\left\{\frac{\cos(\tilde{\phi}/2)}{\cos(\phi/2)}(\boldsymbol{p}_u + \boldsymbol{p}_v) + \frac{\sin(\tilde{\phi}/2)}{\sin(\phi/2)}(\boldsymbol{p}_u - \boldsymbol{p}_v)\right\}$$

で与えられ, (u, v) は $\tilde{\boldsymbol{p}}$ の漸近チェヴィシェフ網である. ここで $\tilde{\phi}$ は $\tilde{\boldsymbol{p}}$ の (u, v) に関する漸近角であり ϕ とは次の関係にある.

$$\frac{\partial}{\partial u}\left(\frac{\tilde{\phi} + \phi}{2}\right) = \tan\frac{\theta}{2}\,\sin\left(\frac{\tilde{\phi} - \phi}{2}\right), \qquad (5.2)$$
$$\frac{\partial}{\partial v}\left(\frac{\tilde{\phi} - \phi}{2}\right) = \cot\frac{\theta}{2}\,\sin\left(\frac{\tilde{\phi} + \phi}{2}\right).$$

連立偏微分方程式系 (5.2) は曲面のことを忘れてしまって,「サイン・ゴルドン方程式の解の変換」と思ってしまってよい. そこで (5.2) をサイン・ゴルドン方程式のベックルンド変換とよぶ. $\tilde{\phi}$ を ϕ の定数角 θ によるベックルンド変換とよぶ.

例 5.1.6 (クエン曲面) ベルトラミの擬球 (5.1) の定数角 $\theta = \pi/2$ によるベックルンド変換 $\tilde{\boldsymbol{p}}(u_1, u_2) = (\tilde{x}_1(u_1, u_2), \tilde{x}_2(u_1, u_2), \tilde{x}_3(u_1, u_2))$ は

$$\tilde{x}_1 = \frac{2\cosh(u+v)}{\cosh^2(u+v) + (u-v-c)^2}\{\cos(u-v) + (u-v-c)\sin(u-v)\}$$

$$\tilde{x}_2 = \frac{2\cosh(u+v)}{\cosh^2(u+v) + (u-v-c)^2}\{\sin(u-v) + (u-v-c)\cos(u-v)\}$$

$$\tilde{x}_3 = u + v - \frac{2\sinh(2(u+v))}{\cosh^2(u+v) + (u-v-c)^2}$$

と求められる (c は定数). また漸近角は

$$\tilde{\phi}(u,v) = 4\tan^{-1}\left(\frac{-u+v+c}{\cos(u+v)}\right)$$

で与えられる. この曲面はビアンキがベックルンド変換によって求めた. この曲面の石膏模型を最初に作ったクエン (Kuen) にちなみ**クエン曲面** (図 5.2) とよばれている.

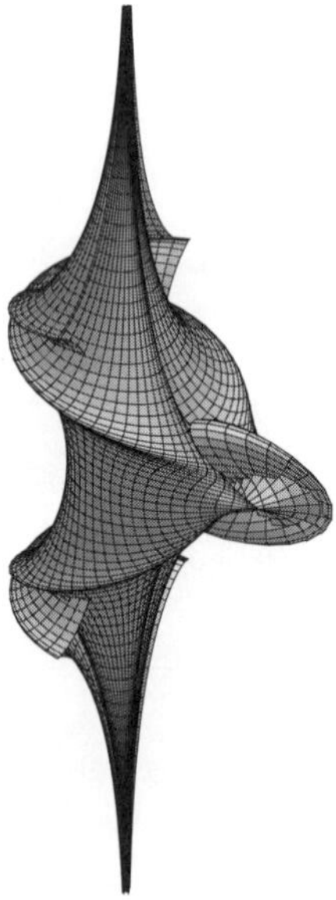

図 **5.2** クエン曲面

図 5.3　クエン曲面の石膏模型
(模型所蔵：東京大学大学院数理科学研究科，レプリカ所蔵・画像提供：東京大学総合研究博物館)

クエン曲面の石膏模型を東京大学大学院数理科学研究科で見ることができる (図 5.3).

さて, $\phi(u,v)$ をサイン・ゴルドン方程式の解とする．相異なる定数角 θ_1 と θ_2 に対し，θ_1 による ϕ のベックルンド変換を ϕ_1, θ_2 によるベックルンド変換を ϕ_2 とする.

$$
\begin{array}{ccccc}
 & \nearrow & \phi_1 & \searrow & \\
\phi & & & & \phi_{12} = \phi_{21} =: \tilde{\phi} \\
 & \searrow & \phi_2 & \nearrow &
\end{array}
$$

図 5.4　ビアンキの可換律・ラム図式

次の公式が導ける.

命題 5.1.7 (非線型重ね合わせの公式)

$$\tilde{\phi} = \phi + 4\tan^{-1}\left(\frac{\sin\frac{\theta_2+\theta_1}{2}}{\sin\frac{\theta_2-\theta_1}{2}}\tan\frac{\phi_1-\phi_2}{4}\right).$$

次節ではベックルンド変換を改変して平均曲率一定曲面の変換を与える.

5.2　ビアンキ–ベックルンド変換

前の節で見たようにベックルンド変換は負定曲率曲面にしか存在しない. 平均曲率一定曲面に対してもベックルンド変換のような構成法を期待したい. 2.8 節で示したように平均曲率一定曲面は平行曲面をとり正定曲率曲面に変換することができた. そこでまず正定曲率曲面に対しベックルンド変換を考えることにしよう.

ビアンキは接線叢を複素化するというアイディアを用いた.

5.2.1　正定曲率曲面のビアンキ–ベックルンド変換

単連結領域 $\mathcal{D}$ で定義され曲率線座標系 (x,y) で径数表示された正定曲率 $K=1$ の曲面 $\boldsymbol{p}_{\mathrm{K}}:\mathcal{D}\to\mathbb{E}^3$ を用意しよう. 以下では $\mathcal{D}$ は原点 $(0,0)$ を含む $\mathbb{R}^2$ 内の単連結領域とする. $\boldsymbol{p}_{\mathrm{K}}$ の第一, 第二基本形式は次で与えられる (2.8 節参照).

$$\mathrm{I}_{\mathrm{K}}=\cosh^2\frac{\omega}{2}\mathrm{d}x^2+\sinh^2\frac{\omega}{2}\mathrm{d}y^2,\quad \mathrm{II}_{\mathrm{K}}=-\sinh\frac{\omega}{2}\cosh\frac{\omega}{2}(\mathrm{d}x^2+\mathrm{d}y^2) \tag{5.3}$$

ガウス–コダッチ方程式は sinh-Gordon 方程式

$$\omega_{xx}+\omega_{yy}+\sinh\omega=0 \tag{5.4}$$

をみたしている. ここで

$$\boldsymbol{\epsilon}_1=\frac{1}{\cosh\frac{\omega}{2}}\frac{\partial\boldsymbol{p}_{\mathrm{K}}}{\partial x},\quad \boldsymbol{\epsilon}_2=\frac{1}{\sinh\frac{\omega}{2}}\frac{\partial\boldsymbol{p}_{\mathrm{K}}}{\partial y},\quad \boldsymbol{\epsilon}_3=\boldsymbol{\epsilon}_1\times\boldsymbol{\epsilon}_2=\boldsymbol{n}_{\mathrm{K}}$$

とおくと $\{\boldsymbol{\epsilon}_1,\boldsymbol{\epsilon}_2,\boldsymbol{\epsilon}_3\}$ は $\boldsymbol{p}_{\mathrm{K}}$ に沿って定義された正規直交基底の場, すなわち, これらを並べてできる行列値函数 $(\boldsymbol{\epsilon}_1\ \boldsymbol{\epsilon}_2\ \boldsymbol{\epsilon}_3)$ は $\mathcal{D}$ で定義され $\mathrm{O}(3)$ に値をもつ. $(\boldsymbol{\epsilon}_1\ \boldsymbol{\epsilon}_2\ \boldsymbol{\epsilon}_3)$ を $\boldsymbol{p}_{\mathrm{K}}$ の (x,y) に関する**正規直交標構場**とよぶ. $\mathcal{D}$ 上の複素数値函数 $\varphi(x,y)$ と複素数 r を用いて $\widetilde{\boldsymbol{p}}_{\mathrm{K}}:\mathcal{D}\to\mathbb{C}^3$ を

$$\widetilde{\boldsymbol{p}}_{\mathrm{K}}=\boldsymbol{p}_{\mathrm{K}}+r\,(\cos\varphi\,\boldsymbol{\epsilon}_1+\sin\varphi\,\boldsymbol{\epsilon}_2) \tag{5.5}$$

で定める. これを $\boldsymbol{p}_{\mathrm{K}}$ を通る**複素接線叢**とよぶ.

$\widetilde{\boldsymbol{p}}_{\mathrm{K}}$ に対して正規直交標構に相当する複素行列値函数 $(\widetilde{\boldsymbol{\epsilon}}_1\,\widetilde{\boldsymbol{\epsilon}}_2\,\widetilde{\boldsymbol{\epsilon}}_3)$ を何らかの方法

で定め，$\widetilde{\boldsymbol{p}}_{\mathrm{K}}$ に対しベックルンド変換をまねた次の条件を要請する[*3)]．

(i) 接線叢に対応する条件，すなわち $(\widetilde{\boldsymbol{p}}_{\mathrm{K}}-\boldsymbol{p}_{\mathrm{K}}|\boldsymbol{\epsilon}_3)=(\widetilde{\boldsymbol{p}}_{\mathrm{K}}-\boldsymbol{p}_{\mathrm{K}}|\widetilde{\boldsymbol{\epsilon}}_3)=0$ をみたす．

(ii) 定角条件に対応する条件，すなわち $(\boldsymbol{\epsilon}_3|\widetilde{\boldsymbol{\epsilon}}_3)$ は一定．

この 2 条件をみたすように r と φ を定めたい．

まず $\boldsymbol{u}_1=\cos\varphi\boldsymbol{\epsilon}_1+\sin\varphi\boldsymbol{\epsilon}_2$, $\boldsymbol{u}_3=\boldsymbol{\epsilon}_3$ とおこう．$(\boldsymbol{u}_i|\boldsymbol{u}_j)=\delta_{ij}$ となるように $\boldsymbol{u}_2$ を選びたい[*4)]．それには $\boldsymbol{u}_2=-\sin\varphi\boldsymbol{\epsilon}_1+\cos\varphi\boldsymbol{\epsilon}_2$ とすればよい．$(\boldsymbol{u}_1\boldsymbol{u}_2\boldsymbol{u}_3)$ は成分に複素数値函数が含まれた $\boldsymbol{p}$ の正規直交標構場と思える (複素化された正規直交標構場とよぶ)．

$(\boldsymbol{u}_1\,\boldsymbol{u}_2\,\boldsymbol{u}_3)$ から $\widetilde{\boldsymbol{p}}_{\mathrm{K}}$ の複素化された正規直交標構場 $(\widetilde{\boldsymbol{\epsilon}}_1\,\widetilde{\boldsymbol{\epsilon}}_2\,\widetilde{\boldsymbol{\epsilon}}_3)$ を定めたい．$\boldsymbol{u}_1$ は $\boldsymbol{p}_{\mathrm{K}}$ と $\widetilde{\boldsymbol{p}}_{\mathrm{K}}$ の双方に接するものとし，さらに $(\widetilde{\boldsymbol{\epsilon}}|\boldsymbol{\epsilon}_3)$ が定数になるようにしたい．それには

$$\widetilde{\boldsymbol{\epsilon}}_1=\boldsymbol{u}_1,\quad \widetilde{\boldsymbol{\epsilon}}_2=\cos\sigma\,\boldsymbol{u}_2+\sin\sigma\,\boldsymbol{u}_3,\quad \widetilde{\boldsymbol{\epsilon}}_3=-\sin\sigma\,\boldsymbol{u}_2+\cos\sigma\,\boldsymbol{u}_3$$

と定めればよい．ここで σ は複素数の定数である．このように定めれば $(\widetilde{\boldsymbol{\epsilon}}_3|\boldsymbol{\epsilon}_3)=\cos\sigma$ は確かに定数である．

$$\mathrm{d}\widetilde{\boldsymbol{p}}_{\mathrm{K}}=(\widetilde{\boldsymbol{p}}_{\mathrm{K}})_x\,\mathrm{d}x+(\widetilde{\boldsymbol{p}}_{\mathrm{K}})_y\,\mathrm{d}y=\mathcal{A}\boldsymbol{\epsilon}_1+\mathcal{B}\boldsymbol{\epsilon}_2+\mathcal{C}\boldsymbol{\epsilon}_3$$

とおき (5.3) を使うと

$$\begin{aligned}\mathcal{A}&=\left(\cosh\frac{\omega}{2}+\frac{r\omega_y}{2}\sin\varphi\right)\mathrm{d}x-\frac{r\omega_x}{2}\sin\varphi\,\mathrm{d}y-\lambda\sin\varphi\,\mathrm{d}\varphi,\\ \mathcal{B}&=-\frac{r\omega_y}{2}\cos\varphi\,\mathrm{d}x+\left(\sinh\frac{\omega}{2}+\frac{r\omega_x}{2}\cos\varphi\right)\mathrm{d}y+r\cos\varphi\,\mathrm{d}\varphi,\\ \mathcal{C}&=-r\sinh\frac{\omega}{2}\cos\varphi\,\mathrm{d}x-r\cosh\frac{\omega}{2}\sin\varphi\,\mathrm{d}y\end{aligned}\tag{5.6}$$

と計算される．したがって条件 (i)，すなわち $(\mathrm{d}\widetilde{\boldsymbol{p}}_{\mathrm{K}}|\widetilde{\boldsymbol{\epsilon}}_3)=0$ は

$$\sin\sigma\sin\varphi\,\mathcal{A}-\sin\sigma\cos\varphi\,\mathcal{B}+\cos\sigma\,\mathcal{C}=0\tag{5.7}$$

と書き換えられる．ここに (5.6) を代入して計算すると

---

*3) 以下の計算において，$\mathbb{C}^3$ ではエルミート内積 $\langle\cdot|\cdot\rangle$ でなく $\mathbb{R}^3$ の内積 $(\cdot|\cdot)$ を $\mathbb{C}^3$ に拡張したものを用いることに注意．

*4) δ_{ij} はクロネッカーのデルタ記号の添字の位置を変えたものである．すなわち $i\neq j$ のとき $\delta_{ij}=0$, $i=j$ のとき $\delta_{ij}=1$.

$$\varphi_x - \frac{\omega_y}{2} = -\cot\sigma\ \cos\varphi\ \sinh\frac{\omega}{2} + \frac{1}{r}\sin\varphi\ \cosh\frac{\omega}{2} \tag{5.8}$$

$$\varphi_y + \frac{\omega_x}{2} = -\cot\sigma\ \sin\varphi\ \cosh\frac{\omega}{2} - \frac{1}{r}\cos\varphi\ \sinh\frac{\omega}{2} \tag{5.9}$$

を得る．(5.8) を y で偏微分し，(5.9) を x で偏微分しよう．ガウス–コダッチ方程式 (5.4) を使うと

$$(\cot\sigma)^2 + \frac{1}{r^2} = -1\,, \tag{5.10}$$

が導ける．この関係式に着目して $\cot\sigma = -i\cosh\beta$, $1/r = \sinh\beta$ とおこう．さらに $\varphi = i\vartheta_\beta/2$ と書き換えよう．すると複素接線叢 (5.5) は

$$\widetilde{\boldsymbol{p}}_{\mathrm{K}} = \boldsymbol{p}_{\mathrm{K}} + \frac{1}{\sinh\beta}\left(\cosh\frac{\vartheta_\beta}{2}\boldsymbol{\epsilon}_1 + i\sinh\frac{\vartheta_\beta}{2}\boldsymbol{\epsilon}_2\right) \tag{5.11}$$

と書き換えられる．$\widetilde{\boldsymbol{p}}_{\mathrm{K}}$ および $(\widetilde{\boldsymbol{\epsilon}}_1\ \widetilde{\boldsymbol{\epsilon}}_2\ \widetilde{\boldsymbol{\epsilon}}_3)$ は β に依存しているので $\widetilde{\boldsymbol{p}}_{\mathrm{K}}$ を ${\boldsymbol{p}_{\mathrm{K}}}^{\beta}$, $(\widetilde{\boldsymbol{\epsilon}}_1\ \widetilde{\boldsymbol{\epsilon}}_2\ \widetilde{\boldsymbol{\epsilon}}_3)$ を $(\boldsymbol{\epsilon}_1^\beta\ \boldsymbol{\epsilon}_2^\beta\ \boldsymbol{\epsilon}_3^\beta)$ という表記に変更しておく．(5.8) と (5.9) の組は ϑ_β に関する連立偏微分方程式

$$\frac{\partial}{\partial z}\left(\frac{\vartheta_\beta - \omega}{2}\right) = \frac{e^\beta}{2}\sinh\frac{\vartheta_\beta + \omega}{2},\quad \frac{\partial}{\partial \bar{z}}\left(\frac{\vartheta_\beta + \omega}{2}\right) = -\frac{e^{-\beta}}{2}\sinh\frac{\vartheta_\beta - \omega}{2} \tag{5.12}$$

に書き換えられた．この連立偏微分方程式の積分可能条件 $(\vartheta_\beta)_{z\bar{z}} = (\vartheta_\beta)_{\bar{z}z}$ は (5.4) であることが確かめられる．

(5.4) の解 ω をひとつとる．複素定数 $\beta \in \mathbb{C}^\times$ に対し (5.12) から新しい (5.4) の解 ϑ_β が定まる．ただし ϑ は複素数値であることに注意する．この複素数値の解 ϑ_β と複素定数 β^* に対し

$$\frac{\partial}{\partial z}\left(\frac{\vartheta_{\beta,\beta^*} - \vartheta_\beta}{2}\right) = \frac{e^{\beta^*}}{2}\sinh\frac{\vartheta_{\beta,\beta^*} + \vartheta_\beta}{2}, \tag{5.13}$$
$$\frac{\partial}{\partial \bar{z}}\left(\frac{\vartheta_{\beta,\beta^*} + \vartheta_\beta}{2}\right) = -\frac{e^{-\beta^*}}{2}\sinh\frac{\vartheta_{\beta,\beta^*} - \vartheta_\beta}{2}$$

により新たな複素数値の解 $\vartheta_{\beta,\beta^*}$ が定まる．そこで ${\boldsymbol{p}_{\mathrm{K}}}^{\beta}$ の複素接線叢

$${\boldsymbol{p}_{\mathrm{K}}}^{\beta,\beta^*} = {\boldsymbol{p}_{\mathrm{K}}}^{\beta} + \frac{1}{\sinh\beta^*}\left(\cosh\frac{\vartheta_{\beta,\beta^*}}{2}\boldsymbol{\epsilon}_1^\beta + i\sinh\frac{\vartheta_{\beta,\beta^*}}{2}\boldsymbol{\epsilon}_2^\beta\right) \tag{5.14}$$

を作る．

定理 5.2.1 (ビアンキ, **1902**)　曲率線座標系 (x, y) で径数表示された $K=1$ の曲面の第一基本形式, 第二基本形式を (5.3) で表す. $\beta, \beta^* \in \mathbb{C}^\times$ をとる. ϑ_β を初期条件 $\vartheta_\beta(0,0)=\vartheta_0$ をみたす連立偏微分方程式 (5.12) の解とする. また ϑ_{β^*} を (5.12) において β を β^* でおきかえた連立偏微分方程式の初期条件 $\vartheta_{\beta^*}(0,0)=\vartheta_0$ をみたす解とする.

$\vartheta_{\beta,\beta^*}$ を (5.13) の解, $\vartheta_{\beta^*,\beta}$ を (5.13) において β と β^* の役割を入れ替えた連立偏微分方程式の解とする. このとき

$$\boldsymbol{p}_{\mathrm{K}}{}^{\beta,\beta^*} = \boldsymbol{p}_{\mathrm{K}}{}^{\beta^*,\beta} \tag{5.15}$$

が成立する.

この事実を次の図で表現する.

$$\begin{array}{ccccc} & \nearrow & \vartheta_\beta & \searrow & \\ \omega & & & & \vartheta_{\beta,\beta^*} = \vartheta_{\beta^*,\beta} =: \hat{\omega} \\ & \searrow & \vartheta_{\beta^*} & \nearrow & \end{array}$$

図 **5.5**　ビアンキの可換律

ここで $\hat{\omega}=\vartheta_{\beta,\beta^*}=\vartheta_{\beta^*,\beta}$ とおこう. もともとのベックルンド変換のときと同様にビアンキの可換律から**非線型重ね合わせの公式**が導ける.

$$\tanh\left(\frac{\hat{\omega}-\omega}{4}\right) = \tanh\left(\frac{\beta-\beta^*}{2}\right)\tanh\left(\frac{\vartheta_\beta-\vartheta_{\beta^*}}{4}\right) \ , \tag{5.16}$$

複素線叢を 2 回続けてとることで $\hat{\boldsymbol{p}}_{\mathrm{K}} = \boldsymbol{p}_{\mathrm{K}}{}^{\beta,\beta^*}$ が得られたが, 一般には $\mathbb{C}^3$ に値をもつベクトル値函数であり $\mathbb{E}^3$ 内の曲面ではない.

$$\beta^* = -\overline{\beta} \tag{5.17}$$

と選ぶと (5.13) から $\vartheta_{\beta^*} = 2\pi i - \overline{\vartheta_\beta}$ であることが導ける. 非線型重ね合わせの公式 (5.16) を使うと (5.17) の下では $\hat{\omega}$ は実数値であることがわかる. 最終的に次の定理を得る.

定理 5.2.2 (ビアンキ, **1902, 1910**)　曲率線座標系 (x, y) で径数表示され, 第

一・第二基本形式が (5.3) で与えられるガウス曲率 1 の曲面 $\boldsymbol{p}_{\mathrm{K}}:\mathcal{D}\to\mathbb{E}^3$ に対し，$\beta\in\mathbb{C}^\times$ をとり $\beta^*=-\overline{\beta}$ と選ぶ．このとき $\hat{\boldsymbol{p}}_{\mathrm{K}}=\boldsymbol{p}_{\mathrm{K}}{}^{\beta,\beta^*}$ は $\mathbb{E}^3$ 内のガウス曲率が 1 の曲面であり，(x,y) は $\hat{\boldsymbol{p}}_{\mathrm{K}}$ の曲率線座標系である．新しい曲面 $\hat{\boldsymbol{p}}_{\mathrm{K}}$ の第一・第二基本形式は

$$\hat{\mathrm{I}}=\cosh^2\frac{\hat{\omega}}{2}\,\mathrm{d}x^2+\sinh^2\frac{\hat{\omega}}{2}\,\mathrm{d}y^2,\quad \hat{\mathrm{I\!I}}=-\sinh\frac{\hat{\omega}}{2}\cosh\frac{\hat{\omega}}{2}(\mathrm{d}x^2+\mathrm{d}y^2)$$

で与えられる．$\hat{\omega}$ は (5.4) の解である．$\hat{\boldsymbol{p}}_{\mathrm{K}}$ は $\hat{\boldsymbol{p}}_{\mathrm{K}}=\boldsymbol{p}_{\mathrm{K}}+\Lambda_{\mathrm{K}}\,\boldsymbol{\alpha}_{\mathrm{K}}$ と具体的に表示される．ここで Λ_{K} と $\boldsymbol{\alpha}_{\mathrm{K}}$ は以下で与えられる．

$$\Lambda_{\mathrm{K}}=-\frac{\sinh(2\,\mathrm{Re}\,\beta)}{|\sinh\beta|^2\{\cosh(2\,\mathrm{Re}\,\beta)+\cosh(\mathrm{Re}\,\vartheta_\beta)\}}\ , \tag{5.18}$$

$$\begin{aligned}\boldsymbol{\alpha}_{\mathrm{K}}=&\left(-\cosh\frac{\vartheta_\beta}{2}\cosh\overline{\beta}-\cosh\frac{\overline{\vartheta_\beta}}{2}\cosh\beta\right)\boldsymbol{\epsilon}_1\\&+i\left\{-\cosh\overline{\beta}\sinh\frac{\vartheta_\beta}{2}+\cosh\beta\sinh\frac{\overline{\vartheta_\beta}}{2}\right\}\boldsymbol{\epsilon}_2\\&-\sinh(\mathrm{Re}\,\vartheta_\beta)\boldsymbol{\epsilon}_3\ .\end{aligned} \tag{5.19}$$

この操作で得られた曲面 $\hat{\boldsymbol{p}}_{\mathrm{K}}$ を $\boldsymbol{p}_{\mathrm{K}}$ のビアンキ–ベックルンド変換とよぶ．

5.2.2　平均曲率曲面のビアンキ–ベックルンド変換

いよいよ平均曲率一定曲面に対するビアンキ–ベックルンド変換を考える．等温曲率線座標系 (x,y) で径数表示された平均曲率 $H=1/2$ の曲面 $\boldsymbol{p}:\mathcal{D}\to\mathbb{E}^3$ を考える．命題 2.7.6 で見たように第一・第二基本形式を次のように表せる．

$$\mathrm{I}=e^\omega(\mathrm{d}x^2+\mathrm{d}y^2),\quad \mathrm{I\!I}=e^{\omega/2}\left(\sinh\frac{\omega}{2}\mathrm{d}x^2+\cosh\frac{\omega}{2}\mathrm{d}y^2\right). \tag{5.20}$$

$\boldsymbol{p}$ の単位法ベクトル場を $\boldsymbol{n}$ とすると 2.8 節で見たように $\boldsymbol{p}_{\mathrm{K}}=\boldsymbol{p}+\boldsymbol{n}$ はガウス曲率が 1 であり，$\boldsymbol{n}_{\mathrm{K}}=-\boldsymbol{n}$ を単位法ベクトル場にもち (x,y) は $\boldsymbol{p}_{\mathrm{K}}$ の曲率線座標系になっている．さらに $\boldsymbol{p}_{\mathrm{K}}$ の第一・第二基本形式は (5.3) で与えられる．$\boldsymbol{p}$ に沿う正規直交標構 $(\boldsymbol{e}_1,\boldsymbol{e}_2,\boldsymbol{e}_3)$ を

$$\boldsymbol{e}_1=e^{-\omega/2}\boldsymbol{p}_x,\ \boldsymbol{e}_2=e^{-\omega/2}\boldsymbol{p}_y,\ \boldsymbol{e}_3=\boldsymbol{e}_1\times\boldsymbol{e}_3=\boldsymbol{n}$$

とおくと

$$e^{-\omega/2}\boldsymbol{p}_x = e^{-\omega/2}\{(\boldsymbol{p}_{\mathrm{K}})_x + \boldsymbol{n}_x\} = \boldsymbol{\epsilon}_1,$$
$$e^{-\omega/2}\boldsymbol{p}_y = e^{-\omega/2}\{(\boldsymbol{p}_{\mathrm{K}})_y + \boldsymbol{n}_y\} = \boldsymbol{\epsilon}_2,$$
$$\boldsymbol{n} = \boldsymbol{\epsilon}_1 \times \boldsymbol{\epsilon}_2 = -\boldsymbol{\epsilon}_3$$

である．$\boldsymbol{p}_{\mathrm{K}}$ にビアンキ–ベックルンド変換を施そう．$\boldsymbol{p}_{\mathrm{K}}$ のビアンキ–ベックルンド変換 $\hat{\boldsymbol{p}}_{\mathrm{K}}$ の単位法ベクトル場を $\hat{\boldsymbol{n}}_{\mathrm{K}}$ とすると

$$\hat{\boldsymbol{p}} = \hat{\boldsymbol{p}}_{\mathrm{K}} + \hat{\boldsymbol{n}}_{\mathrm{K}}$$

は平均曲率 1/2 の曲面である．この新しい平均曲率 1/2 の曲面 $\hat{\boldsymbol{p}}$ をもとの平均曲率一定曲面のビアンキ–ベックルンド変換とよぶ．$\hat{\boldsymbol{p}} - \boldsymbol{p} = \boldsymbol{g}$ とおくと

$$\hat{\boldsymbol{p}} := \boldsymbol{p}_{\mathrm{K}} + \hat{\boldsymbol{n}}_{\mathrm{K}} = (\boldsymbol{p}_{\mathrm{K}} + \boldsymbol{n}_{\mathrm{K}}) + (-\boldsymbol{n}_{\mathrm{K}} + \Lambda_{\mathrm{K}}\boldsymbol{\alpha}_{\mathrm{K}}) + \hat{\boldsymbol{n}}_{\mathrm{K}} = \boldsymbol{p} + (-\boldsymbol{n}_{\mathrm{K}} + \Lambda_{\mathrm{K}}\boldsymbol{\alpha}_{\mathrm{K}} + \hat{\boldsymbol{n}}_{\mathrm{K}})$$

より $\boldsymbol{g} = -\boldsymbol{n}_{\mathrm{K}} + \Lambda_{\mathrm{K}}\boldsymbol{\alpha}_{\mathrm{K}} + \hat{\boldsymbol{n}}_{\mathrm{K}}$ を得る．少々長い計算で

$$\begin{aligned}\boldsymbol{g} = |\mathrm{csch}\,\beta|^2 \mathrm{sech}\,(\mathrm{Re}\,(\vartheta_\beta/2+\beta))\{&\sinh(2\mathrm{Re}\,\beta)\cos(\mathrm{Im}\,(\vartheta_\beta/2+\beta))\boldsymbol{\epsilon}_1 \\ &- \sinh(2\mathrm{Re}\,\beta)\sin(\mathrm{Im}\,(\vartheta_\beta/2+\beta))\boldsymbol{\epsilon}_2 \\ &+ [\cos(2\mathrm{Im}\,\beta)\cosh(\mathrm{Re}\,(\vartheta_\beta/2+\beta)) - \cosh(\mathrm{Re}\,(\vartheta_\beta/2-\beta))]\boldsymbol{\epsilon}_3\}\end{aligned} \quad (5.21)$$

で与えられることが確かめられる[*5]．

定義 等温曲率線座標系で径数表示された平均曲率一定曲面 $\boldsymbol{p} : \mathcal{D} \to \mathbb{E}^3$ に対し $\beta \in \mathbb{R}$ または $\beta = \beta_1 + i\pi/2$, $\beta_1 \in \mathbb{R}$ で定まるビアンキ–ベックルンド変換 $\hat{\boldsymbol{p}}$ を考える．$\beta \in \mathbb{R}$ のとき $\hat{\boldsymbol{p}}$ を実型ビアンキ–ベックルンド変換，$\beta = \beta_1 + i\pi/2 (\beta_1 \in \mathbb{R})$ のとき虚型ビアンキ–ベックルンド変換とよぶ．

円柱面のビアンキ–ベックルンド変換を求めてみよう．(5.12) を $\omega = 0$ に適用する．$e^\beta = \lambda$ とおくと

$$\frac{\partial}{\partial z}\frac{\vartheta_\beta}{2} = \frac{\lambda}{2}\sinh\frac{\vartheta_\beta}{2}, \quad \frac{\partial}{\partial \bar{z}}\frac{\vartheta_\beta}{2} = -\frac{\lambda^{-1}}{2}\sinh\frac{\vartheta_\beta}{2}$$

---

*5) I. Sterling, H. C. Wente, Existence and classification of constant mean curvature multibubbletons of finite and infinite type, *Indiana Univ. Math. J.* 42(1993), no. 4, 1239–1266.

であるから

$$\mathrm{d}\left(\frac{\vartheta_\beta}{2}\right) = \sinh\frac{\vartheta_\beta}{2}\,\mathrm{d}\left\{\frac{1}{2}(\lambda z - \lambda^{-1}\overline{z})\right\}$$

を得る．したがって

$$\frac{1}{2}\left(\lambda z - \lambda^{-1}\overline{z}\right) + z_0 = \int \frac{\mathrm{d}(\vartheta_\beta/2)}{\sinh(\vartheta_\beta/2)} = \log\left|\tanh\frac{\vartheta_\beta}{4}\right|, \quad z_0 \in \mathbb{C}$$

以上より

$$\vartheta_\beta(z, \overline{z}) = 4\tanh^{-1}\left[\exp\left\{\frac{1}{2}(\lambda z - \lambda^{-1}\overline{z}) + z_0\right\}\right],\ z_0 \in \mathbb{C}.$$

$z_0 = 0$ と選んでおく．非線型重ね合わせの公式 (5.16) より

$$\hat{\omega} = 4\tanh^{-1}\left\{\tanh(\mathrm{Re}\,\beta)\ \tanh\left(\mathrm{Re}\,\frac{\vartheta_\beta}{2} - \frac{\pi}{2}i\right)\right\}$$

を得る．$\omega = 0$ の定める円柱面を

$$\boldsymbol{p}(x, y) = (\sin y, -\cos y, x)$$

と表そう．第一・第二基本形式は $\mathrm{I} = \mathrm{d}x^2 + \mathrm{d}y^2$, $\mathrm{II} = \mathrm{d}y^2$ であり

$$\boldsymbol{e}_1 = (0, 0, 1),\ \boldsymbol{e}_2 = (\cos y, \sin y, 0),\ \boldsymbol{e}_3 = (-\sin y, \cos y, 0)$$

が得られる．$\boldsymbol{p}_{\mathrm{K}}(x, y) = (0, 0, x)$ であるから $\boldsymbol{p}_{\mathrm{K}}$ は x_3 軸を表す．これらを (5.21) に代入して円柱面のビアンキ–ベックルンド変換が得られるが，計算結果は煩雑な式なので割愛し実型の場合と虚型の場合の図を載せておこう．

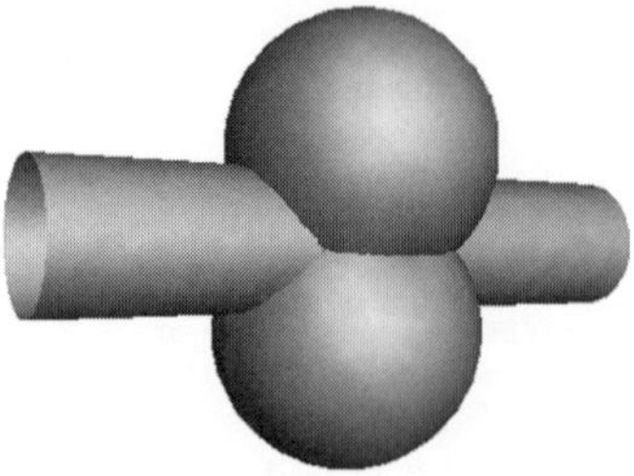

図 5.6　実型ビアンキ–ベックルンド変換 (バブルトン)

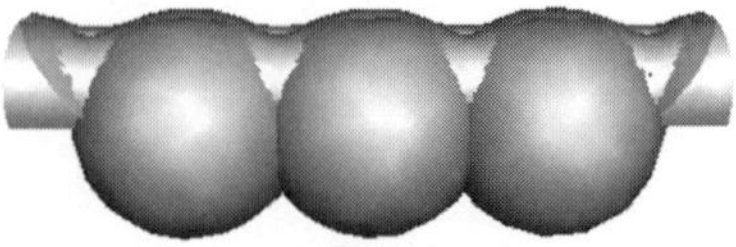

図 5.7　虚型ビアンキ–ベックルンド変換

問 5.2.3　円柱面 $\boldsymbol{p}$ のビアンキ–ベックルンド変換 $\hat{\boldsymbol{p}}$ の計算を実行せよ．

図 **5.8** シーベルト曲面 (直線のビアンキ–ベックルンド変換)
(Martin–Schilling 社制作，東京大学大学院数理科学研究所蔵)

直線 $\boldsymbol{p}_{\mathrm{K}} = (0, 0, x)$ のビアンキ–ベックルンド変換として得られる $K = 1$ の曲面は**シーベルト曲面** (Sievert, 1886) とよばれている (図 5.8).

注意 5.2.4 円柱面のビアンキ–ベックルンド変換は位相空間として円柱面と同じ (同相) とは限らない．実型ビアンキ–ベックルンド変換で円柱面と同相なものをつくることができる．それらはバブルトンとよばれている (図 5.6)．ノドイドの実型ビアンキ–ベックルンド変換やアンデュロイドの虚型ビアンキ–ベックルンド変換は円柱面と同相ではないが，ノドイドの虚型ビアンキ–ベックルンド変換やアンデュロイドの実型ビアンキ–ベックルンド変換は円柱面と同相である．

ソリトン方程式の研究では自明解 (真空解) にベックルンド変換を施し，多重ソリトン解や多重ブリーザー解とよばれる大切な解を構成する．ソリトン理論や無限可積分系理論を学ぶ上でベックルンド変換は大切な研究手法である．平均曲率一定曲面の場合，円柱面からビアンキ–ベックルンド変換でバブルトンが得られるが閉曲面は得られなかった．閉曲面を得るためにはビアンキ–ベックルンド変換とは別の方法が必要になる．第 7 章で輪環面を求める方法を解説する．

注意 5.2.5 共形幾何学 (メビウス幾何学) においては球叢を用いた平均曲率一定曲面の変換であるダルブー変換が研究されてきた．イェロミンとペディットは四元数値函数を用いてダルブー変換を次のように定式化した[*6)]．

---

*6) U. Hertrich-Jeromin, F. Pedit, Remarks on the Darboux transform of isothermic surfaces, *Doc. Math.* 2 (1997) 313–333.

定義 $\boldsymbol{p}:\mathcal{D}\to\mathbb{E}^3$ を平均曲率 $H\neq 0$ が一定の曲面，$\boldsymbol{n}$ をその単位法ベクトル場とする．$r\in\mathbb{R}^\times$ または $r\in i\mathbb{R}^\times$ に対し微分方程式 $\mathrm{d}\boldsymbol{\xi}=r^2\boldsymbol{\xi}\,\mathrm{d}(\overline{{}^{\mathrm{c}}\boldsymbol{p}})\,\boldsymbol{\xi}-\mathrm{d}\boldsymbol{p}$ の解 $\boldsymbol{\xi}:\mathcal{D}\to\mathbb{E}^3$ を用いて $D_r\boldsymbol{p}:=\boldsymbol{p}+\boldsymbol{\xi}$ と定めると平均曲率が一定値 H の曲面である．これを $\boldsymbol{p}$ のダルブー変換という．$r\in\mathbb{R}^\times$ のとき正型ダルブー変換，$r\in i\mathbb{R}^\times$ のとき負型ダルブー変換とよぶ．

イェロミンとペディットは実型ビアンキ–ベックルンド変換は正型ダルブー変換と一致することを示し，著者と小林真平は負型ダルブー変換は虚型ビアンキ–ベックルンド変換で実現できることを証明した[*7)]．

定理 5.2.6 極小でない平均曲率一定曲面に対し，ビアンキ–ベックルンド変換とダルブー変換は同じ操作である．実型ビアンキ–ベックルンド変換は正型ダルブー変換と一致し，虚型ビアンキ–ベックルンド変換は負型ダルブー変換と一致する．

*7) S.-P. Kobayashi, J. Inoguchi, Characterizations of Bianchi-Bäcklund transformations of constant mean curvature surfaces, *Internat. J. Math.* 16 (2005), no. 2, 101–110.

第 6 章

曲 面 再 考

CHAPTER 6

球面 $\mathbb{S}^2(r)$ をひとつの径数表示で表すことはできなかった (例 2.1.3). 複数の径数表示 (曲面片) を使えば球面全体を扱うことができる. 2.1 節で,「いくつかの曲面片の集まりを曲面という」と暫定的な定義を与えた. この章では暫定的な定義をより正確なものに整備する.

6.1 曲 面 と は

連結な部分集合 $M \subset \mathbb{E}^3$ が複数の曲面片を使ってくまなく表示できているとしよう (図 6.1).

「くまなく」ということを厳密に述べよう. まず M の開集合を定めておく. 部分集合 $U \subset M$ が M の開集合であるとは, $\mathbb{E}^3$ の開集合 $\mathcal{O}$ によって $U = M \cap \mathcal{O}$ と表せることをいう[*1)].

M は M 内の開集合の集まり $\{U_\alpha\}_{\alpha\in\Lambda}$ によって $M = \bigcup_{\alpha\in\Lambda} U_\alpha$ と表せると仮定する[*2)]. さらに各 U_α に対し曲面片 $\boldsymbol{p}^\alpha : \mathcal{D}_\alpha \to \mathbb{E}^3$ が存在して, $\boldsymbol{p}^\alpha$ による $\mathcal{D}_\alpha$ の像は U_α であるとする. $\boldsymbol{p}^\alpha$ は逆写像 $\varphi_\alpha := (\boldsymbol{p}_\alpha)^{-1} : U_\alpha \to \mathcal{D}_\alpha$ をもつと仮定する.

$U_\alpha \cap U_\beta \neq \emptyset$ のとき, 径数表示 $\boldsymbol{p}^\alpha$ を $\boldsymbol{p}^\beta$ に変更した際に, うまくつながっていることを要請しないといけない. そのためには $\varphi_\beta \circ \varphi_\alpha^{-1} : \varphi_\alpha(U_\alpha \cap U_\beta) \to \varphi_\beta(U_\alpha \cap U_\beta)$

---

*1) 位相空間についてすでに学んだ読者向けの説明: $M \subset \mathbb{E}^3$ に $\mathbb{E}^3$ からの相対位相を入れる.
*2) 位相空間の用語を使うと $\{U_\alpha\}_{\alpha\in\Lambda}$ は M の開被覆である (本講座 [12] 参照).

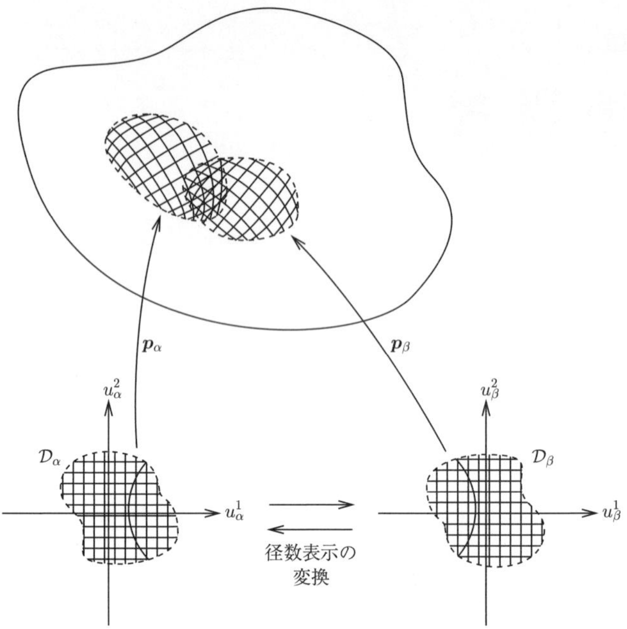

図 **6.1** $\mathbb{E}^3$ 内の曲面

が C^∞ 級であり，その逆写像 $\varphi_\alpha \circ \varphi_\beta^{-1}$ も C^∞ 級でなければならない[*3)].

うまく貼り合わされているという点が重要であるが，曲面片 $\boldsymbol{p}_\alpha$ でなく，その逆写像 φ_α が主役を演じていることに注意しよう．またガウスの驚愕定理を思い出そう．M に第一基本形式さえ与えられていればガウス曲率を定めることができた．M が $\mathbb{E}^3$ の部分集合でなくてもよい．すると M が $\mathbb{E}^3$ の部分集合であるということを消し去って「曲面」を定めることができることに気づく．

そこで次の定義を与えよう ([25, p.37, p.75] 参照).

定義　空でない集合 M と M の部分集合の集まり $\{U_\alpha\}_{\alpha\in\Lambda}$ に対し $\bigcup_{\alpha\in\Lambda} U_\alpha = M$ が成立し，以下の条件をみたす U_α 上で定義された写像 φ_α が定められているとする．

---

*3) 正確には $\varphi_\beta \circ \varphi_\alpha^{-1}$ は φ_α^{-1} の $\varphi_\alpha(U_\alpha \cap U_\beta)$ 上への制限 $\varphi_\alpha^{-1}|_{\varphi_\alpha(U_\alpha\cap U_\beta)}$ と φ_β の $U_\alpha \cap U_\beta$ 上の制限 $\varphi_\beta|_{U_\alpha\cap U_\beta}$ の合成であるが記号が煩雑なので $\varphi_\beta \circ \varphi_\alpha^{-1}$ と略記する.

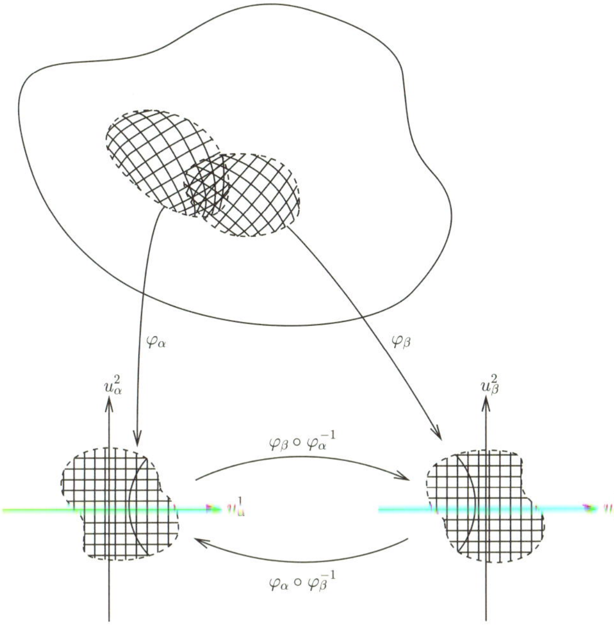

図 **6.2**　発想の転換

- φ_α は U_α から $\mathbb{E}^n$ 内の開集合 $\mathcal{D}_\alpha$ への全単射.
- $U_\alpha \cap U_\beta \neq \emptyset$ のとき $\varphi_\alpha(U_\alpha \cap U_\beta)$ と $\varphi_\beta(U_\alpha \cap U_\beta)$ はともに $\mathbb{E}^n$ 内の開集合であり

$$\varphi_\beta \circ \varphi_\alpha^{-1} : \varphi_\alpha(U_\alpha \cap U_\beta) \to \varphi_\beta(U_\alpha \cap U_\beta)$$

　が C^∞ 級. さらに C^∞ 級の逆写像 $\varphi_\alpha \circ \varphi_\beta^{-1}$ をもつ.

このとき組 $(U_\alpha, \varphi_\alpha)$ を座標近傍, $\mathcal{A} = \{(U_\alpha, \varphi_\alpha)\}_{\alpha \in \Lambda}$ を座標近傍系とよぶ. このとき n を M の次元という (図 6.2).

定義　空でない集合 M に座標近傍系 $\mathcal{A}$ が指定されているとする. もし組 $(M, \mathcal{A})$ が以下の条件をみたすとき, $\mathcal{A}$ を座標近傍系にもつなめらかな n 次元多様体 (n-manifold) とよぶ.

勝手に選んだふたつの座標近傍 (U, φ) と (V, ψ), $U \cap V$ 内の点列 $\{p_k\}$

に対し $\lim_{k\to\infty}\varphi(p_k)=\boldsymbol{u}$, $\lim_{k\to\infty}\psi(p_k)=\boldsymbol{v}$ ならば $\varphi^{-1}(\boldsymbol{u})=\psi^{-1}(\boldsymbol{v})$.

なめらかな多様体の定義においては，目一杯大きな座標近傍系 (極大座標近傍系) を指定しておくこともある．極大座標近傍系のことを**微分構造**ともよぶ ([25, p.43], [17, p.53])．2 次元のなめらかな多様体を**曲面**とよぶ．とくにコンパクトであるなめらかな 2 次元多様体を**閉曲面**とよぶ.

なめらかな n 次元多様体 M の座標近傍 $(U_\alpha,\varphi_\alpha)$ に対し，φ_α を $\varphi_\alpha=(u_\alpha^1,u_\alpha^2,\dots,u_\alpha^n)$ と表示し，**局所座標系**とよぶ．ここで番号を上につけていることに注意.

ふたつの局所座標系 $\varphi_\alpha=(u_\alpha^1,u_\alpha^2,\dots,u_\alpha^n)$ と $\varphi_\beta=(u_\beta^1,u_\beta^2,\dots,u_\beta^n)$ に対し $\varphi_\beta\circ\varphi_\alpha^{-1}$ を φ_α から φ_β への**座標変換**とよぶ.

注意 6.1.1 なめらかな n 次元多様体 M の部分集合 $\mathcal{O}$ に対し,「どの座標近傍 (U,φ) についても $\varphi(U\cap\mathcal{O})$ が $\mathbb{E}^n$ の開集合であるとき，$\mathcal{O}$ は M の開集合である」と定めると M は位相空間になる．とくにハウスドルフ空間である.

注意 6.1.2 なめらかな多様体の定義における「座標変換」の規則を以下のより強い条件におきかえてみる.

$U_\alpha\cap U_\beta\neq\emptyset$ のとき $\varphi_\alpha(U_\alpha\cap U_\beta)$ と $\varphi_\beta(U_\alpha\cap U_\beta)$ はともに $\mathbb{E}^n$ 内の開集合であり

$$\varphi_\beta\circ\varphi_\alpha^{-1}:\varphi_\alpha(U_\alpha\cap U_\beta)\to\varphi_\beta(U_\alpha\cap U_\beta)$$

が C^∞ 級であり，その逆写像 $\varphi_\alpha\circ\varphi_\beta^{-1}$ も C^∞ 級．さらに

$$\frac{\partial(u_\beta^1,u_\beta^2,\dots,u_\beta^n)}{\partial(u_\alpha^1,u_\alpha^2,\dots,u_\alpha^n)}:=\det\left(\frac{\partial u_\beta^i}{\partial u_\beta^j}\right)>0.$$

この条件をみたす $\mathcal{A}=\{(U_\alpha,\varphi_\alpha)\}_{\alpha\in\Lambda}$ が存在するとき，組 $(M,\mathcal{A})$ を**向き付け可能な**なめらかな n 次元多様体とよぶ.

なめらかな多様体 M に第一基本形式に相当するものを定めたい．問 2.1.8 を参考にして次の定義を与える.

定義 なめらかな n 次元多様体 M の各座標近傍 $(U_\alpha,\varphi_\alpha)$ ごとに C^∞ 級の対称

行列値函数 $g^{(\alpha)}=(g_{ij}^{(\alpha)}):\mathcal{D}_\alpha\to \mathrm{M}_n\mathbb{R}$ が与えられ $g^{(\alpha)}$ の固有値はすべて正であるとする．$U_\alpha\cap U_\beta\neq\emptyset$ のとき局所座標系の変換で

$$g_{k\ell}^{(\alpha)}=\sum_{i,j=1}^{2} g_{ij}^{(\beta)}\frac{\partial u_\beta^i}{\partial u_\alpha^k}\frac{\partial u_\beta^j}{\partial u_\alpha^\ell}$$

にしたがうとき，$g=\displaystyle\sum_{i,j=1}^{2} g_{ij}^{(\alpha)}\,\mathrm{d}u_\alpha^i\mathrm{d}u_\alpha^j$ は M にリーマン計量を定めるという．M にリーマン計量 g を指定したもの (M,g) を n 次元リーマン多様体とよぶ．

2.6 節の結果から次が得られる．

定理 6.1.3 2 次元リーマン多様体 (M,g) の各点のまわりで次の条件をみたす座標近傍 (U,φ) がとれる．$\varphi=(x,y)$ と表すとき，$g=E(\mathrm{d}x^2+\mathrm{d}y^2)$．この局所座標系 (x,y) を等温座標系とよぶ．

2 次元リーマン多様体 (M,g) において等温座標系 (x,y) をとり $g=E(\mathrm{d}x^2+\mathrm{d}y^2)$ と表す．M 上の C^2 級函数 f に対し

$$\triangle_g f=\frac{1}{E}\left(\frac{\partial^2 f}{\partial x^2}+\frac{\partial^2 f}{\partial y^2}\right)$$

と定めよう．これは等温座標系の選び方によらずに定まる．$\triangle_g$ を g に関するラプラス作用素とよぶ[*4)]．

定義 2 次元リーマン多様体 (M,g) 上の C^2 級函数 f が $\triangle_g f=0$ をみたすとき調和函数とよぶ．

定理 6.1.4 コンパクトな 2 次元リーマン多様体上の調和函数は定数函数のみである．

---

*4) 微分幾何学の専門書では (固有値を非負にするため) $\triangle_g f=-\dfrac{1}{E}\left(\dfrac{\partial^2 f}{\partial x^2}+\dfrac{\partial^2 f}{\partial y^2}\right)$ と定めることが多いので注意．

6.2 曲面片ふたたび

なめらかな n 次元多様体 M と M で定義された函数 $f: M \to \mathbb{R}$ を考える．座標近傍 (U, φ) をとり $f \circ \varphi^{-1}: \mathcal{D} \to \mathbb{R}$ をつくる $(\mathcal{D} = \varphi(U))$．$p \in U$ に対し $\varphi(p) = (u^1(p), u^2(p), \ldots, u^n(p))$ とおくと $f(p) = (f \circ \varphi^{-1})(u^1(p), u^2(p), \ldots, u^n(p))$ であるから $f \circ \varphi^{-1}$ を $f(u^1, u^2, \ldots, u^n): \mathcal{D} \to \mathbb{R}$ と表記し f の (U, φ) に関する局所表示という．$f \circ \varphi^{-1}$ の微分可能性，とくに C^∞ 級という性質は座標変換を施しても保たれる．そこで $f \circ \varphi^{-1}$ が C^∞ 級であるとき f を M 上の C^∞ 級函数とよぶ．この定義はベクトル値函数 $F: M \to \mathbb{E}^N$ にそのまま拡張できる．C^∞ 級のベクトル値函数 $F: M \to \mathbb{E}^N$ と $p \in U$ に対し $\varphi(p) = (u^1, u^2, \ldots, u^n)$, $\boldsymbol{F} := F \circ \varphi^{-1}$ とおくと $F(p) = (F \circ \varphi^{-1})(\varphi(p)) = \boldsymbol{F}(u^1, u^2, \ldots, u^n)$ と局所表示される．そこで $\boldsymbol{F}$ の $\varphi(p)$ におけるヤコビ行列 $D\boldsymbol{F}$ の階数を調べる．この値は (U, φ) の選び方によらないことが確認できる ([17, p.98])．そこで $D\boldsymbol{F}$ の $\varphi(p)$ における階数を F の p における階数とよぶ．

以上の準備のもと，「$\mathbb{E}^3$ 内の曲面」の正式な定義を与えよう．

定義　なめらかな 2 次元多様体 M に対し，C^∞ 級のベクトル値函数 $F: M \to \mathbb{E}^3$ で，階数が 2 であるものをはめ込みとよぶ．組 (M, F) を $\mathbb{E}^3$ 内のはめ込まれた曲面とよぶ．とくに 1 対 1 のはめ込みを埋め込みとよぶ．

注意 6.2.1　この本では $\mathbb{E}^3$ 内の「はめ込まれた曲面」を「$\mathbb{E}^3$ 内の曲面」とよぶ．本によっては「$\mathbb{E}^3$ 内の曲面」は埋め込まれた曲面を指すが，この本で扱う例は埋め込みでないものが多いからである．

はめ込まれた曲面 $F: M \to \mathbb{E}^3$ の座標近傍 $(U_\alpha, \varphi_\alpha)$ をとると $\boldsymbol{F}_\alpha := F \circ \varphi_\alpha^{-1}: \mathcal{D}_\alpha \to \mathbb{E}^3$ は曲面片である．また F による M の像 $F(M)$ の径数表示である．

曲面片 $\boldsymbol{F}_\alpha$ を用いて第一基本形式 $(\mathrm{d}\boldsymbol{F}_\alpha | \mathrm{d}\boldsymbol{F}_\alpha)$ を作る．$g_{ij}^{(\alpha)} = ((\boldsymbol{F}_\alpha)_{u_\alpha^i} | (\boldsymbol{F}_\alpha)_{u_\alpha^j})$ とおくと $(\mathrm{d}\boldsymbol{F}_\alpha | \mathrm{d}\boldsymbol{F}_\alpha) = \sum_{i,j=1}^2 g_{ij}^{(\alpha)} \mathrm{d}u_\alpha^i \mathrm{d}u_\alpha^j$ は M 上のリーマン計量を定めることがわかる．これを I と表記し M の F による第一基本形式とよぶ．

M にリーマン計量が事前に与えられているときを考えておく.

定義 2 次元リーマン多様体 (M, g) に対し，はめ込み F で $\mathrm{I} = g$ となるものが存在するとき F を等長はめ込みとよぶ．1 対 1 の等長はめ込みを等長埋め込みという.

つまり抽象的に与えられた (M, g) が $\mathbb{E}^3$ 内の曲面として実現する方法が等長はめ込みである．ただし等長はめ込みでは M の像が自己交叉をもつかもしれない．忠実な実現を望むならば等長埋め込みを考えることになる.

定理 6.1.4 と問 2.6.5 より次が得られることを注意しておく.

系 6.2.2 $\mathbb{E}^3$ 内にコンパクトな極小曲面は存在しない.

はめ込まれた曲面 $F : M \to \mathbb{E}^3$ の向き付け可能性について述べておこう．座標近傍 $(U_\alpha, \varphi_\alpha)$ をひとつとり $\boldsymbol{F}_\alpha = F \circ \varphi_\alpha^{-1} : \mathcal{D}_\alpha \to \mathbb{E}^3$ を考えると $\mathcal{D}_\alpha$ 上では単位法ベクトル場 $\boldsymbol{n}_\alpha$ を $\boldsymbol{n}_\alpha = (\boldsymbol{F}_\alpha)_{u_\alpha^1} \times (\boldsymbol{F}_\alpha)_{u_\alpha^2} / \|(\boldsymbol{F}_\alpha)_{u_\alpha^1} \times (\boldsymbol{F}_\alpha)_{u_\alpha^2}\|$ で定めることができる．各座標近傍 $(U_\lambda, \varphi_\lambda)$ 上で $\boldsymbol{n}_\lambda$ を定めたときにこれらがうまく M 全体でつながるかどうかはわからない (例 6.2.4 のメビウスの環を参照)．M 全体にうまくつながるとき，M は連続な単位法ベクトル場をもつという.

定理 6.2.3 はめ込まれた曲面 $F : M \to \mathbb{E}^3$ が向き付け可能であるための必要十分条件は M 全体で定義された連続な単位法ベクトル場 $\boldsymbol{n} : M \to \mathbb{S}^2$ が存在することである.

例 6.2.4 (メビウスの環) $\mathcal{D} = \mathbb{R} \times (-1, 1) = \{(u_1, u_2) \in \mathbb{R}^2 \mid -1 < u_2 < 1\}$ とする．$\mathbb{E}^3$ 内の x_1x_2 平面内に半径 2 の円をとり $\boldsymbol{\alpha}(u_1) = (2\cos u_1, 2\sin u_1, 0)$ と径数表示する．次に空間曲線 $\boldsymbol{\beta}$ を $\boldsymbol{\beta}(u_1) = (-\sin\frac{u_1}{2}\cos u_1, -\sin\frac{u_1}{2}\sin u_1, \cos\frac{u_1}{2})$ で与える．曲面片 $\boldsymbol{p} : \mathcal{D} \to \mathbb{E}^3$ を

$$\boldsymbol{p}(u_1, u_2) = \boldsymbol{\alpha}(u_1) + u_2\boldsymbol{\beta}(u_1)$$

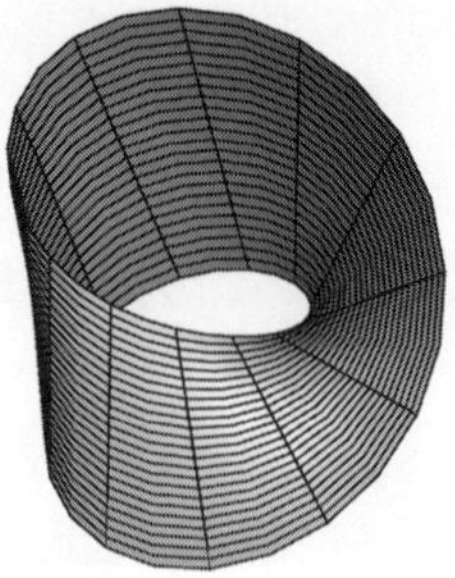

図 **6.3** メビウスの環

で定める．この曲面片の像 $\boldsymbol{p}(\mathcal{D})$ を M とする．2 次元多様体 M はメビウスの環 (Möbius band) である．$\boldsymbol{\alpha}$ に沿って単位法ベクトル場 $\boldsymbol{n} = (\boldsymbol{p}_{u_1} \times \boldsymbol{p}_{u_2})/\|\boldsymbol{p}_{u_1} \times \boldsymbol{p}_{u_2}\|$ を考える．$\boldsymbol{\alpha}$ は円であるから，各 u_1 に対し $\boldsymbol{p}(u_1 + 2\pi, 0) = \boldsymbol{p}(u_1, 0)$ となっているが，$\boldsymbol{n}(u_1 + 2\pi, 0) = -\boldsymbol{n}(u_1, 0)$ となっている．M 上の連続な単位法ベクトル場は存在しないことが示せる[*5)]．

6.3 リーマン面

この本では複素座標を使って $\mathbb{E}^3$ 内の曲面片を扱ってきた．2 次元リーマン多様体のはめ込みに対しても複素座標を使いたい．そのための準備をしておく．この節では位相空間論についての知識を若干用いる．

定義 M を連結なハウスドルフ空間とする．M の開被覆 $\{U_\alpha\}_{\alpha\in\Lambda}$ が与えられ，以下の条件をみたす U_α 上で定義された写像 φ_α が定められているとする．

- φ_α は U_α から $\mathbb{C}$ 内の開集合 $\mathcal{D}_\alpha$ への同相写像．
- $U_\alpha \cap U_\beta \neq \emptyset$ のとき $\varphi_\beta \circ \varphi_\alpha^{-1} : \varphi_\alpha(U_\alpha \cap U_\beta) \to \varphi_\beta(U_\alpha \cap U_\beta)$ は正則であり，その逆写像 $\varphi_\alpha \circ \varphi_\beta^{-1}$ も正則．

このとき組 $(U_\alpha, \varphi_\alpha)$ を**複素座標近傍**，$\{(U_\alpha, \varphi_\alpha)\}_{\alpha\in\Lambda}$ を**複素座標近傍系**とよぶ．M に複素座標近傍系を与えたものを**リーマン面**とよぶ．極大な複素座標近傍系を**複素構造**とか**等角構造**とよぶ．コンパクトなリーマン面を**閉リーマン面**とよぶ．

---

*5) きちんとした証明は [27, pp.61–62] 参照．

φ_α を局所複素座標という.

リーマン面は第二可算公理をみたすこと，三角形分割可能であることが示される ([16], [20] 参照). リーマン面の局所複素座標 φ_α を $\varphi_\alpha(p) = z_\alpha(p) = x_\alpha(p) + iy_\alpha(p)$ と表記しよう. φ_α を $\mathbb{R}^2$ への写像 (x_α, y_α) と考えてやると $\{(U_\alpha, (x_\alpha, y_\alpha))\}_{\alpha\in\Lambda}$ は M に滑らかな 2 次元多様体の構造を定めている.

局所複素座標 $z_\alpha = x_\alpha + iy_\alpha$ と $z_\beta = x_\beta + iy_\beta$ の間の変換を調べておく. コーシー–リーマン方程式より

$$\frac{\partial(x_\beta, y_\beta)}{\partial(x_\alpha, y_\alpha)} = \frac{\partial x_\beta}{\partial x_\alpha}\frac{\partial y_\beta}{\partial y_\alpha} - \frac{\partial x_\beta}{\partial y_\alpha}\frac{\partial y_\beta}{\partial x_\alpha} = \left(\frac{\partial x_\beta}{\partial x_\alpha}\right)^2 + \left(\frac{\partial x_\beta}{\partial y_\alpha}\right)^2 > 0 \tag{6.1}$$

であるから M は向き付けられた曲面である. 逆に定理 6.1.3 より次の定理が示される ([16, p.22]).

定理 6.3.1 向き付け可能な 2 次元リーマン多様体 (M, g) においては等温座標近傍がとれ，リーマン面の構造を与えることができる*6).

向き付け可能な 2 次元リーマン多様体 (M, g) において局所複素座標 $z = x + yi$ をとる. (x, y) は等温なので $g = E(\mathrm{d}x^2 + \mathrm{d}y^2) = E\mathrm{d}z\mathrm{d}\bar{z}$ と表せる. 複素偏微分作用素を使うと

$$\Delta_g f = \frac{1}{E}(f_{xx} + f_{yy}) = \frac{4}{E}f_{z\bar{z}}$$

であるから，f が調和函数であることと $f_{z\bar{z}} = 0$ は同値である.

例 6.3.2 (平面) $\mathbb{C}$ は明らかにリーマン面. $\mathbb{C}$ 内の領域もリーマン面.

例 6.3.3 (拡大複素平面) $\overline{\mathbb{C}}$ において $U_+ = \overline{\mathbb{C}} \setminus \{\infty\} = \mathbb{C}$, $U_- = \overline{\mathbb{C}} \setminus \{0\}$ とおく. これらは $\overline{\mathbb{C}} = \mathbb{S}^2$ の開集合である. $U_+ \cap U_- = \mathbb{C}^\times$ に注意. $\varphi_+ : U_+ \to \mathbb{C}$, $\varphi_- : U_- \to \mathbb{C}$ を

$$\varphi_+(z) = z, \quad \varphi_-(z) = 1/z, \quad \varphi_-(\infty) = 0$$

*6) もともとの曲面の向きと同調したリーマン面の構造という. (2.29) と (6.1) を比較せよ.

で定める．$\varphi_+(U_+\cap U_-)=\varphi_-(U_+\cap U_-)=\mathbb{C}^\times$ である．φ_+ の値域の複素平面の複素座標を ζ としよう．φ_- の値域の複素平面の複素座標は w とする．すると

$$(\varphi_-\circ\varphi_+^{-1})(\zeta)=\frac{1}{\zeta},\quad (\varphi_+\circ\varphi_-^{-1})(w)=\frac{1}{w} \tag{6.2}$$

より $\overline{\mathbb{C}}$ はリーマン面の構造をもつ．

例 6.3.4 (**輪環面**) ω_1, $\omega_2\in\mathbb{C}$ は $\mathbb{R}$ 上で線型独立とする．$\mathbb{C}$ の加法に関する部分群 $\Gamma=\Gamma(\omega_1,\omega_2)=\{m\omega_1+n\omega_2\mid m,n\in\mathbb{Z}\}$ を $\mathbb{C}$ の**格子群**とよぶ．ふたつの格子群 $\Gamma(\omega_1,\omega_2)$, $\Gamma(\tilde{\omega}_1,\tilde{\omega}_2)$ が一致するための条件は $ad-bc=1$ をみたす整数 a, b, c, d が存在して $\tilde{\omega}_1=a\omega_1+b\omega_2$, $\tilde{\omega}_2=c\omega_1+d\omega_2$ と表せることである．z, $w\in\mathbb{C}$ に対し $z-w\in\Gamma$ であるとき z と w は Γ に関し合同であるという．これは $\mathbb{C}$ 上の同値関係である．この同値関係による商集合を $\mathbb{C}/\Gamma$ で表す．$\mathbb{C}$ からの商位相を与えると $\mathbb{C}/\Gamma$ は位相空間であり**輪環面**とよばれる．$\mathbb{C}/\Gamma$ はリーマン面の構造をもつ ([16, p.19])．

注意 6.3.5 輪環面 $\mathbb{T}=\mathbb{C}/\Gamma$ を定義する上で格子群の基底 $\{\omega_1,\omega_2\}$ を $\mathrm{Im}(\omega_2/\omega_1)>0$ となるよう選び直せる．$\mathbb{T}=\mathbb{C}/\Gamma$ に対し平行四辺形 $P(\omega_1,\omega_2)=\{s\omega_1+t\omega_2\mid 0\leq s,t\leq 1\}$ を Γ の基本領域という (開集合でないことに注意)．$\mathbb{C}/\Gamma(\omega_1,\omega_2)$ と $\mathbb{C}/\Gamma(\tilde{\omega}_1,\tilde{\omega}_2)$ がリーマン面として同型であるための条件は基本領域の辺の比が等しいことである ([16, p.20])．函数 $f:\mathbb{C}\to\mathbb{C}$ が $\mathbb{T}=\mathbb{C}/\Gamma$ 上の函数を定めるための条件はすべての $z\in\mathbb{C}$ において

$$f(z+\omega_1,\overline{z}+\overline{\omega_1})=f(z,\overline{z}),\quad f(z+\omega_2,\overline{z}+\overline{\omega_2})=f(z,\overline{z})$$

をみたすことである．この性質をみたす函数は $\{\omega_1,\omega_2\}$ を基本周期にもつ**二重周期関数**とよばれる．

定義 リーマン面 M の各局所複素座標近傍 $(U_\alpha,\varphi_\alpha=z_\alpha)$ 上に正則函数 f_α が与えられ $U_\alpha\cap U_\beta\neq\emptyset$ のとき

$$f_\beta=f_\alpha\left(\frac{\mathrm{d}z_\alpha}{\mathrm{d}z_\beta}\right)^2 \tag{6.3}$$

をみたすとき $f_\alpha\mathrm{d}z_\alpha^2$ は M 上の**正則 2 次微分**を定めるという．

$\mathbb{E}^3$ 内のはめ込まれた平均曲率一定曲面 $F: M \to \mathbb{E}^3$ のホップ微分は正則 2 次微分の例である．(リーマン–ロッホの定理の特別な場合である) 次の定理を引用しておく ([16, 系 5.14], [20, 定理 4.8] 参照).

定理 6.3.6 閉リーマン面 M 上の正則 2 次微分全体は複素線型空間をなす．拡大複素平面 (リーマン球面) のときは 0 次元，輪環面のときは 1 次元である．

6.4 測地線の方程式

2 次元リーマン多様体 (M, g) の局所座標近傍 (U, φ) をとる．$\varphi = (u^1, u^2) : U \to \mathcal{D}$ と表す．U 内の 2 点 P と Q を結ぶ曲線 $\gamma : [a, b] \to U$ を考える．ただし $\gamma(a) = \mathrm{P}$, $\gamma(b) = \mathrm{Q}$ である．$\mathrm{A} = \varphi(\mathrm{P})$, $\mathrm{B} = \varphi(\mathrm{Q})$ とおく．φ で $\gamma(t)$ を写したものを $\boldsymbol{u}(t)$ と表記する．

$$\boldsymbol{u}(t) = (u^1(t), u^2(t)) = \varphi(\gamma(t)),\ a \leq t \leq b.$$

$\boldsymbol{u} : [a, b] \to \mathcal{D}$ は $\mathcal{D} \subset \mathbb{R}^2$ 内の径数付曲線で $\boldsymbol{u}(a) = \overrightarrow{\mathrm{OA}}$, $\boldsymbol{u}(b) = \overrightarrow{\mathrm{OB}}$ をみたす．以後 $\boldsymbol{u}$ は正則な C^1 級の径数付曲線であるとしよう．ここで

$$\mathcal{C}(\mathrm{P}, \mathrm{Q}) = \{\gamma : [a, b] \to U \mid \boldsymbol{u}(t) = \varphi(\gamma(t)) \text{ は } \boldsymbol{u}(a) = \overrightarrow{\mathrm{OA}},\ \boldsymbol{u}(b) = \overrightarrow{\mathrm{OB}} \text{ をみたす } C^1 \text{級曲線}\}$$

とおく．$\mathcal{C}(\mathrm{P}, \mathrm{Q})$ 上の函数 ℓ を

$$\ell(\gamma) = \int_a^b \sqrt{\sum_{i,j=1}^{2} g_{ij}(\gamma(t)) \frac{\mathrm{d}u^i}{\mathrm{d}t} \frac{\mathrm{d}u^j}{\mathrm{d}t}}\, \mathrm{d}t,\quad \varphi(\gamma(t)) = (u^1(t), u^2(t))$$

で定める．ℓ は曲線 $\gamma(t)$ の長さを与える函数 (長さ汎函数) である．

γ が ℓ の最小値を与えると仮定して，$\gamma(t)$ のみたす微分方程式を導こう．$[a, b]$ 上の函数 v^1, v^2 で $v^1(a) = v^2(a) = v^1(b) = v^2(b) = 0$ をみたすものを用いて

$$\boldsymbol{u}(t; \varepsilon) = (u^1(t) + \varepsilon v^1(t), u^2(t) + \varepsilon v^2(t)) \tag{6.4}$$

とおく．さらに $\gamma(t; \varepsilon) = \varphi^{-1}(\boldsymbol{u}(t; \varepsilon))$ とおく．

$\gamma(t)$ が ℓ の最小値を与える曲線であれば条件 (6.4) をみたす任意の函数 v^1, v^2

に対し

$$\left.\frac{\mathrm{d}}{\mathrm{d}\varepsilon}\right|_{\varepsilon=0} \ell(\gamma(t;\varepsilon)) = 0$$

をみたすはずである.

注意 6.4.1 (アインシュタインの規約) 記号の煩雑さを解消するため, 計算を進めるにあたってアインシュタインの規約とよばれるものを用いる. たとえば $\displaystyle\sum_{i,j=1}^{2} g_{ij}(\gamma(t))\frac{\mathrm{d}u^i}{\mathrm{d}t}\frac{\mathrm{d}u^j}{\mathrm{d}t}$ のように上下に添字がついた量について和をとる場合にはシグマ記号を省略しても「上下に添字が出てくる」ということを確認できる. そこで $g_{ij}(\gamma(t))\dfrac{\mathrm{d}u^i}{\mathrm{d}t}\dfrac{\mathrm{d}u^j}{\mathrm{d}t}$ と略記してしまう.

$$\begin{aligned}
&\left.\frac{\mathrm{d}}{\mathrm{d}\varepsilon}\right|_{\varepsilon=0} \ell(\gamma(t;\varepsilon)) \\
&= \left.\frac{\mathrm{d}}{\mathrm{d}\varepsilon}\right|_{\varepsilon=0} \int_a^b \sqrt{g_{ij}(\gamma(t;\varepsilon))\frac{\mathrm{d}}{\mathrm{d}t}(u^i(t)+\varepsilon v^i(t))\frac{\mathrm{d}}{\mathrm{d}t}(u^j(t)+\varepsilon v^j(t))}\,\mathrm{d}t.
\end{aligned}$$

ここで $V = g_{ij}(\gamma(t))\frac{\mathrm{d}u^i}{\mathrm{d}t}(t)\frac{\mathrm{d}u^j}{\mathrm{d}t}(t)$ とおく. また t による微分演算をドットで表すと

$$\begin{aligned}
&\left.\frac{\mathrm{d}}{\mathrm{d}\varepsilon}\right|_{\varepsilon=0} \ell(\gamma(t;\varepsilon)) = \int_a^b \frac{1}{2\sqrt{V}} \left.\frac{\mathrm{d}}{\mathrm{d}\varepsilon}\right|_{\varepsilon=0} \Big(g_{ij}(\gamma(t;\varepsilon))(\dot{u}^i(t)+\varepsilon\dot{v}^i(t))(\dot{u}^j(t)+\varepsilon\dot{v}^j(t))\Big)\,\mathrm{d}t \\
&= \int_a^b \frac{1}{2\sqrt{V}} \left\{\frac{\partial g_{ij}}{\partial(u^k+\varepsilon v^k)}\frac{\mathrm{d}(u^k+\varepsilon v^k)}{\mathrm{d}\varepsilon}(\dot{u}^i(t)+\varepsilon\dot{v}^i(t))(\dot{u}^j(t)+\varepsilon\dot{v}^j(t))\right\}\mathrm{d}t\,\bigg|_{\varepsilon=0} \\
&\quad + \int_a^b \frac{1}{2\sqrt{V}} \left\{g_{ij}(\gamma(t;\varepsilon))\left(\dot{v}^i(t)\dot{u}^j(t)+\dot{u}^i(t)\dot{v}^j(t)\right)\right\}\,\mathrm{d}t\,\bigg|_{\varepsilon=0} \\
&= \int_a^b \frac{1}{2\sqrt{V}} \left(\frac{\partial g_{ij}}{\partial u^k}(\gamma(t))v^k(t)\dot{u}^i(t)\dot{u}^j(t)\right)\,\mathrm{d}t \\
&\quad + \int_a^b \frac{1}{\sqrt{V}} g_{ij}(\gamma(t))\dot{v}^i(t)\dot{u}^j(t)\,\mathrm{d}t \\
&= \int_a^b \frac{1}{2\sqrt{V}} \left(\frac{\partial g_{ij}}{\partial u^k}(\gamma(t))v^k(t)\dot{u}_i(t)\dot{u}^j(t)\right)\mathrm{d}t + \int_a^b \left(\frac{1}{\sqrt{V}} g_{ij}(\gamma(t))\dot{u}^j(t)\right)\dot{v}^i(t)\,\mathrm{d}t.
\end{aligned}$$

ここで部分積分法を使って

$$\int_a^b \left(\frac{1}{\sqrt{V}} g_{ij}(\gamma(t))\dot{u}^j(t)\right)\dot{v}^i(t)\,\mathrm{d}t$$

$$= \left[\frac{1}{\sqrt{V}} g_{ij}(\gamma(t))\dot{u}^j(t)v^i(t)\right]_a^b - \int_a^b \frac{\mathrm{d}}{\mathrm{d}t}\left(\frac{1}{\sqrt{V}} g_{ij}(\gamma(t))\dot{u}^j(t)\right) v^i(t)\,\mathrm{d}t$$
$$= -\int_a^b \frac{\mathrm{d}}{\mathrm{d}t}\left(\frac{1}{\sqrt{V}} g_{ij}(\gamma(t))\dot{u}^j(t)\right) v^i(t)\,\mathrm{d}t$$

と計算される．この計算で $v^j(a) = v^j(b) = 0$ を使ったことに注意しよう．以上より

$$\left.\frac{\mathrm{d}}{\mathrm{d}\varepsilon}\right|_{\varepsilon=0} \ell(\gamma(t;\varepsilon))$$
$$= \int_a^b \frac{1}{2\sqrt{V}}\left(\frac{\partial g_{ij}}{\partial u^k}(\gamma(t))v^k(t)u^i(t)u^j(t)\right)\mathrm{d}t - \int_a^b \frac{\mathrm{d}}{\mathrm{d}t}\left(\frac{1}{\sqrt{V}} g_{ij}(\gamma(t))\dot{u}^j(t)\right)v^i(t)\,\mathrm{d}t$$
$$= \int_a^b \left\{\frac{1}{2\sqrt{V}}\frac{\partial g_{ij}}{\partial u^k}(\gamma(t))\dot{u}^i(t)\dot{u}^j(t) - \frac{\mathrm{d}}{\mathrm{d}t}\left(\sum_{j=1}^{2}\frac{1}{\sqrt{V}} g_{kj}(\gamma(t))\dot{u}^j(t)\right)\right\} v^k(t)\,\mathrm{d}t$$

が得られた．$\left.\frac{\mathrm{d}}{\mathrm{d}\varepsilon}\right|_{\varepsilon=0} \ell(\gamma(t;\varepsilon)) = 0$ が (6.4) をみたす任意の v^1, v^2 について成立するから

$$\frac{1}{2\sqrt{V}}\frac{\partial g_{ij}}{\partial u^k}(\gamma(t))\dot{u}^i(t)\dot{u}^j(t) - \frac{\mathrm{d}}{\mathrm{d}t}\left(\frac{1}{\sqrt{V}} g_{kj}(\gamma(t))\dot{u}^j(t)\right) = 0$$

が各 k について成立する．

この微分方程式をもうすこし見栄えのよい形に書き換えておこう．まず $\gamma(t)$ を弧長径数表示に取り換えよう．すなわち径数 t を

$$g_{ij}(\gamma(s))\frac{\mathrm{d}u^i}{\mathrm{d}s}\frac{\mathrm{d}u^j}{\mathrm{d}s} = 1$$

をみたす径数 s(弧長径数) に変更する．このとき $V = 1$ に注意.

(2.7) で定めた $[\ell; i, j]$ を使って

$$\frac{1}{2}\frac{\partial g_{ij}}{\partial u^k}(\gamma(s))\frac{\mathrm{d}u^i}{\mathrm{d}s}(s)\frac{\mathrm{d}u^j}{\mathrm{d}s}(s) - \frac{\mathrm{d}}{\mathrm{d}s}\left(g_{kj}(\gamma(s))\frac{\mathrm{d}u^j}{\mathrm{d}s}(s)\right) = 0$$

を次のように書き換える.

$$\frac{1}{2}\frac{\partial g_{ij}}{\partial u^k}(\gamma(s))\frac{\mathrm{d}u^i}{\mathrm{d}s}(s)\frac{\mathrm{d}u^j}{\mathrm{d}s}(s) - \frac{\mathrm{d}}{\mathrm{d}s}\left(g_{kj}(\gamma(s))\frac{\mathrm{d}u^j}{\mathrm{d}s}(s)\right)$$
$$= \frac{1}{2}\frac{\partial g_{ij}}{\partial u^k}(\gamma(s))\frac{\mathrm{d}u^i}{\mathrm{d}s}(s)\frac{\mathrm{d}u^j}{\mathrm{d}s}(s) - \frac{\partial g_{kj}}{\partial u^i}(\gamma(s))\frac{\mathrm{d}u^i}{\mathrm{d}s}(s)\frac{\mathrm{d}u^j}{\mathrm{d}s}(s) - g_{kj}(\gamma(s))\frac{\mathrm{d}^2u^j}{\mathrm{d}s^2}(s)$$

$$= g_{kj}(\gamma(s))\frac{\mathrm{d}^2u_j}{\mathrm{d}s^2}(s) + \left(\frac{\partial g_{kj}}{\partial u^i}(\gamma(s)) - \frac{1}{2}\frac{\partial g_{ij}}{\partial u^k}(\gamma(s))\right)\frac{\mathrm{d}u^i}{\mathrm{d}s}(s)\frac{\mathrm{d}u^j}{\mathrm{d}s}(s)$$

$$= g_{kj}(\gamma(s))\frac{\mathrm{d}^2u_j}{\mathrm{d}s^2}(s) + \frac{1}{2}\left(\frac{\partial g_{jk}}{\partial u^i}(\gamma(s)) + \frac{\partial g_{ki}}{\partial u^j}(\gamma(s)) - \frac{\partial g_{ij}}{\partial u^k}(\gamma(s))\right)\frac{\mathrm{d}u^i}{\mathrm{d}s}(s)\frac{\mathrm{d}u^j}{\mathrm{d}s}(s)$$

$$= g_{kj}(\gamma(s))\frac{\mathrm{d}^2u^j}{\mathrm{d}s^2}(s) + [k;i,j](\gamma(s))\frac{\mathrm{d}u^i}{\mathrm{d}s}(s)\frac{\mathrm{d}u^j}{\mathrm{d}s}(s).$$

したがって 2 階常微分方程式系

$$g_{kj}(\gamma(s))\frac{\mathrm{d}^2u^j}{\mathrm{d}s^2}(s) + [k;i,j](\gamma(s))\frac{\mathrm{d}u^i}{\mathrm{d}s}(s)\frac{\mathrm{d}u^j}{\mathrm{d}s}(s) = 0$$

が得られた．この微分方程式の両辺に $g^{\ell k}$ をかけて k で和をとると

$$\left(g^{\ell k}(\gamma(s))g_{kj}(\gamma(s))\right)\frac{\mathrm{d}^2u^j}{\mathrm{d}s^2}(s) + g^{\ell k}(\gamma(s))\,[k;i,j](\gamma(s))\frac{\mathrm{d}u^i}{\mathrm{d}s}(s)\frac{\mathrm{d}u^j}{\mathrm{d}s}(s) = 0$$

より

$$\frac{\mathrm{d}^2u^\ell}{\mathrm{d}s^2}(s) + \Gamma^\ell_{ij}(\gamma(s))\frac{\mathrm{d}u^i}{\mathrm{d}s}(s)\frac{\mathrm{d}u^j}{\mathrm{d}s}(s) = 0, \quad \ell = 1, 2. \tag{6.5}$$

を得る．

例 6.4.2 ($\mathbb{E}^3$ 内の曲面) いま (M,g) が $\mathbb{E}^3$ に等長はめ込み $F : M \to \mathbb{E}^3$ ではめ込まれているとしよう．$\boldsymbol{p} := F \circ \varphi^{-1} : \mathcal{D} \to \mathbb{E}^3$ とおこう．$\boldsymbol{p}$ は $\mathbb{E}^3$ 内の曲面片である．$\mathcal{D}$ 内の曲線 $\boldsymbol{u}(s) = (u^1(s), u^2(s))$ に対し $\varphi^{-1}(\boldsymbol{u}(s)) = \gamma(s)$ とおき，$F(\gamma(s)) = \boldsymbol{p}(u^1(s), u^2(s))$ を $\boldsymbol{p}(s)$ と表す．(2.14) より弧長径数曲線 $\boldsymbol{p}(s)$ が (6.5) をみたすことと $\boldsymbol{p}(s)$ の測地曲率 $\boldsymbol{\kappa}_g$ が $\mathbf{0}$ であることは同値である．

微分方程式 (6.5) をみたす 2 次元リーマン多様体 (M,g) 内の弧長径数曲線 $\gamma(s)$ が微分方程式 (6.5) をみたすとき，$\gamma(s)$ を (M,g) 内の**測地線**とよぶ．

例 6.4.3 (平面) $(M,g) = \mathbb{E}^2$ とする．$\mathrm{A} = (a_1, a_2)$, $\mathrm{B} = (b_1, b_2)$ を結ぶ測地線を求める．$g = (\mathrm{d}u^1)^2 + (\mathrm{d}u^2)^2$ より $\Gamma^k_{ij} = 0$ なので測地線の方程式は $(u^k)'' = 0$．したがって $\boldsymbol{u}(s) = s(c_1, c_2) + s(d_1, d_2)$ と表せる．$\boldsymbol{u}(a) = \boldsymbol{a} = \overrightarrow{\mathrm{OA}}$, $\boldsymbol{u}(b) = \boldsymbol{b} = \overrightarrow{\mathrm{OB}}$ より $\boldsymbol{u}(s) = \boldsymbol{a} + \{(s-a)/(b-a)\}\overrightarrow{\mathrm{AB}}$ を得る．これは直線 AB にほかならない．

例 6.4.4 (球面) 例 2.1.3 の径数表示を用いると，$(g_{22})_{u^1} = -2r^2 \cos u^1 \sin u^1$ 以外の $(g_{ij})_{u^k}$ はすべて 0 であるから $[k;i,j]$ は $[1;2,2] = -[2;1,2] = r^2 \cos u^1 \sin u^1$ のみ考えておけばよい．したがってクリストッフェル記号は $\Gamma^1_{22} = \cos u^1 \sin u^1$, $\Gamma^2_{12} = \Gamma^2_{21} = -\tan u^1$ 以外すべて 0．以上より

$$(u^1)'' + \cos u^1 \sin u^1 (u^2)'(u^2)' = 0, \quad (u^2)'' - 2\tan u^1 (u^1)'(u^2)' = 0$$

が得られる．測地線の方程式の解は大円であることが知られている．

2 次元リーマン多様体の幾何学 (たとえばガウス–ボンネの定理) については多くの優れた教科書があるため，この本では立ち入らず次章からふたたび，平均曲率一定曲面の構成を考察する*7)．

*7) 小林 [14], 塩谷 [25] をお薦めする．

第 7 章
平均曲率一定輪環面

CHAPTER 7

7.1　ウェンテ輪環面

2.7 節ですでにふれたように，ホップは穴の開いていない数学的しゃぼん玉 (平均曲率が一定の閉曲面) は現実のしゃぼん玉 (球面) に限ることを証明した．またアレクサンドロフは自己交叉をもたない数学的しゃぼん玉は現実のしゃぼん玉に限ることを証明した．

丸いしゃぼん玉は現実に存在するのだから，現実のしゃぼん玉はなんらかの意味で安定であるに違いない．バルボサとドカルモは変分問題の解として安定である平均曲率一定な閉曲面は球面に限ることを証明した．しゃぼん玉が丸いことの数学的説明が与えられたわけである．

これらの経緯から「平均曲率一定な閉曲面は球面のみに限るか」という問題が提起されホップの問題とかホップ予想とよばれるようになった (ただしホップ自身は予想として提起していない).

1984 年 6 月にドイツのマックス・プランク研究所で開催された研究集会 (Arbeitstagung) でウェンテは平均曲率一定な輪環面が存在することを発表した[*1].

[インタビュー記事]　オハイオ州の新聞 Toledo Blade の 1984 年 11 月 15 日号に "Professor Solves 40-Year-Old Math Riddle, Find New Surface in Process" という見出しでウェンテのインタビュー記事が掲載された.

---

*1) Henry Christian Wente, A counterexample in 3-space to a conjecture of H. Hopf, *Arbeitstagung Bonn* 1984, Lecture Notes in Mathematics 1111(1985), 421–429. 学術論文としては 1986 年に Counterexample to a conjecture of H. Hopf, *Pacific J. Math.* 121 (1986), no. 1, 193–243 として刊行された.

いつか「やったぞ！」(ヘウレーカ) と言える日がくるかどうかなんてわから
なかったけれど，計算が完璧にはまったその時，うまくいく．そう思ったのさ．

ウェンテの発見した輪環面は**ウェンテ輪環面**とよばれるようになった．

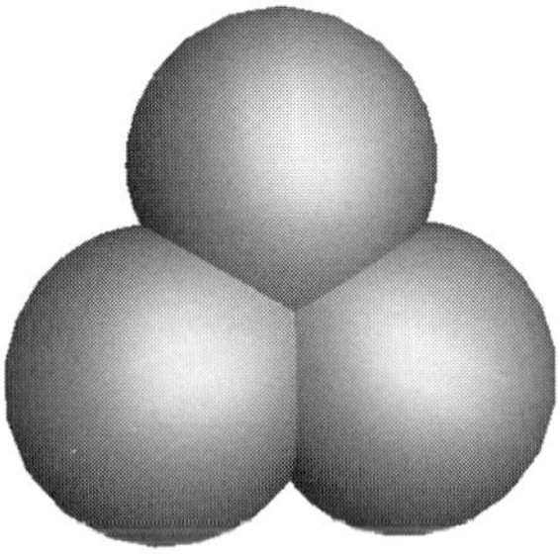

図 **7.1** ウェンテ輪環面

平均曲率一定閉曲面が球面と同じ位相をもつならば，その曲面のすべての点は臍点であった (定理 2.7.3)．輪環面の場合は球面と対照的に，臍点がまったく存在しない (定理 6.3.6)．臍点がまったくないことから，次のように考えを進めてゆけばよいことがわかる．

(1) 数平面 $\mathbb{R}^2$ 全体で定義された sinh-Gordon 方程式 $\omega_{xx}+\omega_{yy}+4H^2\sinh\omega=0$ の解で二重周期性をもつものの存在を証明する．
(2) (1) の条件をみたす ω を用いて $e^{\omega}(\mathrm{d}x^2+\mathrm{d}y^2)$ を第一基本形式にもつ平均曲率一定曲面を求め，その中で輪環面を定めるものが存在することを証明する．

不思議な輪環面の存在が証明されたものの，いったいどのような曲面なのかはただちにわかるものではなかった．アブレッシュはウェンテの求めた sinh-Gordon 方程式の解の数値解析を行い，ウェンテ輪環面の図を描いてみた．すると，小さい主曲率に対応する曲率線がすべて平面曲線のように見えた．そこでアブレッシュは「小さい主曲率に対応する曲率線がすべて平面曲線である」という付帯条件を課して sinh-Gordon 方程式の解を求める研究を行った．そしてウェンテ輪環面を含む平均曲率一定曲面のクラスを求めることに成功した*2)．この節ではアブレッシュの方法を解説する．

なお，大きい主曲率に対応する曲率線がすべて平面曲線である平均曲率一定輪環面は存在しないことをアブレッシュは証明している．

まず数平面全体で定義された臍点のない曲面 $\boldsymbol{p}:\mathbb{R}^2\to\mathbb{E}^3$ をつくることから始めよう．臍点がまったくないことから $\mathbb{R}^2$ 全体で定義された等温曲率線座標系 (x,y) をとれるので第一，第二基本形式を

$$\mathrm{I}=e^{\omega}(\mathrm{d}x^2+\mathrm{d}y^2),\quad \mathrm{I\!I}=2He^{\omega/2}(\sinh\frac{\omega}{2}\mathrm{d}x^2+\cosh\frac{\omega}{2}\mathrm{d}y^2)$$

と表すことができる．以下では記述の簡略化のため $H=1/2$ と選んでおく．

式 (2.20) と式 (2.22) よりガウスの公式とワインガルテンの公式は

$$\boldsymbol{p}_{xx}=\frac{\omega_x}{2}\boldsymbol{p}_x-\frac{\omega_y}{2}\boldsymbol{p}_y+e^{\frac{\omega}{2}}\sinh\frac{\omega}{2}\boldsymbol{n},\quad \boldsymbol{p}_{xy}=\frac{\omega_y}{2}\boldsymbol{p}_x+\frac{\omega_x}{2}\boldsymbol{p}_y$$
$$\boldsymbol{n}_x=-e^{-\frac{\omega}{2}}\sinh\frac{\omega}{2}\boldsymbol{p}_x-e^{-\frac{\omega}{2}}\cosh\frac{\omega}{2}\boldsymbol{p}_y$$

で与えられるので

$$\boldsymbol{p}_{xxx}=\boldsymbol{p}_x\text{方向の成分}-\frac{1}{2}(\omega_{xy}+\omega_x\omega_y)\boldsymbol{p}_y+\left\{\frac{e^{\omega/2}}{2}\omega_x\sinh\frac{\omega}{2}+\frac{e^{\omega/2}}{2}\omega_x\sinh\frac{\omega}{2}\right\}$$

と計算される．したがって

$$\det(\boldsymbol{p}_x\,\boldsymbol{p}_{xx}\,\boldsymbol{p}_{xxx})=\frac{1}{4}e^{3\omega/2}\left(2\omega_{xy}\sinh\frac{\omega}{2}-\omega_x\omega_y\cosh\frac{\omega}{2}\right)$$

であるから x–曲率線が平面曲線であるための必要十分条件は

$$2\omega_{xy}\sinh\frac{\omega}{2}-\omega_x\omega_y\cosh\frac{\omega}{2}=0$$

である．ここで

$$\frac{\partial}{\partial x}\left(\frac{1}{\sinh\frac{\omega}{2}}\omega_y\right)=\frac{1}{2\sinh^2\frac{\omega}{2}}\left(2\omega_{xy}\sinh\frac{\omega}{2}-\omega_x\omega_y\cosh\frac{\omega}{2}\right)$$

---

*2) U. Abresch, Constant mean curvature tori in terms of elliptic functions, *J. reine angew. Math.* 374(1987), 169–192.

$$\frac{\partial}{\partial y}\left(\frac{1}{\sinh\frac{\omega}{2}}\omega_x\right)=\frac{1}{2\sinh^2\frac{\omega}{2}}\left(2\omega_{xy}\sinh\frac{\omega}{2}-\omega_x\omega_y\cosh\frac{\omega}{2}\right)$$

であることを利用すると x–曲率線が平面曲線であるための必要十分条件は

$$\frac{\partial}{\partial x}\left(\frac{1}{\sinh\frac{\omega}{2}}\omega_y\right)=\frac{\partial}{\partial y}\left(\frac{1}{\sinh\frac{\omega}{2}}\omega_x\right)=0$$

と書き直せる．ここでビアンキ–ベックルンド変換を思い出して

$$\omega(x,y)=4\tanh^{-1}e^{\phi(x,y)}$$

とおいてみよう*3)．$\phi(x,y)=\log\tanh(\omega(x,y)/4)$ より

$$\phi_x=\frac{1}{\tanh\frac{\omega}{4}}\frac{\partial}{\partial x}\tanh\frac{\omega}{4}=\frac{1}{\tanh\frac{\omega}{4}\cosh^2\frac{\omega}{4}}\frac{\omega_x}{4}=\frac{1}{2\sinh\frac{\omega}{2}}\omega_x$$

と計算できるので $\phi_{xy}=0$ を得る．

$$\phi_{xy}=\frac{1}{2}\left(-\frac{\cosh\frac{\omega}{2}\frac{\omega_y}{2}}{\sinh^2\frac{\omega}{2}}\omega_x+\frac{\omega_{xy}}{\sinh\frac{\omega}{2}}\right)=\frac{1}{4\sinh^2\frac{\omega}{2}}\left(2\sinh\frac{\omega}{2}\omega_{xy}-\cosh\frac{\omega}{2}\omega_x\omega_y\right)$$

と計算できるので，この式からも

$$\phi_{xy}\Longleftrightarrow x\text{–曲率線がつねに平面曲線}$$

が示される．そこで $\phi(x,y)=F(x)+G(y)$ とおいてみよう．また x による偏微分をプライム ($\prime$), y による偏微分をドット ($\cdot$) で表すことにする．$\tanh(\omega/4)=e^Fe^G$ の両辺を x で偏微分すると

$$\frac{1}{\cosh^2\frac{\omega}{4}}\frac{\omega_x}{4}=e^{F+G}F_x=\tanh\frac{\omega}{4}F'.$$

すなわち $\omega_x=2\sinh\frac{\omega}{2}F'$ を得る．同様にして $\omega_y=2\sinh\frac{\omega}{2}\dot{G}$ を得る．そこで $f(x)=-F'(x)$, $g(y)=-\dot{G}(y)$ とおく．$\omega_x=-2\sinh\frac{\omega}{2}f$, $\omega_y=-2\sinh\frac{\omega}{2}g$ より

$$\omega_{xx}=2\sinh\frac{\omega}{2}(\cosh\frac{\omega}{2}f^2-f'),\quad \omega_{yy}=2\sinh\frac{\omega}{2}(\cosh\frac{\omega}{2}g^2-\dot{g})$$

を得る．これらをガウス–コダッチ方程式に代入すると

$$0=\omega_{xx}+\omega_{yy}+\sinh\omega=2\sinh\frac{\omega}{2}\left\{(1+f^2+g^2)\cosh\frac{\omega}{2}-(f'+\dot{g})\right\}$$

---

*3) 広田良吾,『直接法によるソリトンの数理』, 岩波書店, 1992 も参照.

となるので

$$\cosh\frac{\omega}{2}=\frac{f'(x)+\dot{g}(y)}{1+f(x)^2+g(y)^2} \tag{7.1}$$

が得られた.

ここで式 (7.1) の両辺を x で偏微分すると

$$\sinh\frac{\omega}{2}\frac{\omega_x}{2}=\frac{f''}{1+f^2+g^2}-\frac{2ff'(f'+\dot{g})}{(1+f^2+g^2)^2} \tag{7.2}$$

を得るが，$\omega_x=-2f\sinh(\omega/2)$ であるからこの式の左辺は $-\sinh^2(\omega/2)\,f$ である．式 (7.1) をもう一度使って

$$\begin{aligned} f=\left(\cosh^2\frac{\omega}{2}-\sinh^2\frac{\omega}{2}\right)f &= \frac{(f'+\dot{g})^2}{(1+f^2+g^2)^2}+\frac{f''}{1+f^2+g^2}-\frac{2ff'(f'+\dot{g})}{(1+f^2+g^2)^2} \\ &= \frac{f''}{1+f^2+g^2}+\frac{f\{\dot{g}^2-(f')^2\}}{(1+f^2+g^2)^2} \end{aligned}$$

を得る．この式の両辺に $2f'$ をかけてみると

$$2ff'=\frac{2f'f''}{1+f^2+g^2}+\frac{2ff'\{(\dot{g})^2-(f')^2\}}{(1+f^2+g^2)^2}=\left(\frac{(f')^2-(\dot{g})^2}{1+f^2+g^2}\right)'$$

となる．左辺は $(f^2)'$ であることに注意すると，

$$\frac{f'(x)^2-\dot{g}(y)^2}{1+f(x)^2+g(y)^2}=f(x)^2+Y(y)$$

と表せることがわかる．ここで $Y(y)$ は y のみに依存する函数である．この式を

$$f=\frac{f''}{1+f^2+g^2}+\frac{f\{(\dot{g})^2-(f')^2\}}{(1+f^2+g^2)^2} \tag{7.3}$$

に代入して

$$f''(x)=2f(x)^3+(1+Y(y)+g(y)^2)f(x)$$

を得る．ここで左辺は x のみにしか依存していないから各 x に対し右辺はどの y についても共通の値をとる．したがって f は常微分方程式

$$f''(x)=2f(x)^3+c_1f(x),\quad c_1\in\mathbb{R} \tag{7.4}$$

をみたす．同様の手続きで

$$g=\frac{\ddot{g}}{1+f^2+g^2}+\frac{g\{(f')^2-(\dot{g})^2\}}{(1+f^2+g^2)^2}, \tag{7.5}$$

$$\ddot{g}(y) = 2g(y)^3 + d_1 g(y), \quad d_1 \in \mathbb{R} \tag{7.6}$$

を得る．(7.4) の両辺に $2f'$ を，(7.6) の両辺に $2\dot{g}$ をかけると，これらは積分できて

$$f'(x)^2 = f(x)^4 + c_1 f(x)^2 + c_2, \quad \dot{g}(y)^2 = g(y)^4 + d_1 g(y)^2 + d_2, \quad c_2, d_2 \in \mathbb{R} \tag{7.7}$$

が得られる．(7.4) と (7.7) の第 1 式を (7.3) に代入すると

$$\{g^2(c_1 + d_1 - 2) + (d_2 + c_1 - c_2 - 1)\}f = 0.$$

(7.6) と (7.7) の第 2 式を (7.5) に代入すると

$$\{f^2(d_1 + c_1 - 2) + (d_1 + c_2 - d_2 - 1)\}g = 0$$

を得る．これら 2 式から $c_1 = 1 + c_2 - d_2$, $d_1 = 1 - c_2 + d_2$ が導かれる．記号の簡略化のため c_2 を c, d_2 を d と書き換えよう．

(7.1) は $(1 + f^2 + g^2)\cosh\frac{\omega}{2} = f' + \dot{g}$ と書き換えられるが，この式に少し細工をして

$$f' - \dot{g} = (1 + f^2 + g^2)\cosh\frac{\omega}{2} - 2\dot{g}$$

と書き換え，両辺に (7.1) をかけてやると

$$(1 + f^2 + g^2)\cosh^2\frac{\omega}{2} - 2\dot{g}\cosh\frac{\omega}{2} = \frac{\{(f')^2 - (\dot{g})^2\}}{1 + f^2 + g^2}.$$

(7.7) において $c_1 = 1 + c - d$, $d_1 = 1 - c + d$ としたものを使うと

$$(f')^2 - (\dot{g})^2 = (1 + f^2 + g^2)(f^2 + g^2 + c - d)$$

となるから

$$(1 + f^2 + g^2)\cosh^2\frac{\omega}{2} - 2\dot{g}\cosh\frac{\omega}{2} = f^2 - g^2 + c - d.$$

これは簡単な計算で

$$f^2\sinh^2\frac{\omega}{2} = \frac{c}{1 + g^2} - (1 + g^2)\left(\cosh\frac{\omega}{2} - \frac{\dot{g}}{1 + g^2}\right)^2$$

と式変形できるが，左辺は $(\omega_x)^2/4$ であることに注意．また $W = \cosh(\omega/2)$ とおくと

$$(W_x)^2 = (W^2-1)\left\{\frac{c}{1+g^2} - (1+g^2)\left(W - \frac{\dot{g}}{1+g^2}\right)^2\right\}$$

と書き直せる．同様の手続きで

$$(W_y)^2 = (W^2-1)\left\{\frac{d}{1+f^2} - (1+f^2)\left(W - \frac{f'}{1+f^2}\right)^2\right\}$$

を得る．$(W_x)^2 \geq 0$ と $W = \cosh(\omega/2) \geq 1$ より

$$0 \leq (1+g^2)\left(W - \frac{\dot{g}}{1+g^2}\right)^2 \leq \frac{c}{1+g^2}$$

より $c \geq 0$ を得る．同様に $d \geq 0$. そこで $c = \alpha^2$, $d = \beta^2$ とおく．したがって

$$f'(x)^2 = f(x)^4 + (1+\alpha^2-\beta^2)f(x)^2 + \alpha^2, \qquad (7.8)$$
$$\dot{g}(y)^2 = g(y)^4 + (1-\alpha^2+\beta^2)g(y)^2 + \beta^2$$

が得られたが，f と g は楕円積分で与えられることがわかる．$f'(0) = \alpha^2$, $\dot{g}(0) = \beta^2$ に注意．$\alpha, \beta \geq 0$ と仮定しても一般性を失わない．また $f(0) = g(0) = 0$ と仮定してもよい．すると $\alpha + \beta \geq 1$ が得られる．

注意 7.1.1 (楕円積分)　$p(x)$ を x の 3 次式または 4 次式とする．x と $\sqrt{p(x)}$ の既約な有理式 $\mathcal{R}(x, \sqrt{p(x)})$ の不定積分 $\int \mathcal{R}(x, \sqrt{p(x)})\,\mathrm{d}x$ を楕円積分とよぶ.

定理 7.1.2 (アブレッシュ, **1987**)　$\mathfrak{B} = \{(\alpha, \beta) \in \mathbb{R}^2 \mid \alpha, \beta \geq 0, \ \ \alpha + \beta \geq 1\}$ とおく．各 $(\alpha, \beta) \in \mathfrak{B}$ に対し (7.8) の初期条件 $f(0) = g(0) = 0$ をみたす解 (楕円積分) $f(x)$, $g(y)$ を用いて $\omega : \mathbb{R}^2 \to \mathbb{R}$ を (7.1) で定めると $e^{\omega}(\mathrm{d}x^2 + \mathrm{d}y^2)$ を第一基本形式にもつ平均曲率 1/2 の曲面が存在する．その曲面の x–曲率線は平面曲線である.

例 7.1.3 (円柱面)　$\alpha + \beta = 1$ のとき $\omega = 0$ であるから円柱面が得られる.

例 7.1.4 (回転面)　$\alpha = 0$ のとき，$f'(x) = \pm f(x)\sqrt{f(x)^2 + 1 - \beta^2}$ である．$f(0) = f'(0) = 0$ を使うと $f''(0) = 0$ が得られる．計算を繰り返して $f^{(k)}(0) = 0$, $(k = 0, 1, 2, \ldots)$ が得られる．$f(x)$ は楕円積分で与えられるから実解析的な函数

である．つまり $f(x)=\sum_{n=0}^{\infty} f^{(n)}(0)x^n/n!$ と冪級数で表される．したがって $f(x)=0$ である．このとき対応する曲面は回転面 (ノドイド) である．同様に $\beta=0$ のときは $g(y)=0$ であり，やはり回転面 (アンデュロイド) である．

$(\alpha,\beta)\in\mathfrak{B}$ に対応する平均曲率一定曲面 $\boldsymbol{p}:\mathbb{R}^2\to\mathbb{E}^3$ に対し $f(x)$, $g(y)$ の周期をそれぞれ a, b とし

$$\theta_1=\int_0^a \sinh(\omega(x,0)/2)\,\mathrm{d}x,\quad \theta_2=\int_0^b \cosh(\omega(0,y)/2)\,\mathrm{d}y$$

$$\rho_1=e^{-\omega(0,0)/2}(\boldsymbol{p}_x(0,0)|\,\boldsymbol{p}(a,0)-\boldsymbol{p}(0,0)),$$
$$\rho_2=e^{-\omega(0,0)/2}(\boldsymbol{p}_y(0,0)|\,\boldsymbol{p}(0,b)-\boldsymbol{p}(0,0)),$$

とおくと x–曲率線が閉曲線であるための必要十分条件は $|\alpha-\beta|<1$ である．このとき $\theta_1=0$ であり x–曲率線は 8 の字を描く[*4]．

$$\mathtt{U}(x,y)=\frac{(\boldsymbol{p}_x(0,y)|\boldsymbol{p}_x(x,y))}{\|\boldsymbol{p}_x(0,y)\|\,\|\boldsymbol{p}_x(x,y)\|},\quad q=\frac{1}{2\alpha}\{\beta^2-(\alpha-1)^2\}-1$$

とおくと x–曲率線が閉曲線であるための条件は q が

$$\int_{-q}^{1}\frac{\mathtt{U}\mathrm{d}\mathtt{U}}{\sqrt{(1-\mathtt{U}^2)(\mathtt{U}+q)}}=0$$

をみたすことである．この条件をみたす q を改めて q_0 と記す $(0.652231<q_0<0.652232)$.

定理 7.1.5 (アブレッシュ)　$r=\eta/(2\pi)\in\mathbb{Q}$ をみたす $\eta\in(\pi,2\pi)$ に対し平均曲率一定輪環面で $H=1/2$, x–曲率線は平面曲線で $\theta_2=\eta$ をみたすものがただひとつ存在する．

(証明の方針[*5])　$1/2\leq r\leq 1$ をみたす $r\in\mathbb{Q}$ をひとつとり $\theta_2=2\pi r$ とおく．

---

*4) オイラーの 8 の字曲線として知られる弾性曲線．[7, 7.2 節] または [15] 参照．

*5) 証明の詳細はアブレッシュの論文を参照．ヴァルター (R. Walter, Explicit examples to the H-problem of Heintz Hopf, *Geom. Dedicata* 23(1987), 187–213) はヤコビの楕円函数を用いた $\boldsymbol{p}$ の表示を与えている．

$$\theta_2 = \pi + \int_{-\infty}^{\infty} \frac{\alpha \mathrm{d}g}{(1+g^2)\sqrt{g^4+(1-\alpha^2+\beta^2)g^2+\beta^2}}$$

と $\beta^2 = (\alpha+q_0)^2 + 1 - q_0^2$ をみたす (α, β) を (α_0, β_0) とすれば，(α_0, β_0) に対応する平均曲率一定曲面の x–曲率線，y–曲率線はともに閉曲線になる．■

7.2 有限型平均曲率一定曲面へ

前節で扱った平均曲率一定曲面を含むより広いクラスの平均曲率一定曲面を得る方法をアブレッシュは得た[*6)]．

(u, u_1, u_2, u_3, u_4) を座標とする数空間 $\mathbb{R}^5$ を考える．$\mathbb{R}^5$ 上のベクトル場 χ_1，χ_2 を

$$\chi_1(\boldsymbol{u}) = \frac{1}{\sqrt{2}} \begin{pmatrix} u_1 \\ u_3 \sinh u - \sinh u \cosh u \\ u_4 \cosh u \\ -u_1 \sinh u - u_2 u_4 \\ -u_2 \cosh u + u_2 u_3 \end{pmatrix}, \quad \chi_2(\boldsymbol{u}) = \frac{1}{\sqrt{2}} \begin{pmatrix} u_2 \\ u_4 \cosh u \\ -u_3 \sinh u - \sinh u \cosh u \\ u_2 \sinh u - u_1 u_4 \\ -u_1 \cosh u + u_1 u_3 \end{pmatrix}$$

で定める[*7)]．このベクトル場を用いて $\boldsymbol{u} : \mathcal{D} \subset \mathbb{R}^2 \to \mathbb{R}^5$ に関する連立常微分方程式

$$\boldsymbol{u}_x = \chi_1(\boldsymbol{u}), \quad \boldsymbol{u}_y = \chi_2(\boldsymbol{u})$$

を考える．この連立常微分方程式は $\mathbb{R}^2$ 全体で定義された解 $\boldsymbol{u}(x, y)$ をもつ[*8)]．$u = \omega/2$ とおき，この連立常微分方程式を具体的に書いてみると

$$\omega_z = (u_1 - iu_2)/\sqrt{2}, \quad \omega_{zz} = (u_3 \sinh(\omega/2) - iu_4 \cosh(\omega/2))/2, \quad 4\omega_{z\bar{z}} + \sinh \omega = 0$$

であるから $\mathbb{R}^2$ で定義された sinh-Gordon 方程式の解 $\omega(x, y)$ が得られる．さら

[*6)] U. Abresch, Old and new periodic solutions of the sinh-Gordon equation, *Seminar on new results in non-linear partial differential equations*, Aspects of Math., Vieweg, 1987, pp.37–73.

[*7)] このふたつのベクトル場は可換，すなわち $[\chi_1, \chi_2] = 0$ をみたすことが確かめられる．

[*8)] χ_1 と χ_2 はともに完備ベクトル場であり $\mathbb{R}$ 上で定義された相流 (1 径数変換群) をもつ．両者の相流は互いに可換である．相流を合成したものが $\boldsymbol{u}(x, y)$ である．ベクトル場の相流については拙著 [5, 6 章] に簡単な解説がある．

に ω から定まる平均曲率一定曲面 $\boldsymbol{p}: \mathbb{R}^2 \to \mathbb{E}^3$ は「曲率線の一方が平面曲線」という条件をみたす.

この成果をもとにピンカールとスターリングは「有限型平均曲率一定曲面」の概念を導入し，平均曲率一定輪環面は有限型であることを証明した*9)．有限型平均曲率一定曲面については 8.4 節で説明する.

*9) U. Pinkall, I. Sterling, On the classification of constant mean curvature tori, *Ann. Math.* 130(1989), 407–451.

第 8 章

非線型ワイエルシュトラス公式

CHAPTER 8

8.1 零曲率表示

複素平面内の単連結領域 $\mathcal{D} \subset \mathbb{C}$ から $\mathbb{S}^2$ への調和写像の構成法を与えるために，この節では第 1 章で考察した積分可能条件や行列値 1 次微分形式を用いて，調和写像の方程式を書き換える．ホップ射影 $\mathrm{SU}(2) \to \mathbb{S}^2$ を思い出そう．C^∞ 級写像 $\boldsymbol{\psi} : \mathcal{D} \to \mathbb{S}^2$ に対し $\Psi : \mathcal{D} \to \mathrm{SU}(2)$ で $\mathrm{Ad}(\Psi)\boldsymbol{i} = \boldsymbol{\psi}$ をみたすものがとれる．このような Ψ はただひとつではない．実際，勝手に選んだ C^∞ 級写像 $r : \mathcal{D} \to \mathrm{U}(1)$ に対し，$\mathrm{U}(1)$ は $\boldsymbol{i}$ の固定群であるから

$$\mathrm{Ad}(\Psi\, r)\boldsymbol{i} = \Psi\,(r\boldsymbol{i}r^{-1})\Psi^{-1} = \boldsymbol{\psi}$$

である．Ψr を r による Ψ のゲージ変換とよぶ．

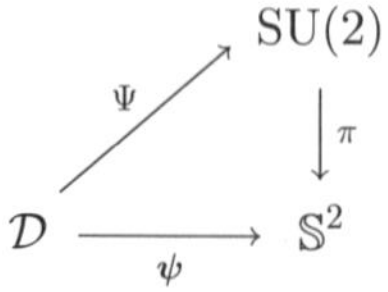

図 8.1　標構場

Ψ を $\boldsymbol{\psi}$ の標構場 (frame) とよぶ．

$\boldsymbol{\psi} : \mathcal{D} \to \mathbb{S}^2$ の標構場 Ψ をひとつとり，$\alpha := \Psi^{-1}\mathrm{d}\Psi$ とおく．α は $\mathfrak{su}(2)$ 値の 1 次微分形式である．

$$\alpha = \Psi^{-1}\Psi_z\,\mathrm{d}z + \Psi^{-1}\Psi_{\bar{z}}\,\mathrm{d}\bar{z}$$

と計算される．ここで $\alpha' = \Psi^{-1}\Psi_z$, $\alpha'' = \Psi^{-1}\Psi_{\bar{z}}$ とおく．$\Psi^{-1}\Psi_x$, $\Psi^{-1}\Psi_y$ は

$\mathfrak{su}(2)$ に値をもつので $\Psi_1\Psi_z$, $\Psi^{-1}\Psi_{\bar{z}}$ は $\mathfrak{su}(2)$ の複素化である $\mathfrak{sl}_2\mathbb{C}$ に値をもつ. (3.4) で与えた線型部分空間を用いた直和分解 $\mathfrak{sl}_2\mathbb{C} = \mathfrak{k}^{\mathbb{C}} \oplus \mathfrak{p}^{\mathbb{C}}$ に沿って

$$\alpha' = \alpha_0' + \alpha_1', \quad \alpha'' = \alpha_0'' + \alpha_1'', \quad \alpha_0', \alpha_0'' \in \mathfrak{k}^{\mathbb{C}}, \quad \alpha_1', \alpha_1'' \in \mathfrak{p}^{\mathbb{C}}$$

と分解する．さらに $\alpha_0 := \alpha_0'\,\mathrm{d}z + \alpha_0''\,\mathrm{d}\bar{z}$, $\alpha_1 = \alpha_1'\,\mathrm{d}z + \alpha_1''\,\mathrm{d}\bar{z}$ とおく．以上の記法をまとめると

$$\alpha = \alpha_0 + \alpha_1 = \alpha'\,\mathrm{d}z + \alpha''\,\mathrm{d}\bar{z} = \alpha_0'\,\mathrm{d}z + \alpha_1'\,\mathrm{d}z + \alpha_0''\,\mathrm{d}\bar{z} + \alpha_1''\,\mathrm{d}\bar{z}.$$

Ψ は積分可能条件

$$\frac{\partial}{\partial z}\alpha'' - \frac{\partial}{\partial \bar{z}}\alpha' + [\alpha', \alpha''] = O$$

をみたすが，これは注意 1.3.8 で説明した記法を使うと

$$\mathrm{d}\alpha + \frac{1}{2}[\alpha \wedge \alpha] = 0 \tag{8.1}$$

と書き直せる．ただし右辺の 0 は零行列 O を係数にもつ 1 次微分形式 $0 = O\mathrm{d}z + O\mathrm{d}\bar{z}$ を意味する．

後で使うために，積分可能条件 (8.1) を $\mathfrak{k}$ 成分の式と $\mathfrak{p}$ 成分の式に分解しておく．

$$\partial_z\alpha_0'' - \partial_{\bar{z}}\alpha_0' + [\alpha_0', \alpha_0''] + [\alpha_1', \alpha_1''] = 0, \tag{8.2}$$

$$-\partial_{\bar{z}}\alpha_1' + \partial_z\alpha_1'' + [\alpha_1', \alpha_0''] + [\alpha_0', \alpha_1''] = 0. \tag{8.3}$$

(8.2) において $[\alpha_0', \alpha_0''] = O$ であることを注意しておく (規則性が見やすいようにわざと残してある)．$\boldsymbol{\psi}$ の調和性を α を使って書き換える．

命題 8.1.1 C^∞ 級写像 $\boldsymbol{\psi} : \mathcal{D} \to \mathbb{S}^2$ が調和写像であるための条件は

$$\mathrm{d}(*\alpha_1) + [\alpha_0 \wedge *\alpha_1] = 0. \tag{8.4}$$

(証明) まず $\boldsymbol{\psi}_z$ を計算すると

$$\begin{aligned}\boldsymbol{\psi}_z &= \frac{\partial}{\partial z}(\Psi\,\boldsymbol{i}\Psi^{-1}) = \Psi_z\boldsymbol{i}\Psi^{-1} - \Psi\boldsymbol{i}\Psi^{-1}\Psi_z\Psi^{-1}\\ &= \Psi\alpha'\boldsymbol{i}\Psi^{-1} - \Psi\boldsymbol{i}\alpha'\Psi^{-1} = \mathrm{Ad}(\Psi)[\alpha', \boldsymbol{i}].\end{aligned}$$

同様に $\boldsymbol{\psi}_{\bar{z}} = \mathrm{Ad}(\Psi)[\alpha'', \boldsymbol{i}]$ を得る．同様の計算で

$$\frac{\partial}{\partial \bar{z}}\boldsymbol{\psi}_z = \mathrm{Ad}(\Psi)\{[\alpha'', [\alpha', \boldsymbol{i}]\,] + [\partial_{\bar{z}}\alpha', \boldsymbol{i}]\},$$
$$\frac{\partial}{\partial z}\boldsymbol{\psi}_{\bar{z}} = \mathrm{Ad}(\Psi)\{[\alpha', [\alpha'', \boldsymbol{i}]\,] + [\partial_z\alpha'', \boldsymbol{i}]\}$$

を得る．補題 3.1.17 を使うと

$$[\partial_{\bar{z}}\alpha', \boldsymbol{i}] = [\partial_{\bar{z}}\alpha'_1, \boldsymbol{i}],$$

$$[\alpha'', [\alpha', \boldsymbol{i}]] = [\alpha'', [\alpha'_0 + \alpha'_1, \boldsymbol{i}]] = [\alpha'', [\alpha'_1, \boldsymbol{i}]\,] = [\alpha''_0, [\alpha'_1, \boldsymbol{i}]\,] + [\alpha''_1, [\alpha'_1, \boldsymbol{i}]\,].$$

ここで $[\alpha''_0, [\alpha'_1, \boldsymbol{i}]]$ にヤコビの恒等式 (問 1.3.4) を使うと

$$[\alpha''_0, [\alpha'_1, \boldsymbol{i}]] = -[\alpha'_1, [\boldsymbol{i}, \alpha''_0]\,] + [\,[\alpha''_0, \alpha'_1], \boldsymbol{i}\,] = [\,[\alpha''_0, \alpha'_1], \boldsymbol{i}\,].$$

以上より

$$\boldsymbol{\psi}_{z\bar{z}} = \mathrm{Ad}(\Psi)\left\{\left[(\alpha'_1)_{\bar{z}} + [\alpha''_0, \alpha'_1], \boldsymbol{i}\right] + [\alpha''_1, [\alpha'_1, \boldsymbol{i}]\right\}.$$

$(\alpha'_1)_{\bar{z}} + [\alpha''_0, \alpha'_1]$ は $\mathfrak{p}^{\mathbb{C}}$ に値をもつので補題 3.1.17 より $\left[(\alpha'_1)_{\bar{z}} + [\alpha''_0, \alpha'_1], \boldsymbol{i}\right]$ も $\mathfrak{p}^{\mathbb{C}}$ 値．一方，$[\alpha''_1, [\alpha'_1, \boldsymbol{i}]]$ は $\mathfrak{k}^{\mathbb{C}}$ に値をもつことから $\boldsymbol{\psi}$ が調和，すなわち $\boldsymbol{\psi}_{z\bar{z}} = \varrho\boldsymbol{\psi}$ であるための必要十分条件は

$$-\frac{\partial}{\partial \bar{z}}\alpha'_1 + [\alpha'_1, \alpha''_0] = O. \tag{8.5}$$

この方程式は

$$\frac{\partial}{\partial z}\alpha''_1 + [\alpha'_0, \alpha''_1] = O \tag{8.6}$$

と同値であることに注意しよう[*1]．函数 ϱ は $\varrho\,\boldsymbol{i} = [\alpha'_1, [\alpha''_1, \boldsymbol{i}]]$ で定まる．

ψ が調和ならば (8.5) と (8.6) より

$$\partial_{\bar{z}}\alpha'_1 + \partial_z\alpha''_1 + [\alpha'_0, \alpha''_1] + [\alpha''_0, \alpha'_1] = O \tag{8.7}$$

であることがわかるが，これは (8.4) である．

逆に α が (8.4) をみたすとする．(8.7) から (8.3) を引くと (8.5) が得られるので，$\boldsymbol{\psi}$ は調和である．■

[*1] $\boldsymbol{\psi}_{z\bar{z}} = \rho\,\boldsymbol{\psi} = \boldsymbol{\psi}_{\bar{z}z}$ より．

調和写像 $\boldsymbol{\psi}:\mathcal{D}\to\mathbb{S}^2$ に対し標構場 Ψ をひとつとり $\alpha=\Psi^{-1}\mathrm{d}\Psi$ とおけば，α は (8.1), (8.4) の双方をみたす．逆に (8.1), (8.4) の双方をみたす $\mathfrak{su}(2)$ 値 1 次微分形式 α が与えられたとしよう．積分可能条件 (8.1) がみたされていることから指定された初期条件に対し，$\Psi^{-1}\mathrm{d}\Psi=\alpha$ をみたす $\Psi:\mathcal{D}\to\mathrm{SU}(2)$ が一意的に存在する．さらに解 Ψ を用いて $\boldsymbol{\psi}:=\mathrm{Ad}(\Psi)\boldsymbol{i}$ とおけばこれは調和写像である．

以上の観察から調和写像 $\boldsymbol{\psi}:\mathcal{D}\to\mathbb{S}^2$ の構成は

$$\mathrm{d}\alpha+\frac{1}{2}[\alpha\wedge\alpha]=0,\quad \mathrm{d}(*\alpha_1)+[\alpha_0\wedge *\alpha_1]=0$$

をみたす $\mathfrak{su}(2)$ 値 1 次微分形式 α を求めることに帰着する．

定義 $\mathcal{D}$ で定義された $\mathfrak{su}(2)$ 値の 1 次微分形式 α が

$$\mathrm{d}\alpha+\frac{1}{2}[\alpha\wedge\alpha]=0,\quad \mathrm{d}(*\alpha_1)+[\alpha_0\wedge *\alpha_1]=0$$

を満たすとき**容認接続** (admissible connection) とよぶ[*2)]．

ここで逆散乱法の観点を導入する．$\mathfrak{su}(2)$ 値の 1 次微分形式

$$\alpha=\alpha_0+\alpha_1=\alpha'\,\mathrm{d}z+\alpha''\,\mathrm{d}\bar{z}=\alpha_0'\,\mathrm{d}z+\alpha_1'\,\mathrm{d}z+\alpha_0''\,\mathrm{d}\bar{z}+\alpha_1''\,\mathrm{d}\bar{z}.$$

に対し

$$\alpha^{(\lambda)}:=\alpha_0+\lambda^{-1}\alpha_1'\,\mathrm{d}z+\lambda\,\alpha_1''\,\mathrm{d}\bar{z},\quad \lambda\in\mathbb{S}^1$$

とおく．$\lambda^{-1}=\overline{\lambda}$ に注意すると

$$\overline{{}^t(\alpha^{(\lambda)})}=\overline{{}^t\alpha_0}+\overline{\lambda^{-1}}\,\overline{{}^t\alpha_1'}\,\mathrm{d}\bar{z}+\overline{\lambda}\,\overline{{}^t\alpha_1''}\,\mathrm{d}z=-\alpha_0-\lambda\alpha_1''\,\mathrm{d}z-\lambda^{-1}\alpha_1'\,\mathrm{d}z=-\alpha^{(\lambda)}$$

であるから，$\alpha^{(\lambda)}$ も $\mathfrak{su}(2)$ 値である．

定理 8.1.2 (ポウルマイヤー, 1976) 次の 2 条件は同値である．

1) α は容認接続，すなわち (8.1) と (8.4) の双方をみたす．

---

*2) 接続 (connection) という名称は「接続の幾何学」に由来する．小林昭七,『接続の微分幾何とゲージ理論』, 裳華房, 1989 参照.

2) すべての $\lambda \in \mathbb{S}^1$ に対し

$$d\alpha^{(\lambda)} + \frac{1}{2}[\alpha^{(\lambda)} \wedge \alpha^{(\lambda)}] = 0.$$

(証明)　定義通りに計算すると

$$\begin{aligned} d\alpha^{(\lambda)} + \frac{1}{2}[\alpha^{(\lambda)} \wedge \alpha^{(\lambda)}] &= \left(\partial_z \alpha_0'' - \partial_{\bar{z}} \alpha_0' + [\alpha_0', \alpha_0''] + [\alpha_1', \alpha_1'']\right)\, dz \wedge d\bar{z} \\ &\quad + \lambda \left(-\partial_{\bar{z}} \alpha_1' + [\alpha_1', \alpha_0'']\right) dz \wedge d\bar{z} \\ &\quad + \lambda^{-1} \left(\partial_z \alpha_1'' + [\alpha_0', \alpha_1'']\right) dz \wedge d\bar{z} \end{aligned}$$

である．λ^0 の係数は (8.2) の左辺，また λ の係数は (8.5) の左辺，λ^{-1} の係数は (8.6) の左辺である．

(1 ⇒ 2): α が (8.1) と (8.4) の双方をみたすとき，まず (8.1) より (8.2) がみたされる．さらに (8.4) より λ, λ^{-1} の項の係数行列もともに O. したがって，すべての λ について $d\alpha^{(\lambda)} + [\alpha^{(\lambda)} \wedge \alpha^{(\lambda)}]/2 = 0$ である．

(2 ⇒ 1): このとき $\lambda = 1$ と選べば (8.1) が得られる．あとは (8.4) がみたされることを示せばよい．(8.1) より (8.2), (8.3) を得る．また (8.5) と (8.6) が得られている．(8.6) から (8.5) を引くと (8.4) を得る．■

定理 8.1.2 を調和写像方程式の零曲率表示とよぶ．α が容認接続ならば各 $\alpha^{(\lambda)}$ も容認接続になっていることに注意しよう．容認接続 α に対し $\{\alpha^{(\lambda)} \mid \lambda \in \mathbb{S}^1\}$ を α を通る容認接続のループ (loop) とよぶ．

容認接続のループの各要素は積分可能条件 (8.1) をみたしているから

$$\left(\Psi^{(\lambda)}\right)^{-1} d\Psi^{(\lambda)} = \alpha^{(\lambda)}$$

をみたす行列値函数の (1 径数族) $\Psi^{(\lambda)} : \mathcal{D} \times \mathbb{S}^1 \to \mathrm{SU}(2)$ が存在する．$\Psi^{(\lambda)}$ は $\mathcal{D}$ の点と $\lambda \in \mathbb{S}^1$ に依存することに注意．さらに $\boldsymbol{\psi}^{(\lambda)} := \mathrm{Ad}(\Psi^{(\lambda)})\boldsymbol{i}$ とおけば調和写像の 1 径数族 $\boldsymbol{\psi}^{(\lambda)} : \mathcal{D} \times \mathrm{U}(1) \to \mathbb{S}^2$ が得られる．この 1 径数族を $\boldsymbol{\psi} := \boldsymbol{\psi}^{(\lambda)}|_{\lambda=1}$ の同伴族とよぶ．$\boldsymbol{\psi}$ を通る調和写像のループともよぶ．

もちろん各 λ に対し $\Psi^{(\lambda)}$ は $\boldsymbol{\psi}^{(\lambda)}$ の標構場である．この $\Psi^{(\lambda)}$ を extended frame とよぶ[*3)]．注意 1.3.6 で説明したように extended frame は不定性がある．

---

*3)　適切な日本語訳は今のところないので英語のままとする．

すなわち extended frame $\Psi^{(\lambda)}$ と $a \in \mathrm{SU}(2)$ に対し，$a\Psi^{(\lambda)}$ も extended frame である．

以後，$\mathcal{D}$ は $\mathbb{C}$ 内の原点を含む単連結領域とし，$\Psi_\lambda(0,0) \equiv \mathbf{1}$ となるよう正規化をしておくことに決める．このとき $\boldsymbol{\psi}(0,0) = \boldsymbol{i}$ である．

注意 8.1.3 径数 λ は方程式 $\mathrm{d}\alpha^{(\lambda)} + [\alpha^{(\lambda)} \wedge \alpha^{(\lambda)}]/2 = 0$ を逆散乱問題に書き直した際の固有値である．その事実に由来し，λ をスペクトル径数 (spectral parameter) とよぶ．

extended frame は $\Psi : \mathcal{D} \to \{\gamma : \mathbb{S}^1 \to \mathrm{SU}(2)\}$ なる写像と見なせることに注意しよう．これは単位円 $\mathbb{S}^1$ から SU(2) への写像の全体 $\{\gamma : \mathbb{S}^1 \to \mathrm{SU}(2)\}$ を考えることが有効であることを示唆している．$\{\gamma : \mathbb{S}^1 \to \mathrm{SU}(2)\}$ には SU(2) の群構造を用いて群の構造が自然に定まる．この群構造を与えたものを SU(2) のループ群 (loop group) とよんでいる．次節では調和写像の構成に有用なループ群について説明する．

8.2 リーマン–ヒルベルト分解

この節では次節で必要となるループ群とその分解定理を紹介する．

注意 8.2.1 (群の分解) $\mathcal{G}$ を群とする．ふたつの部分群 $\mathcal{G}_1$, $\mathcal{G}_2$ が与えられているとする．任意の要素 $a \in \mathcal{G}$ が $a = a_1 a_2$, $a_1 \in \mathcal{G}_1$, $a_2 \in \mathcal{G}_2$ と一意的に分解されるとき，$\mathcal{G} = \mathcal{G}_1 \mathcal{G}_2$ と表記し，$\mathcal{G}$ は $\mathcal{G}_1$ と $\mathcal{G}_2$ に分解されると言い表す．

例 8.2.2 (極分解) 複素数 $z = x + iy \in \mathbb{C}$ を長さ $r = |z|$ と偏角 θ を用いて $z = re^{i\theta}$ と表すことができる．これを z の**極表示**とよぶ (本講座 [24])．複素数の極表示を用いると問 3.1.18 で考察した $\mathrm{U}(1)^{\mathbb{C}}$ は $\mathrm{U}(1)^{\mathbb{C}} = \mathrm{U}(1) \cdot B$ と分解される．これを $\mathrm{U}(1)^{\mathbb{C}}$ の**極分解**とよぶ．

$\mathbb{C}$ 内の単位円 $\mathbb{S}^1$ で定義され SU(2) に値をもつ C^∞ 級の行列値函数の全体を $\Lambda\mathrm{SU}(2)$ で表す．同様に $\Lambda\mathfrak{su}(2)$, $\Lambda\mathrm{SL}_2\mathbb{C}$, $\Lambda\mathfrak{sl}_2\mathbb{C}$ を定めておく．$\Lambda\mathrm{SU}(2)$, $\Lambda\mathrm{SL}_2\mathbb{C}$

は行列の積を演算として群になる．これらをそれぞれ SU(2), $\mathrm{SL}_2\mathbb{C}$ のループ群とよぶ．$\Lambda\mathfrak{su}(2)$, $\Lambda\mathfrak{sl}_2\mathbb{C}$ はそれぞれ SU(2), $\mathrm{SL}_2\mathbb{C}$ のループ代数とよぶ．

$\Lambda\mathrm{SU}(2)$, $\Lambda\mathrm{SL}_2\mathbb{C}$ は無限次元のリー群の構造をもち，$\Lambda\mathfrak{su}(2)$, $\Lambda\mathfrak{sl}_2\mathbb{C}$ をリー環にもつ ([22, p.27])．

調和写像の構成で用いられる部分群を定める (σ は p.93 で定義した線型変換)．

$$\Lambda\mathrm{SL}_2\mathbb{C}_\sigma = \{\gamma \in \Lambda\mathrm{SL}_2\mathbb{C} \mid \gamma(-\lambda) = \sigma(\gamma(\lambda))\}, \quad \Lambda\mathrm{SU}(2)_\sigma = \Lambda\mathrm{SL}_2\mathbb{C}_\sigma \cap \Lambda\mathrm{SU}(2).$$

条件 $\gamma(-\lambda) = \sigma(\gamma(\lambda))$ は**捻**(ねじ)**り条件** (twisting condition) とよばれる．$\Lambda\mathrm{SL}_2\mathbb{C}_\sigma$, $\Lambda\mathrm{SU}(2)_\sigma$ はそれぞれ SU(2), $\mathrm{SL}_2\mathbb{C}$ の**捻**(ねじ)**りループ群**とよばれる．調和写像の extended frame $\Psi^{(\lambda)}$ は $\Lambda\mathrm{SU}(2)_\sigma$ に値をもつことを注意しておく．

$\xi(\lambda) \in \Lambda\mathfrak{sl}_2\mathbb{C}_\sigma$ を $\xi(\lambda) = \sum_{j=-\infty}^{\infty} \xi_j \lambda^j$ と λ で展開しよう (フーリエ展開)．捻り条件より，係数行列は $\xi_{2j} \in \mathfrak{k}^{\mathbb{C}}$, $\xi_{2j+1} \in \mathfrak{p}^{\mathbb{C}}$ をみたす．

捻りループ代数の線型部分空間を準備する．

$$\Lambda^+\mathfrak{sl}_2\mathbb{C}_\sigma = \left\{ \xi(\lambda) = \sum_{j\geq 0} \xi_j \lambda^j \in \Lambda\mathfrak{sl}_2\mathbb{C}_\sigma \right\},$$

$$\Lambda^-_*\mathfrak{sl}_2\mathbb{C}_\sigma = \left\{ \xi(\lambda) = \sum_{j< 0} \xi_j \lambda^j \in \Lambda\mathfrak{sl}_2\mathbb{C}_\sigma \right\}.$$

これらの部分リー環により次の (線型空間としての) 直和分解を得る．

$$\Lambda\mathfrak{sl}_2\mathbb{C}_\sigma = \Lambda^-_*\mathfrak{sl}_2\mathbb{C}_\sigma \oplus \Lambda^+\mathfrak{sl}_2\mathbb{C}_\sigma.$$

この分解に対応してループ群も分解できるだろうか．バーコフ (Birkhoff) とグロタンディーク (Grothendieck) に遡れる分解定理がプレスリーとシーガルによって得られている ([22])．分解定理を述べるため $\Lambda\mathrm{SL}_2\mathbb{C}_\sigma$ の部分群 $\Lambda^-_*\mathrm{SL}_2\mathbb{C}_\sigma$ を

$$\Lambda^-_*\mathrm{SL}_2\mathbb{C}_\sigma = \{\ \gamma \in \Lambda^-\mathrm{SL}_2\mathbb{C}_\sigma \mid \gamma(\lambda) = \mathbf{1} + \sum_{k\leq -1} \gamma_k\, \lambda^k\ \}$$

と定義しておく．

定理 8.2.3 ($\Lambda\mathrm{SL}_2\mathbb{C}_\sigma$ のバーコフ分解)

$$\Lambda\mathrm{SL}_2\mathbb{C}_\sigma = \bigsqcup_{w_n \in \mathcal{T}} \Lambda^-\mathrm{SL}_2\mathbb{C}_\sigma \cdot w_n \cdot \Lambda^+\mathrm{SL}_2\mathbb{C}_\sigma, \tag{8.8}$$

$$\mathcal{T} = \left\{ w_{2k} = \begin{pmatrix} \lambda^{2k} & 0 \\ 0 & \lambda^{-2k} \end{pmatrix},\ w_{2k+1} = \begin{pmatrix} 0 & \lambda^{2k+1} \\ \lambda^{-2k-1} & 0 \end{pmatrix} \,\middle|\, k \in \mathbb{Z} \right\}.$$

積写像

$$\Lambda_*^- \mathrm{SL}_2\mathbb{C}_\sigma \times \Lambda^+ \mathrm{SL}_2\mathbb{C}_\sigma \to \Lambda \mathrm{SL}_2\mathbb{C}_\sigma \tag{8.9}$$

は $\Lambda\mathrm{SL}_2\mathbb{C}_\sigma$ のある稠密開集合 $\mathcal{B}_\Lambda^\circ(-,+)$ への微分同相写像である．この稠密開集合を $\Lambda\mathrm{SL}_2\mathbb{C}_\sigma$ の**大胞体** (big cell) とよぶ．とくに γ が $\mathcal{B}_\Lambda = \mathcal{B}_\Lambda^\circ(-,+)$ の元であれば

$$\gamma = \gamma_- \cdot \gamma_+,\quad \gamma_- \in \Lambda_*^- \mathrm{SL}_2\mathbb{C}_\sigma,\ \gamma_+ \in \Lambda^+ \mathrm{SL}_2\mathbb{C}_\sigma$$

という分解をもつ．この分解を γ の**バーコフ分解** (Birkhoff splitting) とよぶ[*4)]．

もうひとつの分解定理は，SU(2) 値のループを取り出すものである．$\xi(\lambda) = \sum_{k=-\infty}^{\infty} \xi_k \lambda^k \in \Lambda\mathfrak{sl}_2\mathbb{C}_\sigma$ に対し $\xi_- := \sum_{k=-\infty}^{-1} \xi_k \lambda^k$, $\xi_+ := \sum_{k=1}^{\infty} \xi_k \lambda^k$ とおく．さらに $\xi_0 \in \mathfrak{k}^{\mathbb{C}}$ を分解 $\mathfrak{k}^{\mathbb{C}} = \mathfrak{k} \oplus \mathfrak{b}$ に沿って $\xi_0 = (\xi_0)_{\mathfrak{k}} + (\xi_0)_{\mathfrak{p}}$ と分解する．

$$\xi = \xi_- + (\xi_0)_{\mathfrak{k}} + (\xi_0)_{\mathfrak{p}} + \xi_+ = (\xi_- + \iota(\xi_-) + (\xi_0)_{\mathfrak{k}}) + (\xi_+ - \iota(\xi_-) + (\xi_0)_{\mathfrak{b}})$$

と書き直せることから直和分解

$$\Lambda\,\mathfrak{sl}_2\mathbb{C}_\sigma = \Lambda\,\mathfrak{su}(2)_\sigma \oplus \Lambda_{\mathfrak{b}}^+\,\mathfrak{sl}_2\mathbb{C}_\sigma, \tag{8.10}$$

$$\Lambda_{\mathfrak{b}}^+\,\mathfrak{sl}_2\mathbb{C}_\sigma = \left\{ \xi(\lambda) = \xi_0 + \sum_{j>0} \xi_j \lambda^j \in \Lambda^+\,\mathfrak{sl}_2\mathbb{C}_\sigma \,\middle|\, \xi_0 \in \mathfrak{b} \right\}.$$

が得られる．この分解に対応するループ群の分解定理が知られている．

定理 8.2.4 (リーマン–ヒルベルト分解・岩澤分解)　$\Lambda_B^+\mathrm{SL}_2\mathbb{C}_\sigma$ を

$$\Lambda_B^+\mathrm{SL}_2\mathbb{C}_\sigma = \left\{ \gamma \in \Lambda\mathrm{SL}_2\mathbb{C}_\sigma \,\middle|\, \gamma(\lambda) = \gamma_0 + \sum_{j=1}^{\infty} \gamma_j \lambda^j,\quad \gamma_0 \in B \right\}$$

で定めるとき分解 $\Lambda\mathrm{SL}_2\mathbb{C}_\sigma = \Lambda\mathrm{SU}(2)_\sigma \cdot \Lambda_B^+\mathrm{SL}_2\mathbb{C}_\sigma$ が成立する．すなわち $\Lambda\mathrm{SL}_2\mathbb{C}_\sigma$

---

*4) バーコフ–グロタンディーク分解ともよばれる．

の各元 γ は

$$\gamma = F \cdot \ell_+, \quad F \in \Lambda\mathrm{SU}(2)_\sigma, \ \ell_+ \in \Lambda_B^+\mathrm{SL}_2\mathbb{C}_\sigma$$

と一意的に分解される．この分解をリーマン–ヒルベルト分解または岩澤分解とよぶ.

定義 $\mathcal{G}$ を群とする．いま $\mathcal{G}$ に対し群の分解 $\mathcal{G} = \mathcal{G}_1\,\mathcal{G}_2$ が与えられているとする．この分解を用いて $\mathcal{G}_1$ 上の $\mathcal{G}$ の作用 $\# : \mathcal{G} \times \mathcal{G}_1 \to \mathcal{G}_1$ を次の要領で定める．$g \in \mathcal{G}$, $h \in \mathcal{G}_1$ に対し gh^{-1} を $gh^{-1} = (gh^{-1})_1(gh^{-1})_2$ と $\mathcal{G} = \mathcal{G}_1\,\mathcal{G}_2$ に沿って分解し，$g\#h = (gh^{-1})_1^{-1}$ と定める．この作用 $\#$ をドレッシング作用 (dressing action) とよぶ.

$\mathcal{G} = \Lambda\mathrm{SL}_2\mathbb{C}_\sigma$, $\mathcal{G}_1 = \Lambda\mathrm{SU}(2)_\sigma$, $\mathcal{G}_2 = \Lambda_B^+\mathrm{SL}_2\mathbb{C}_\sigma$ と選ぼう．extended frame $\Psi^{(\lambda)}$ に対しドレッシング作用を施すことで新しい extended frame を得ることができる．したがって与えられた調和写像から新たな調和写像を得ることができる.

本書では詳しく述べる余裕がないが，平均曲率一定曲面のビアンキ–ベックルンド変換は (ガウス写像に対する) 単純ドレッシングとよばれるドレッシング作用であることが知られている[*5)].

---

*5) 本質的には K. Uhlenbeck, On the connection between harmonic maps and the self–dual Yang–Mills and the sine–Gordon equations, *J. Geom. Phys.* 8(1992), no. 1–4, 283–316 で示されている．バースタール (F. E. Burstall) は平均曲率一定曲面を平均曲率一定曲面に写すダルブー変換は curved flat とよばれる写像に対する単純ドレッシング作用であることを証明した (Isothermic surfaces: conformal geometry, Clifford algebra and integrable systems, *Integrable Systems, Geometry and Topology*, AMS/IP Studies in Advanced Math. 36(2006), pp.1–82)．この結果と定理 5.2.6 によりビアンキ・ベックルンド変換は curved flat に対する単純ドレッシング作用であることがわかる．ビアンキ・ベックルンド変換を「調和写像に対する単純ドレッシング」として表すことができる．詳細な証明は A. Mahler, *Bianchi–Bäcklund transformations for constant mean curvature surfaces with umbilics. Theory and Applications*, Ph. D. Thesis, Univ. of Toledo, 2002 および R. Pacheco, Bianchi–Bäcklund transforms and dressing actions, revisited, *Geom. Dedicata* 146(2010), 85–99 にある.

8.3 DPW 公 式

函数 $u(x,y)$ に対するラプラス方程式 (調和函数の方程式) $\Delta u := u_{xx}+u_{yy}=0$ を考える．複素変数 $z=x+yi$, $\overline{z}=x-yi$ に対し $x=(z+\overline{z})/2$, $y=(z-\overline{z})/(2i)$ を用いて，$u(x,y)$ を z と $\overline{z}$ の 2 変数函数に書き換える．$\Delta u = 4u_{z\overline{z}}$ であるから，$\Delta u = 0$ は $u(z,\overline{z})$ が変数分離することを意味している．したがって調和函数 u は z だけに依存する函数 $f(z)$ と $\overline{z}$ だけに依存する函数 $g(\overline{z})$ を用いて $2u(z,\overline{z})=f(z)+g(\overline{z})$ と表すことができる (**変数分離法**)．ところで $f(z)$ は z について正則函数であり，u が実数値であることから $g(\overline{z})=\overline{f(z)}$ である．したがって $2u=f+\overline{f}=2\mathrm{Re}\,f$．つまり $u(x,y)$ は正則函数 $f(z)$ の実部である．

すでに説明したように極小曲面に対しては，このような解法が適用でき複素積分で曲面を表示する公式 (ワイエルシュトラス–エンネッパーの公式) が得られている．

非線型偏微分方程式についてはこのような変数分離法は期待できない．

この節では「正則函数を用いて解を与える」という解法の非線型版を調和写像に対して与える．極小曲面の場合の公式の類似・拡張という意味で調和写像のワイエルシュトラス型**構成法**とよばれている．またこの構成法を厳密に与えた論文[*6)]の著者 3 人の頭文字を取って **DPW 法** (DPW–method) ともよばれている．

まず発見的考察をしておこう．$\Psi=\Psi^{(\lambda)}$ を extended frame とする．Ψ はループ群に値をもつ．ここでなんらかの意味で Ψ の "微分" に相当するもの $F=\dot{\Psi}$ を考え，F の構成を議論する．"微分" $F=\dot{\Psi}$ はループ代数に値をもつ．

勝手に与えた行列値正則函数 $X(z)$ を用いて $F(z,\overline{z};\lambda)=X(z)+\iota(X(z))$ という和で表示できるとしよう．X を λ に依存させよう．

最初は $X(z;\lambda)$ は λ の非正冪しか含まないことにしよう．$F(z,\overline{z};\lambda)=X(z;\lambda)+\iota(X(z;\lambda))$ を

$$X=(X+\iota(X)\,)+(-\iota(X)\,) \tag{8.11}$$

---

*6) J. Dorfmeister, F. Pedit, H. Wu, Weierstrass type representation of harmonic maps into symmetric spaces, *Comm. Anal. Geom.* 6(1998), 633–668.

と書き直してみると

$$X+\iota(X)\in\Lambda\,\mathfrak{su}(2)_\sigma,\quad \iota(X)\in\Lambda^+\mathfrak{sl}_2\mathbb{C}_\sigma$$

であることに気づく．(8.11) からループ代数の分解

$$\Lambda\mathfrak{sl}_2\mathbb{C}_\sigma=\Lambda\,\mathfrak{su}(2)_\sigma\oplus\Lambda^+_{\mathfrak{b}}\mathfrak{sl}_2\mathbb{C}_\sigma \tag{8.12}$$

を思い出すことは難しくないだろう．

そこで今度は $X(z;\lambda)$ は $\Lambda\mathfrak{sl}_2\mathbb{C}_\sigma$ 値の任意の正則函数とする．X を

$$X=X_++X_-,\quad X_-\in\Lambda^-\mathfrak{g}_\sigma,\ X_+\in\Lambda^+_*\mathfrak{g}_\sigma$$

と分解しておこう．$\iota(X_+)\in\Lambda^-_*\mathfrak{sl}_2\mathbb{C}_\sigma$, $\iota(X_-)\in\Lambda^+\mathfrak{sl}_2\mathbb{C}_\sigma$ であることに注意.

すると (8.12) に沿う分解は p.93 で定義した ι を使って

$$X=(X_-+\iota(X_-))+(X_+-\iota(X_-))$$

と具体的に計算できる．$F:=X_-+\iota(X_-)$ とおくと F は $z,\bar{z},\lambda$ に依存し (一般に)λ の正冪も負冪も含む.

我々が欲しいのは extended frame Ψ だから，ここまでの大雑把な推論をループ群の分解で行えばよいだろうと予想が立てられる.

したがって我々の戦略 (strategy) は次のようにまとめられる.

① $\mathfrak{sl}_2\mathbb{C}$ 値の正則函数 $\xi_k(z)$ を係数にもつ $\Lambda\mathfrak{sl}_2\mathbb{C}_\sigma$ 値の 1 次微分形式 $\Xi=\sum\xi_k\lambda^k\,\mathrm{d}z$ を与える.

② Ξ から $\Lambda\mathrm{SL}_2\mathbb{C}_\sigma$ に値をもつ行列値函数 $C(z)$ を構成する.

③ $C(z)$ にリーマン–ヒルベルト分解 $C=\Psi\,L_+^{-1}$ を施す.

④ リーマン–ヒルベルト分解で得た Ψ は extended frame になっているはず.

では調和写像に取り掛かろう．まず最初に

$$\mathcal{P}:=\left\{\Xi=\xi\,\mathrm{d}z\ \middle|\ \xi=\sum_{k=-1}^{\infty}\xi_k(z)\,\lambda^k:\mathcal{D}\to\Lambda\mathfrak{sl}_2\mathbb{C}_\sigma,\ \xi_k(z)\text{ は正則}\right\}$$

とおく．集合 $\mathcal{P}$ の元は調和写像のポテンシャルの空間とみなせることをこれから説明していく.

まず「リーマン–ヒルベルト分解による解の構成法」を説明する.

定理 8.3.1 (ドルフマイスター–ペディット–ウー, 1998) $\Xi = \xi\,\mathrm{d}z \in \mathcal{P}$ とする．初期値問題

$$\mathrm{d}C = C\Xi, \quad C(z=0) = \mathbf{1}. \tag{8.13}$$

の解 $C(z)$ をリーマン–ヒルベルト分解する．

$$C = \Psi \cdot L_+^{-1}, \quad \Psi \in \Lambda\mathrm{SU}(2)_\sigma, \quad L_+ \in \Lambda_B^+\mathrm{SL}_2\mathbb{C}_\sigma$$

この分解で得られる $\Psi = \Psi^{(\lambda)}$ は extended frame である．ゆえに $\boldsymbol{\psi}^{(\lambda)} := \mathrm{Ad}(\Psi^{(\lambda)})\boldsymbol{i}$ は調和写像のループを与える．

(証明) $\alpha^{(\lambda)} := (\Psi^{(\lambda)})^{-1}\mathrm{d}\Psi^{(\lambda)}$ を $\alpha^{(\lambda)} = \sum_{k=-\infty}^{\infty} \alpha'_k\lambda^k\,\mathrm{d}z + \sum_{k=-\infty}^{\infty} \alpha''_k\lambda^k\,\mathrm{d}\bar{z}$ と展開する．

$$\alpha^{(\lambda)} = (\Psi^{(\lambda)})^{-1}\mathrm{d}\Psi^{(\lambda)} = L_+^{-1}\,\xi\,L_+ + L_+^{-1}\mathrm{d}L_+ \tag{8.14}$$

において L_+ は $\Lambda_B^+\mathrm{SL}_2\mathbb{C}_\sigma$ に値をとるから $L_+^{-1}\mathrm{d}L_+ = \sum_{k=0}^{\infty}\mathcal{L}'_k\lambda^k\mathrm{d}z + \sum_{k=0}^{\infty}\mathcal{L}''_k\lambda^k\mathrm{d}\bar{z}$ と展開できる．$\mathcal{L}'_0, \mathcal{L}''_0$ は $\mathfrak{b} \subset \mathfrak{sl}_2\mathbb{C}$ に値をとる．一方，$L_+^{-1}\,\xi\,L_+$ は

$$L_+^{-1}\,\xi\,L_+ = \sum_{k=-1}^{\infty} \mathcal{B}_k\lambda^k\,\mathrm{d}z$$

と展開される．$\alpha^{(\lambda)}$ は $\mathfrak{su}(2)$ 値の 1 次微分形式であるから $\iota(\alpha^{(\lambda)}) = \alpha^{(\lambda)}$ をみたす．そこで $\iota(\alpha^{(\lambda)})$ を計算すると

$$\iota(\alpha^{(\lambda)}) = \sum_{k=-\infty}^{0} \iota(\mathcal{L}''_{-k})\lambda^k\,\mathrm{d}z + \left(\sum_{k=-\infty}^{1} \iota(\mathcal{B}_{-k})\lambda^k + \sum_{k=-\infty}^{0} \iota(\mathcal{L}'_{-k})\lambda^k\right)\mathrm{d}\bar{z}.$$

等式 $\iota(\alpha^{(\lambda)}) = \alpha^{(\lambda)}$ の $\mathrm{d}z, \mathrm{d}\bar{z}$ の係数行列を比較すると

$$\sum_{k=-\infty}^{\infty} \alpha'_k\lambda^k = \sum_{k=-1}^{\infty} \mathcal{B}_k\lambda^k + \sum_{k=0}^{\infty} \mathcal{L}'_k\lambda^k = \sum_{k=-\infty}^{0} \iota(\mathcal{L}'_{-k})\lambda^k,$$

$$\sum_{k=-\infty}^{\infty} \alpha''_k\lambda^k = \sum_{k=1}^{\infty} \iota(\mathcal{B}_{-k})\lambda^k + \sum_{k=0}^{\infty} \iota(\mathcal{L}'_{-k})\lambda^k = \sum_{k=-\infty}^{0} \mathcal{L}''_k\lambda^k$$

であるから $k \geq 2$ に対し $\alpha'_k = 0$ かつ

$$\alpha'_{-1} = \mathcal{B}_{-1} = \iota(\mathcal{L}''_1),\ \alpha'_0 = \mathcal{B}_0 + \mathcal{L}'_0 = \iota(\mathcal{L}''_0),$$

$$\alpha_1'' = \iota(\mathcal{B}_{-1}) = \mathcal{L}_1'',\ \alpha_0'' = \mathcal{B}_0 + \mathcal{L}_0' = \iota(\mathcal{L}_0'')$$

であるから，結局

$$\alpha^{(\lambda)} = \lambda^{-1}\alpha_{-1}'\,\mathrm{d}z + \alpha_0'\,\mathrm{d}z + \alpha_0''\,\mathrm{d}\overline{z} + \lambda\alpha_{-1}''\,\mathrm{d}\overline{z}$$

となり，$\alpha_{-1}', \alpha_1'' \in \mathfrak{p}, \alpha_0', \alpha_0'' \in \mathfrak{k}$ であるから $\Psi^{(\lambda)}$ は extended frame である． ■

以上のことから Ξ を調和写像のポテンシャルとよぶ．

逆に調和写像からポテンシャルを求めてみよう．$\Psi^{(\lambda)}$ を調和写像 $\psi : \mathcal{D} \to \mathbb{S}^2$ の extended frame とする．以下煩雑なので $\Psi^{(\lambda)}$ を Ψ と略記する．大胞体 $\mathcal{B}^{\circ}_{\Lambda}(-,+)$ は開集合で，Ψ は連続写像であることより

$$D_1 := \left\{(x,y) \in \mathcal{D} \mid \Psi(x,y) \in \mathcal{B}^{\circ}_{\Lambda}(-,+)\ \right\}$$

は原点を含む $\mathcal{D}$ の開集合である．$\mathcal{S} := \mathcal{D} \setminus D_1$ とおく．

$\mathcal{D} \setminus \mathcal{S}$ 上でバーコフ分解:

$$\Psi = \Psi_-\,\Psi_+,\ \Psi_- \in \Lambda_*^-\mathrm{SL}_2\mathbb{C}_\sigma,\ \Psi_+ \in \Lambda^+\mathrm{SL}_2\mathbb{C}_\sigma \tag{8.15}$$

を施す．(8.15) より

$$\Psi_-^{-1}\mathrm{d}\Psi_- = \Psi_+(\Psi^{-1}\mathrm{d}\Psi)\,\Psi_+^{-1} - \mathrm{d}\Psi_+\,\Psi_+^{-1} \tag{8.16}$$

を得るが $\alpha^{(\lambda)} := \Psi^{-1}\mathrm{d}\Psi = \alpha_0 + \lambda^{-1}\alpha_1' + \lambda\alpha_1''$ より

$$\Psi_+(\Psi^{-1}\mathrm{d}\Psi)\Psi_+^{-1} = \Psi_+(\alpha_0 + \lambda\alpha_1'\,du + \lambda^{-1}\alpha_1''\,d\nu)\Psi_+^{-1} \tag{8.17}$$

となる．ここで Ψ_+ は

$$\Psi_+(z,\overline{z}) = \sum_{k\geq 0} \Psi_k^+(z,\overline{z})\,\lambda^k \tag{8.18}$$

という形をしていることに注意する．(8.16) の両辺における $\mathrm{d}\overline{z}$ 係数を見比べる．左辺は λ の負冪のみ含む．一方右辺は非負冪しか含まない．ということは

$$\frac{\partial\Psi_-}{\partial\overline{z}} = O.$$

すなわち Ψ_- は z について複素正則である．

今度は (8.16) の両辺における dz 係数を見比べる．

$$\Psi_-^{-1}\frac{\partial\Psi_-}{\partial z}\mathrm{d}z=\lambda^{-1}\left\{\mathrm{Ad}\left(V_0^+\right)\alpha_1'\right\}\mathrm{d}z$$

を得た．$\eta:=\mathrm{Ad}\left(V_0^+\right)\alpha_1'\,\mathrm{d}z$ とおくと $\mathcal{D}$ 上の $\mathfrak{p}^{\mathbb{C}}$ 値有理型 1 次微分形式でその極は $\mathcal{S}$ に収まっている．$\mathcal{S}$ は離散的であることを注意しておく．$\Xi=\lambda^{-1}\eta$ を原点を基点にもつ正規ポテンシャル (または規格化ポテンシャル，normalized potential) とよぶ．この命名はウー (Hongyou Wu) による．今構成した正規ポテンシャル Ξ に定理 8.3.1 を適用すれば，もとの調和写像 $\boldsymbol{\psi}$ とその extended frame $\Psi^{(\lambda)}$ が再現される．

定理 8.3.2 (正規ポテンシャル) $\boldsymbol{\psi}:\mathcal{D}\to\mathbb{S}^2=\mathrm{SU}(2)/\mathrm{U}(1)$ を初期条件 $\boldsymbol{\psi}(0,0)=\boldsymbol{i}$ をみたす調和写像，$\Psi=\Psi^{(\lambda)}$ をその extended frame とすると，原点 $(0,0)$ を含む $\mathcal{D}$ の開集合 $\mathcal{D}\setminus\mathcal{S}$ が存在し，その上で Ψ は

$$\Psi=\Psi_-\,\Psi_+,\quad \Psi_-\in\Lambda_*^-\mathrm{SL}_2\mathbb{C}_\sigma,\quad \Psi_+\in\Lambda^+\mathrm{SL}_2\mathbb{C}_\sigma$$

と分解される．1 次微分形式 η を $\eta(z)=\Psi_-^{-1}\mathrm{d}\,\Psi_-\,\lambda$ で定義すると，これは $\mathfrak{p}^{\mathbb{C}}$ 値で z について複素正則である．

逆に，任意の調和写像 $\boldsymbol{\psi}:\mathcal{D}\to\mathbb{S}^2$ で初期条件 $\boldsymbol{\psi}(0,0)=\boldsymbol{i}$ をみたすものは $\mathfrak{p}^{\mathbb{C}}$ 値の 1 次微分形式 $\eta(z)$ で z について複素正則であるものから定理 8.3.1 で構成される．

正規ポテンシャルをさらに詳しく調べよう．

$$\Psi_-^{-1}\frac{\partial\Psi_-}{\partial z}=\lambda^{-1}\left\{\mathrm{Ad}\left(\Psi_0^+\right)\alpha_1'\right\}$$

の左辺は z について正則である．そこで $\Psi_0^+(z,\overline{z})$, $\Psi(z,\overline{z})$, $\alpha_1'(z,\overline{z})$, $\alpha_0'(z,\overline{z})$ の正則部分をそれぞれ $\hat{\Psi}_0^+(z,\overline{z})$, $\hat{\Psi}(z,\overline{z})$, $\beta_1(z,\overline{z})$, $\beta_0(z,\overline{z})$ としよう．

注意 8.3.3 原点を含む領域上の実解析的な函数 $f:\mathcal{D}\to\mathbb{C}$ を $z,\overline{z}$ でテイラー級数 $f(z,\overline{z})=\sum_{k,\ell=0}^{\infty}f_{k\ell}z^k\overline{z}^\ell$ で表したとき，$\hat{f}(z)=\sum_{k=0}^{\infty}f_{k0}z^k$ を f の正則部分という．

$(\Psi_0^+)^{-1}$ の正則部分は $(\hat{\Psi}_0^+)^{-1}$ で与えられること，$\hat{\Psi}_0^+(z)=\hat{\Psi}^+(z)|_{\lambda=0}$ である

ことに注意しよう．初期条件 $\Psi(0,0)=\mathbf{1}$ より $\hat{\Psi}(0)=\mathbf{1}$ であるから $\hat{\Psi}_0^+(0)=\mathbf{1}$. Ψ_z の正則部分は $\hat{\Psi}_z$ である．また Ψ_- の正則部分は Ψ_- 自身なので

$$\Psi_-^{-1}(\Psi_-)_z=\lambda^{-1}\left\{\mathrm{Ad}\left(\hat{\Psi}_0^+\right)\beta_1\right\}$$

を得る．$\Psi^{-1}\Psi_z=(\alpha_0'+\lambda^{-1}\alpha_1')$ の両辺で正則部分をとると

$$\begin{aligned}\hat{\Psi}^{-1}\hat{\Psi}_z &= \Psi^{-1}\Psi_z\text{の正則部分}\\ &=(\lambda^{-1}\alpha_1'+\alpha_0')\text{ の正則部分}=\lambda^{-1}\beta_1+\beta_0.\end{aligned}$$

バーコフ分解 $\Psi=\Psi_-\Psi_+$ の両辺の正則部分をとると $\hat{\Psi}(z)=\Psi_-(z)\hat{\Psi}_+(z)$. $\hat{\Psi}$ は λ の正冪を含まないので $\hat{\Psi}(z)=\Psi_-(z)\hat{\Psi}_+^0(z)$ となっている．これを $\hat{\Psi}^{-1}\hat{\Psi}_z=\lambda^{-1}\beta_1+\beta_0$ に代入すれば

$$(\hat{\Psi}_0^+)^{-1}\mathrm{d}\hat{\Psi}_0^+=\beta_0(z)\,\mathrm{d}z,\quad \hat{\Psi}_0^+(0)=\mathbf{1}$$

を得る．

定理 8.3.4 (ウーの公式, 1999) 正規ポテンシャルは $\eta(z)=\mathrm{Ad}(W(z))\beta_1(z)\mathrm{d}z$ で与えられる．$W(z)$ は

$$W(z)^{-1}\mathrm{d}W(z)=\beta_0(z)\,\mathrm{d}z,\quad W(0)=\mathbf{1}$$

の解.

平均曲率一定曲面と正規ポテンシャルの関係を調べよう．平均曲率一定曲面 $\boldsymbol{p}:\mathcal{D}\to\mathbb{E}^3$ のガウス写像を $\boldsymbol{\psi}$ とする．ラックス表示 (3.12) の解 $\Phi^{(\lambda)}$ は extended frame ではない．そこでゲージ変換を施して得られる extended frame

$$\Psi=\Psi^{(\lambda)}=\Phi^{(\lambda^{-2})}\begin{pmatrix}\sqrt{\lambda} & 0\\ 0 & 1/\sqrt{\lambda}\end{pmatrix}$$

を用いる．これを $\boldsymbol{p}$ の coordinate extended frame とよぶ[*7].

[*7] $\Phi^{(\lambda)}$ に対して与えたシム–ボベンコ公式 (3.14) は coordinate extended frame を用いる際には修正が必要である．extended frame から平均曲率一定曲面を得る場合のシム–ボベンコ公式は (8.20) で与える．

$\alpha^{(\lambda)} = (\Psi^{(\lambda)})^{-1}\mathrm{d}\Psi^{(\lambda)}$ は

$$\alpha^{(\lambda)} = \begin{pmatrix} \omega_z/4 & \lambda^{-1}He^{\omega/2}/2 \\ -\lambda^{-1}Qe^{-\omega/2} & -\omega_z/4 \end{pmatrix}\mathrm{d}z + \begin{pmatrix} -\omega_{\overline{z}}/4 & \lambda\overline{Q}e^{-\omega/2} \\ -\lambda He^{\omega/2}/2 & \omega_{\overline{z}}/4 \end{pmatrix}\mathrm{d}\overline{z}$$

であるから

$$\alpha_1' = \begin{pmatrix} 0 & \lambda^{-1}He^{\omega/2}/2 \\ -\lambda^{-1}Qe^{-\omega/2} & 0 \end{pmatrix}\mathrm{d}z.$$

$\omega(z,\overline{z})$ の正則部分を $\phi(z)$ と書くと

$$\beta_0(z) = \begin{pmatrix} \phi_z(z)/4 & 0 \\ 0 & -\phi_z(z)/4 \end{pmatrix}, \quad \beta_1(z) = \begin{pmatrix} 0 & He^{\phi(z)/2}/2 \\ -Q(z)e^{-\phi(z)/2} & 0 \end{pmatrix}.$$

$\mathrm{d}W(z) = W(z)\beta_0(z)$ を初期条件 $W(0) = \mathbf{1}$ の下で解くと

$$W(z) = \begin{pmatrix} e^{(\phi(z)-\phi(0))/4} & 0 \\ 0 & e^{-(\phi(z)-\phi(0))/4} \end{pmatrix}.$$

以上より

$$\eta(z) = \begin{pmatrix} 0 & He^{(\phi(z)-\phi(0)/2)}/2 \\ Q(z)e^{-\phi(z)+\phi(0)/2} & 0 \end{pmatrix}\mathrm{d}z.$$

ここまでの結果をまとめておこう.

定理 8.3.5 (平均曲率一定曲面の **DPW** 公式) 原点を基点とする正規ポテンシャルは

$$\Xi(z) = \lambda^{-1}\begin{pmatrix} 0 & g(z) \\ f(z) & 0 \end{pmatrix}\mathrm{d}z \tag{8.19}$$

で与えられる. $H \neq 0$ を定数とし, $\lambda = e^{it} (t \in \mathbb{R})$ と表すと

$$\boldsymbol{p}(z,\overline{z},\lambda) = -\frac{1}{H}\left\{\frac{\partial}{\partial t}\Psi^{(\lambda)}\cdot(\Psi^{(\lambda)})^{-1} + \frac{1}{2}\mathrm{Ad}(\Psi^{(\lambda)})\boldsymbol{i}\right\} \tag{8.20}$$

で平均曲率一定曲面の 1 径数族 $\{\boldsymbol{p}(z,\overline{z},\lambda)\}_{\lambda\in\mathbb{S}^1}$ が得られる. 各 $\boldsymbol{p}(z,\overline{z},\lambda)$ の平均曲率は H でホップ微分は $\lambda^{-1}Q\,\mathrm{d}z^2$, $Q(z) = 2f(z)g(z)/H$ である.

この定理の意味を考えよう．まず初期データとして (有理型) 函数の組 $\{f(z), g(z)\}$ を与える．この組を用いて正規ポテンシャルを (8.19) で定義する．この正規ポテンシャルに定理 8.3.1 を適用して extended frame $\Psi = \Psi^{(\lambda)}$ を得る．この extended frame から調和写像の一径数族 $\psi_\lambda = \mathrm{Ad}(\Psi^{(\lambda)})\boldsymbol{i}$ と，それらをガウス写像にもつ平均曲率一定曲面の一径数族 $\{\boldsymbol{p}(z, \overline{z}, \lambda)\}$ がシム–ボベンコ公式 (8.20) で得られる．$\boldsymbol{p} = \boldsymbol{p}(z, \overline{z}, \lambda)$ を偏微分して得られる函数 $\omega(z, \overline{z}, \lambda) := \log\{2(\boldsymbol{p}_z|\boldsymbol{p}_{\overline{z}})\}$ はガウス方程式 $\omega_{z\overline{z}} + H^2 e^{\omega}/2 - 2|Q|^2 e^{-\omega} = 0$ の解である．とくに $g(z) = -H^2/(4f(z))$ と選べば，$Q = -H/2$ であり $\omega(z, \overline{z}, \lambda)$ は sinh-Gordon 方程式

$$\omega_{z\overline{z}} + H^2 \sinh \omega = 0$$

の解である．つまり勝手に与えた有理型函数 $f(z)$ から sinh-Gordon 方程式の解 $\omega(z, \overline{z}) = \omega(z, \overline{z}, 1)$ でその正則部分 $\phi(z)$ が

$$f(z) = -\frac{H}{2} \exp\left(-\phi(z) + \phi(0)/2\right)$$

をみたすものが DPW 公式により得られることが示された．これは有理型函数 $\phi(z)$ と $\phi(0)$ を初期データとして与えて $\phi(z)$ を正則部分にもつ sinh-Gordin 方程式の解 $\omega(z, \overline{z})$ を構成する手続き (初期値問題の解法) であることに注意しよう．この手続きを sinh-Gordon 方程式に対する DPW 公式とよぶ[*8)].

注意 8.3.6 (CMCLab) この章で解説した DPW 法の数値計算を実行するソフトウエア (CMCLab) をシュミット (Nicholas Schmitt) が開発した．1990 年代後半から平均曲率一定曲面の画像が多く見られるようになったがその多くは CMCLab を用いて作成されている．この本の平均曲率一定曲面の画像も CMCLab を用いて作成した．

例 8.3.7 (円柱面) ポテンシャル $\Xi = \lambda^{-1} \begin{pmatrix} 0 & 1 \\ 1 & 0 \end{pmatrix} \mathrm{d}z$ から平均曲率一定曲面を作ってみる．$\mathrm{d}C = C\Xi$ を初期条件 $C(0) = \mathbf{1}$ で解くと

---

*8) I. M. Kričever, An analogue of the d'Alembert formula for the equation of a principal chiral field and the sine-Gordon equation, *Soviet Math. Dokl.* 22(1980), 79–84 (英訳, 1981) に DPW 公式の原型を見ることができる．

$$C = \exp\left\{\lambda^{-1} z \begin{pmatrix} 0 & 1 \\ 1 & 0 \end{pmatrix}\right\} = \begin{pmatrix} \cosh(\lambda^{-1}z) & \sinh(\lambda^{-1}z) \\ \sinh(\lambda^{-1}z) & \cosh(\lambda^{-1}z) \end{pmatrix}$$

$$= \begin{pmatrix} \cosh(\lambda^{-1}z - \lambda\bar{z}) & \sinh(\lambda^{-1}z - \lambda\bar{z}) \\ \sinh(\lambda^{-1}z - \lambda\bar{z}) & \cosh(\lambda^{-1}z - \lambda\bar{z}) \end{pmatrix} \begin{pmatrix} \cosh(\lambda\bar{z}) & \sinh(\lambda\bar{z}) \\ \sinh(\lambda\bar{z}) & \cosh(\lambda\bar{z}) \end{pmatrix}$$

より $\Psi = \begin{pmatrix} \cosh(\lambda^{-1}z - \lambda\bar{z}) & \sinh(\lambda^{-1}z - \lambda\bar{z}) \\ \sinh(\lambda^{-1}z - \lambda\bar{z}) & \cosh(\lambda^{-1}z - \lambda\bar{z}) \end{pmatrix}$ が extended frame である.

$$\boldsymbol{n}^{(\lambda)} = i \begin{pmatrix} \cosh\{2(\lambda^{-1}z - \lambda\bar{z})\} & -\sinh\{2(\lambda^{-1}z - \lambda\bar{z})\} \\ \sinh\{2(\lambda^{-1}z - \lambda\bar{z})\} & -\cosh\{2(\lambda^{-1}z - \lambda\bar{z})\} \end{pmatrix}$$

シム–ボベンコ公式より $\boldsymbol{p}(z, \bar{z}; \lambda)$ は

$$= -\frac{i}{2H}$$

$$\begin{pmatrix} \cosh\{2(\lambda^{-1}z - \lambda\bar{z})\} & -\sinh\{2(\lambda^{-1}z - \lambda\bar{z})\} - 2(\lambda^{-1}z + \lambda\bar{z}) \\ \sinh\{2(\lambda^{-1}z - \lambda\bar{z})\} - 2(\lambda^{-1}z + \lambda\bar{z}) & -\cosh\{2(\lambda^{-1}z - \lambda\bar{z})\} \end{pmatrix}$$

で与えられる．とくに $\lambda = 1$ と選ぶと $\boldsymbol{p}(z, \bar{z}; 1) = -(\cos(4y), -4x, -\sin(4y))/(2H)$ であるからこれは円柱面である．したがってこのポテンシャルから sinh-Gordon 方程式 $\omega_{z\bar{z}} + H^2 \sinh\omega = 0$ の真空解 $\omega = 0$ が得られる.

例 8.3.8 (球面)　ポテンシャル $\Xi = \lambda^{-1} \begin{pmatrix} 0 & 1 \\ 0 & 0 \end{pmatrix} \mathrm{d}z$ を選ぶと

$$C = \exp\left\{\lambda^{-1} z \begin{pmatrix} 0 & 1 \\ 1 & 0 \end{pmatrix}\right\} = \begin{pmatrix} 1 & \lambda^{-1}z \\ 0 & 1 \end{pmatrix}$$

$$= \frac{1}{\sqrt{1+|z|^2}} \begin{pmatrix} 1 & \lambda^{-1}z \\ -\lambda\bar{z} & 1 \end{pmatrix} \cdot \left\{\begin{pmatrix} 1 & 0 \\ \lambda\bar{z} & 1 \end{pmatrix} \begin{pmatrix} 1/\sqrt{1+|z|^2} & 0 \\ 0 & \sqrt{1+|z|^2} \end{pmatrix}\right\}$$

より

$$\Psi = \frac{1}{\sqrt{1+|z|^2}} \begin{pmatrix} 1 & \lambda^{-1}z \\ -\lambda\bar{z} & 1 \end{pmatrix}.$$

$$\boldsymbol{n}(z,\overline{z};\lambda)=\frac{i}{1+|z|^2}\begin{pmatrix}1-|z|^2 & -2\lambda^{-1}z\\ -2\lambda\overline{z} & |z|^2-1\end{pmatrix}.$$

$$\boldsymbol{p}(z,\overline{z};\lambda)=-\frac{i}{2H(1+|z|^2)}\begin{pmatrix}1-3|z|^2 & -4\lambda^{-1}z\\ -4\lambda\overline{z} & -1+3|z|^2\end{pmatrix}.$$

とくに

$$\boldsymbol{p}(z,\overline{z};1)=-\frac{1}{2H}\left(\frac{1-3(x^2+y^2)}{1+x^2+y^2},\frac{-2x}{1+x^2+y^2},\frac{4y}{1+x^2+y^2}\right).$$

これは球面 $(x_1-(2H)^{-1})^2+x_2^2+x_3^2=1/H^2$ の一部を表す.

例 8.3.9 (回転面) ドロネー曲面はポテンシャル

$$\Xi=\begin{pmatrix}0 & a\lambda^{-1}+b\lambda\\ a\lambda+b\lambda^{-1} & 0\end{pmatrix}\mathrm{d}z,\quad a,b\in\mathbb{R},\ a+b=\frac{1}{2}$$

から得られる. $a=b=1/4$ のとき円柱面, $ab=0$ のとき球面, $ab>0$ のときアンデュロイド, $ab<0$ のときノドイドである.

例 8.3.10 (スミス曲面) 非負整数 n と $c\in\mathbb{C}$(ただし $|c|\neq 0,1$) に対し正規ポテンシャル

$$\Xi=\lambda^{-1}\begin{pmatrix}0 & 1\\ cz^n & 0\end{pmatrix}\mathrm{d}z$$

から得られる曲面はスミス曲面とよばれている (図 8.2)[*9]. $n=0$ のときはミスター・バブルとよばれていた. $r=|z|, v:=\omega-(\log|Q|)/2$ とおくと v は r のみに依存することが確かめられガウス–コダッチ方程式は $rv_{rr}+v_r+2r\sinh(2v)=0$

---

*9) B. Smyth, A generalization of a theorem of Delaunay on constant mean curvature surfaces, *Statistical thermodynamics and differential geometry of microstructured materials*, IMA Vol. Math. Appl. 51 Springer, 1993, pp.123–130. 次の文献も参照されたい. M. Timmreck, U. Pinkall, D. Ferus, Constant mean curvature planes with inner rotational symmetry in Euclidean-space, *Math. Z.* 215(1994), 561–568. A. I. Bobenko, A. Its, The Painleve III equation and the Iwasawa decomposition, *Manuscripta Math.* 87(1995), 369–377. G. D. Reis, *Geometry and Numerics of CMC Surfaces with Radial Metrics*, Rapport de recherche no. 4763, INRIA, 2003(ISSN 0249-6399).

図 **8.2** スミス曲面

になる．$y=e^{2v}$, $t=r^2$ とおくと $D_8^{(1)}$ 型の III 型パンルヴェ方程式 ($P_{\mathrm{III}}^{D_8^{(1)}}$)

$$y_{tt}=\frac{y_t^2}{y}-\frac{y'}{t}+\frac{\alpha y^2+\beta}{t}$$

において $-\alpha=\beta=1/2$ と選んだものに書き換えられる．

例 8.3.11 (輪環面)

$$\Xi=\sum_{j=-1}^{2k+1}\begin{pmatrix} a_j & b_j \\ c_j & -a_j \end{pmatrix}\lambda^j\,\mathrm{d}z, \quad a_j, b_j \in \mathbb{R}$$

において $\{a_j\}$, $\{b_j\}$ を適切に選ぶことで平均曲率一定輪環面が得られる．

8.4 有限型平均曲率一定曲面

最後に 7.2 節でふれた有限型平均曲率一定曲面を説明する．バースタールとペディットによる定式化を述べておこう[*10)]．奇数 $d>0$ に対し

$$\Lambda_d=\left\{\xi=\sum_{n=-d}^{d}\xi_n\lambda^n\in\Lambda\mathfrak{su}(2)_\sigma \;\middle|\; \xi_d\neq 0\right\}$$

とおく．Λ_d は $\Lambda\mathfrak{su}(2)_\sigma$ の有限次元線型部分空間ではあるが，交換子積について閉じていないことに注意 (したがってリー環ではない)．

---

*10) F. E. Burstall, F. Pedit, Harmonic maps via Adler-Kostant-Symes theory, *Harmonic Maps and Integrable Systems* (A. P. Fordy and J. C. Wood eds.), Aspects of Math., E23, Viewig, Brawnschweig, 1994, pp.221–272. この論文では $\xi=\sum\xi_{-n}\lambda^n$ という添字 (番号) の付け方をしているので注意．

定理 8.4.1 (**バースタール–ペディティット, 1994**) $d > 0$ を奇数とする. Λ_d 上の線型変換 L', L'' を

$$L'(\xi) = \lambda^{-1}\xi_{-d} + \frac{1}{2}\xi_{1-d}, \quad L''(\xi) = \lambda\xi_d + \frac{1}{2}\iota(\xi_{1-d})$$

で定めラックス作用素とよぶ. $\xi_\circ \in \Lambda_d$ をひとつとると微分方程式

$$\frac{\partial\xi}{\partial z} = \left[\xi, L'(\xi)\right], \quad \xi(0,0) = \xi_\circ \tag{8.21}$$

の解 $\xi(\lambda) = \displaystyle\sum_{n=-d}^{d} \xi_n(z,\bar{z})\lambda^n : \mathbb{C} \to \Lambda_d$ が唯一存在する. この解を用いて

$$\alpha_\xi^{(\lambda)} = L'(\xi)\,\mathrm{d}z + L''(\xi)\,\mathrm{d}\bar{z}$$

とおくと $\alpha_\xi^{(\lambda)}$ はすべての $\lambda \in \mathbb{S}^1$ に対し $\mathrm{d}\alpha_\xi^{(\lambda)} + [\alpha_\xi^{(\lambda)} \wedge \alpha_\xi^{(\lambda)}]/2 = 0$ をみたす. したがって

$$\mathrm{d}\Psi_\xi^{(\lambda)} = \Psi_\xi^{(\lambda)}\alpha_\xi^{(\lambda)}, \quad \Psi_\xi^{(\lambda)}(0,0) = \mathbf{1}$$

をみたす extended frame $\Psi_\xi^{(\lambda)} : \mathbb{C} \to \Lambda\mathrm{SU}(2)_\sigma$ が存在する. この方法で得られる extended frame から定まる平均曲率一定曲面を**有限型平均曲率一定曲面**とよぶ. $\xi(\lambda)$ はこの曲面の**多項式キリング場** (polynomimal Killing field) とよばれる.

定理 8.4.2 (**ピンカール–スターリング, 1991**) 平均曲率一定な輪環面はすべて有限型である.

有限型平均曲率曲面は DPW 公式ではどのようにして得られるかを説明しよう.

$\xi_\circ \in \Lambda_d$ をひとつとりポテンシャル Ξ を $\Xi = \lambda^{d-1}\xi_\circ\,\mathrm{d}z$ で定める. $\mathrm{d}C = C\Xi$ の初期条件 $C(z=0) = \mathbf{1}$ をみたす解は $C(z,\lambda) = \exp(z\lambda^{d-1}\xi_\circ)$ で与えられる. $C = \hat{\Psi} \cdot \hat{L}_+^{-1}$ とリーマン–ヒルベルト分解する. このとき $\hat{\xi} := \hat{\Psi}^{-1}\xi_\circ\hat{\Psi} \in \Lambda_d$ である. これらに注意すると

$$\frac{\partial\hat{\xi}}{\partial z} = \left[\hat{\xi}, L'(\hat{\xi})\right], \quad \hat{\xi}(0,0) = \xi_\circ$$

をみたすことを確かめられる. したがって Ξ が定める平均曲率一定曲面は有限型である.

注意 8.4.3 (専門的な注意) 多項式キリング場 $\xi(\lambda)$ を用いて $\mathbb{C}^2$ 内の部分集合

$$\{(\lambda, \mu) \in \mathbb{C}^2 \mid \det(\xi(\lambda) - \mu \mathrm{Id}) = 0\}$$

を定める．これは $z, \bar{z}$ に依存しない代数曲線 (超楕円曲線) であり，**スペクトル曲線**とよばれる．$\mu = \infty$ でコンパクト化を施して得られる閉リーマン面の種数を有限型平均曲率一定曲面のスペクトル種数とよぶ．回転面はスペクトル種数が 1，ウェンテ輪環面やアブレッシュ輪環面はスペクトル種数 2 である．スペクトル曲線を介して有限型平均曲率一定曲面の位置ベクトル場 (はめ込み) のリーマンのテータ函数を用いた具体的表示が与えられる[*11]．8.2 節の最後に $\Lambda\mathrm{SL}(2, \mathbb{C})_\sigma$ によるドレッシング作用を述べた．作用する群を $\Lambda\mathrm{SL}(2, \mathbb{C})_\sigma$ からダブル・ループ群とよばれるものに拡大すると円柱面の軌道に有限型平均曲率一定曲面がすべて含まれることが証明されている．すなわち有限型平均曲率一定曲面は円柱面からダブル・ループ群によるドレッシングですべて得られる[*12]．

[*11] A. I. Bobenko, All constant mean curvature tori in $\mathbf{R}^3$, S^3, H^3 in terms of theta-functions, *Math. Ann.* 290(1991), no. 2, 209–245 による．C. Jaggy, On the classification of constant mean curvature tori in $\mathbb{R}^3$, *Comment. Math. Helv.* 69(1994), 640–658, N. Ercolani, H. Knörrer, E. Trubowitz, Hyperelliptic curves that generate constant mean curvature tori in $\mathbb{R}^3$, *Progress in Math.* 115(1993), 81–114 も参照．N. Hitchin, Harmonic maps from a 2-torus to the 3-sphere, *J. Differential Geom.* 31(1990), 627–710 の結果からも平均曲率一定輪環面の分類が得られる．サイン・ゴルドン方程式に対するスペクトル曲線については田中俊一・伊達悦朗, KdV 方程式, 紀伊国屋数学叢書 16, 1979 が詳しい．

[*12] F. E. Burstall, F. Pedit, Dressing orbits of harmonic maps, *Duke Math J.* 80(1995) 353–382.

第9章

可積分幾何へむけて

CHAPTER 9

9.1 可積分系理論からみた平均曲率一定曲面

9.1.1 種々の一般化

この節では「平均曲率一定曲面」の一般化について考察する．まず平均曲率一定曲面のもつ性質を列挙してみる．

(I) “よい座標系” をもつ (等温曲率線座標)
(II) 同伴族をもつ
(III) 零曲率表示 (スペクトル径数込みのラックス表示) をもつ
(IV) ガウス写像が調和写像
(V) ホップ微分が正則 2 次微分

とくに輪環面の場合，臍点がないことから各点で等温曲率線座標系がとれる．この座標系のもとではガウス–コダッチ方程式は sinh-Gordon 方程式の形になる．

(II) と (III) に着目してみよう．(II) の観点での一般化は「第一基本形式と平均曲率を保ったまま連続変形できる曲面」である[*1)]．このような曲面はボンネ曲面 (Bonnet surface) とよばれている．定義の仕方からボンネ曲面は「純幾何学的拡張」といえる．

次に (III) の観点からの一般化を考える．すなわち零曲率表示を許容するという観点から平均曲率一定という条件を拡張してみる．一般の曲面に対するガウス–ワインガルテンの公式 (3.10) を思い出そう．(3.10) で与えた U,V に変形の径数

*1) ここでいう変形は局所的でもよい．

λ を挿入する．正確には $\lambda=\lambda(z,\bar{z})$ を $\mathcal{D}$ で定義された複素数値函数として U, V に挿入してみる．次の 2 通りの仕方でスペクトル径数 λ を挿入してみよう．

1) $\{{}^1U^{(\lambda)},\ {}^1V^{(\lambda)}\}$: $\{U,V\}$ において $Q\mapsto\lambda Q$, $\overline{Q}\mapsto\lambda^{-1}\overline{Q}$ と変える．

$$ {}^1U^{(\lambda)}=\begin{pmatrix}\omega_z/4 & He^{\omega/2}/2\\ -\lambda Qe^{-\omega/2} & -\omega_z/4\end{pmatrix},\quad {}^1V(\lambda)=\begin{pmatrix}-\omega_{\bar{z}}/4 & \lambda^{-1}\overline{Q}e^{-\omega/2}\\ -He^{\omega/2}/2 & \omega_{\bar{z}}/4\end{pmatrix}. $$

すなわち (3.12) で与えた $\{U^{(\lambda)},V^{(\lambda)}\}$ で H を定数と仮定しないものである．

2) $\{{}^2U^{(\lambda)},\ {}^2V^{(\lambda)}\}$ を次で定める．

$$ {}^2U^{(\lambda)}=\begin{pmatrix}\omega_z/4 & \lambda He^{\omega/2}/2\\ -Qe^{-\frac{\omega}{2}} & -\omega_z/4\end{pmatrix},\quad {}^2V^{(\lambda)}=\begin{pmatrix}-\omega_{\bar{z}}/4 & \overline{Q}e^{-\omega/2}\\ -\lambda^{-1}He^{\omega/2}/2 & \omega_{\bar{z}}/4\end{pmatrix}. $$

このそれぞれについて零曲率条件を書き下してみる．すなわち，$\lambda(z,\bar{z})$ を挿入しても積分可能条件

$$ \frac{\partial}{\partial z}{}^kV^{(\lambda)}-\frac{\partial}{\partial\bar{z}}{}^kU^{(\lambda)}+\left[{}^kU^{(\lambda)},{}^kV^{(\lambda)}\right]=O,\quad k=1,2 $$

が成立するという条件を課すのである．まず $\{{}^1U^{(\lambda)},{}^1V^{(\lambda)}\}$ の場合を考えよう．H が一定のときは λ は定数でよく，積分可能条件は自動的にみたされた．とくに $\lambda\in\mathbb{S}^1$ であり，$\overline{\lambda}=\lambda^{-1}$ であることに注意．

H,λ が定数とは限らないときに積分可能条件を計算してみると，$(\lambda Q)(\lambda^{-1}\overline{Q})=|Q|^2$ であることから (1,1) 成分と (2,2) から同じ方程式

$$ \omega_{z\bar{z}}+\frac{1}{2}H^2e^{\omega}-2|Q|^2e^{-\omega}=0 $$

が得られる．これはもとの曲面のガウス方程式である．$\{{}^1U^{(\lambda)},{}^1V^{(\lambda)}\}$ が積分可能条件をみたす，すなわち曲面を定めているという場合，その第一基本形式は I, 平均曲率は H であるから，もとの曲面はボンネ曲面である．一方，(1,2) 成分と (2,1) 成分は同じ方程式 $H_z=2(\lambda Q)_{\bar{z}}e^{-\omega}$ を導く．H が定数のときはコダッチの方程式からこの方程式が自動的にみたされることがわかる (λ は定数)．一般の場合はこの方程式にコダッチ方程式 $H_z=2Q_{\bar{z}}e^{-\omega}$ を代入すると $\{(1-\lambda)Q\}_{\bar{z}}=0$ が得られる．この条件から，Q と λ はふたつの複素正則函数 $a(z)$, $b(z)$ を用いて

$$ Q=\frac{\overline{a}+\overline{b}}{|b|^2-|a|^2},\quad \lambda=\frac{1+b/a}{1+\overline{a}/\overline{b}} $$

と表すことができる．ここで

$$\left(\frac{\mathrm{d}z}{\mathrm{d}\tilde{z}}\right)^2 = a(z) + b(z)$$

で新しい複素座標 $\tilde{z}$ を定義すると，この座標ではホップ微分は

$$\widetilde{Q}\,\mathrm{d}\tilde{z}^2 = \frac{|a+b|^2}{|b|^2 - |a|^2}\mathrm{d}\tilde{z}^2$$

と表示される．記号が煩雑になるので $\tilde{z}$ を改めて z と書こう．ここで複素正則函数 $h(z)$ を

$$h(z) = \frac{b(z) - a(z)}{2(b(z) + a(z))}$$

で定めると

$$\frac{1}{Q(z,\overline{z})} = h(z) + \overline{h}(\overline{z}), \quad \lambda = \frac{1 - 2it\overline{h}(\overline{z})}{1 + 2ith(z)}, \quad t \in \mathbb{R}$$

を得る．λ は (x, y) およびこれらと独立な実径数 t に依存している．とくに Q は実数値なので z は等温曲率線座標になっている．したがって $\{{}^1U^{(\lambda)}, {}^1V^{(\lambda)}\}$ がボンネ曲面を定めていれば，それを ${}^{(t)}\boldsymbol{p}$ と表記してよい．もとの曲面は ${}^{(0)}\boldsymbol{p} = \boldsymbol{p}$ である．つまりボンネ曲面 $\boldsymbol{p}$ に対し，第一基本形式と平均曲率を保ったまま連続変形 $\{{}^{(t)}\boldsymbol{p}\}$ が得られ，${}^{(t)}\boldsymbol{p}$ のホップ微分は ${}^{(t)}Q := \lambda(z, \overline{z}, t)Q$ で与えられる．コダッチ方程式 $Q_{\overline{z}} = H_z e^{\omega}/2$ に $1/Q = h + \overline{h}$ を代入して計算すると $h_z H_z = \overline{h}_{\overline{z}} H_{\overline{z}}$ を得る．ここでもう一度変数変換 $\zeta = \int 1/h_z\,\mathrm{d}z$ を行うと $h_z H_z = \overline{h}_{\overline{z}} H_{\overline{z}}$ は H が $s := \zeta + \overline{\zeta}$ のみに依存するということを意味する．ガウス方程式は

$$\left(\frac{H''(s)}{H'(s)}\right)' - H'(s) = 2R_X(s)\left(2 - \frac{H(s)^2}{H'(s)}\right) \tag{9.1}$$

という常微分方程式になる．ここで函数 $R_X(s)$ は

$$R_A(s) = \frac{4}{\sin^2(2s)}, \quad R_B(s) = \frac{4}{\sinh^2(2s)}, \quad R_C(s) = \frac{1}{s^2}$$

に標準化される．常微分方程式 (9.1) は**ハジダキス方程式** (Hazzidakis equation) とよばれている．ハジダキス方程式は**パンルヴェ方程式**[*2] に帰着することが知られている．R_A と R_B は VI 型の特殊なもの，R_C は V 型の特殊なものに帰着する[*3]．ボンネ曲面については次の結果が知られている．

---

*2) 岡本和夫, パンルヴェ方程式, 岩波書店, 2009 参照.

*3) A. I. Bobenko, U. Eitner, *Painlevé Equations in Differential Geometry of Surfaces*, Lecture Notes in Math. 1753(2000), Springer Verlag を参照.

命題 9.1.1 (ラフィー–グロウシュタイン) 臍点のない曲面 $\boldsymbol{p}: M \to \mathbb{E}^3$ がボンネ曲面であるための必要十分条件は，$\boldsymbol{p}$ は等温であり，等温曲率線座標 $z = x + yi$ に関し $(1/Q)_{z\bar{z}} = 0$ をみたすこと．

(2.34) を用いると臍点のないボンネ曲面 $\boldsymbol{p}$ のクリストッフェル変換 ${}^{\mathrm{c}}\boldsymbol{p}$ の平均曲率 ${}^{\mathrm{c}}H$ は等温曲率線座標 $z = x + yi$ に関し $(1/{}^{\mathrm{c}}H)_{z\bar{z}} = 0$ をみたすこと，すなわち $1/{}^{\mathrm{c}}H$ が (M, I) 上の調和函数であることがわかる．グロウシュタインは，ボンネ曲面はワインガルテン曲面であることも示している．

定義 はめ込まれた曲面 $F: M \to \mathbb{E}^3$ に対し，$H \neq 0$ と仮定する．$1/H$ が (M, I) 上の調和函数であるとき，M を**汎調和平均曲率曲面** (harmonic inverse mean curvature surface) とよぶ．HIMC 曲面と略称する．

次に $\{{}^2U^{(\lambda)}, {}^2V^{(\lambda)}\}$ を調べよう．$\{{}^1U^{(\lambda)}, {}^1V^{(\lambda)}\}$ のときと同様に積分可能条件を計算すると，もとの曲面のガウス方程式と $2Q_{\bar{z}} = \left(\lambda^{-1}H\right)_z e^{\omega}$ および $2\overline{Q}_z = (\lambda H)_{\bar{z}} e^{\omega}$ が得られる．この方程式と，もとの曲面のコダッチ方程式を組み合わせると

$$\frac{\partial}{\partial z}\left\{(\lambda^{-1} - 1)H\right\} = 0, \quad \frac{\partial}{\partial \bar{z}}\{(\lambda - 1)H\} = 0$$

が得られるから，H と λ は $1/H = h(z) + \overline{h}(\bar{z})$, $\lambda(z, \bar{z}) = -\overline{h}(\bar{z})/h(z)$ と表すことができる ($h(z)$ は複素正則函数)．ゆえに $\{{}^2U^{(\lambda)}, {}^2V^{(\lambda)}\}$ が積分可能条件をみたすための必要十分条件は M が HIMC 曲面であることである．HIMC 曲面は可積分系理論の観点からの，平均曲率一定曲面の一般化である．$z, \bar{z}$ と独立な実径数 t を用いて h を $h \longmapsto h^{(t)} := h/(1+2ith)$ と変形すると λ は $\lambda^{(t)} := \lambda(1+2ith)/(1-2it\overline{h})$ に変わる．そこで

$$Q^{(t)} = \frac{Q}{(1+2ith)^2}, \quad H^{(t)} = \frac{1}{h^{(t)} + \overline{h^{(t)}}},$$

$$\mathrm{I}^{(t)} = e^{\omega^{(t)}}\,\mathrm{d}z\,\mathrm{d}\bar{z}, \quad e^{\omega^{(t)}} := \frac{e^{\omega}}{(1+2ith)^2(1-2it\overline{h})^2}$$

とおき，$\{{}^2U^{(\lambda)}, {}^2V^{(\lambda)}\}$ に代入すれば，積分可能条件がみたされ HIMC 曲面の

変形族が得られる.

臍点のない曲面がボンネ曲面であれば，そのクリストッフェル変換はHIMC曲面であるが，この命題の逆は成立しない．HIMC曲面は一般には等温ではないため，双対曲面が存在するとは限らない.

例 9.1.2 (HIMC 柱面) 弧長径数表示された曲線 $(x_1(u_1), x_2(u_1))$ を底曲線とする柱面 (例 2.2.11) $\boldsymbol{p}(u_1, u_2) = (x_1(u_1), x_2(u_1), u_2)$ において (u_1, u_2) は等温曲率線座標である．HIMC 柱面を求めよう．$0 = (1/H)_{u_1 u_1} = -(2/\kappa_{(2)})_{u_1 u_1}$ であるから，$1/\kappa_{(2)}$ は弧長径数 u_1 の 1 次式である．$1/\kappa_{(2)}$ が定数のときは円，定数でないときは対数螺旋を表す ([7, 例 2.2.6])．対数螺旋上の柱面はガウス曲率 0 のボンネ曲面でもある．ガウス曲率が一定なボンネ曲面はルソー，コラレス，劔持により分類された[*4]).

例 9.1.3 (HIMC 回転面) 例 2.5.5 で扱った回転面の等温曲率線座標系を次のように変更しよう.

$$x = \frac{1}{2}\int_{u_0}^{u} \frac{\sqrt{f'(u_1)^2 + g'(u_1)^2}}{f(u_1)}\,\mathrm{d}u_1, \quad y = \frac{1}{2}u_2.$$

さらに $2f(u_1) = \exp\omega(x)$ とおけば等温曲率線座標による表示

$$\boldsymbol{p}(x, y) = (e^{\omega(x)/2}\cos(2y), e^{\omega(x)/2}\sin(2y), c(x))/2.$$

が得られる．x による微分演算をプライムで表す．ω と c は $\omega'(x)^2 + 4c'(x)^2 e^{-\omega(x)} = 16$ をみたすことに注意．平均曲率は $H = (14 - \omega'(x)^2 - 2\omega''(x))/(8c'(x))$ で与えられる．この回転面が HIMC 曲面であるとしよう．HIMC 条件 $((1/H)'' = 0)$ より $1/H = ax + b$ を得る．H が定数の場合はすでに調べたので，H は定数でないとする．したがって $a \neq 0$. $a = 1$ としても一般性を失わないことに注意しよう．そこで $1/H = x$ とする．$\cos\phi(x) =$

[*4]) I. M. Roussos, Principal curvature preserving isometries of surfaces in ordinary space, *Bol. Soc. Brasil Mat.* 18 (1987), 95–105. A. G. Colares, K. Kenmotsu, Isometric deformations of surfaces preserving the mean curvature function, *Pacific. J. Math.* 136 (1989), 71–80. 3 次元球面および 3 次元双曲空間への一般化は A. Fujioka, J. Inoguchi, Bonnet surfaces with constant curvature, *Results Math.* 33(1998), 288–293 を参照.

$\omega'(x)/4,\ \sin\phi(x) = \omega'(x)e^{-\omega/2}/2$ をみたす函数 $\phi(x)$ がとれる．この函数 $\phi(x)$ は $x(\phi''(x) - 2\sin(2\phi(x)) + \phi'(x) + 2\sin\phi(x)) = 0$ をみたす．ここで $w(x) = \exp(i\phi(x))$ とおくとこの常微分方程式は $D_6^{(1)}$ 型の III 型パンルヴェ方程式 ($P_{\mathrm{III}}^{D_6^{(1)}}$)

$$w'' = \frac{1}{w}(w')^2 - \frac{w'}{x} + \frac{\alpha w^2 + \beta}{x} + \gamma w^3 + \frac{\delta}{w} = 0$$

において $-\alpha = \beta = \gamma = \delta = 1$ と選んだものに書き換えられる．また $c(x)$ は $c(x) = -x^2(\phi'(x)^2 - 4\sin^2\phi(x))/4$ と表せる．

注意 9.1.4 (動くスペクトル径数) ボンネ曲面，HIMC 曲面のラックス表示においては変形の径数 λ は $(z, \bar{z})$ の函数であった．このように点に依存する変形の径数を含むラックス表示は動くスペクトル径数をもつ逆散乱形式とよばれている*5)．

9.1.2 定曲率空間内の曲面

この本ではユークリッド空間内の曲面のみを取り上げたが 3 次元単位球面

$$\mathbb{S}^3 = \{(x_1, x_2, x_3, x_4) \in \mathbb{E}^4 \mid x_1^2 + x_2^2 + x_3^2 + x_4^2 = 1\}$$

や 3 次元双曲空間

$$\mathbb{H}^3 = \{(x_1, x_2, x_3) \in \mathbb{R}^3 \mid x_1^2 + x_2^2 + x_3^2 < 1\}$$

の可積分な曲面も興味深い対象である*6)．

たとえば $\mathbb{S}^3$ 内の平坦な曲面のガウス–コダッチ方程式は漸近チェヴィシェフ座標とよばれる座標系では線型波動方程式 $-u_{tt} + u_{xx} = 0$ になる*7)．

ユークリッド空間 $\mathbb{E}^3$ 内の平均曲率一定曲面は $\mathbb{S}^3$ および双曲空間 $\mathbb{H}^3$ に対応物をもつことが知られている (ローソン対応と呼ばれている)．実際，複素座標 z に関する $\mathbb{S}^3$, $\mathbb{H}^3$ 内の平均曲率一定曲面のガウス–コダッチ方程式はそれぞれ

---

*5) S. P. Burtsev, V. E. Zakharov, A. V. Mikhaĭlov, The inverse problem method with a variable spectral parameter, *Teoret. Mat. Fiz.* 70(1987), 323–341.

*6) $\mathbb{S}^3$ には $\mathbb{E}^4$ のリーマン計量から誘導されたリーマン計量を与える．$\mathbb{H}^3$ にはポアンカレ計量とよばれるリーマン計量を与えリーマン多様体として扱う．

*7) 北川義久, 3 次元球面内の平坦トーラス, 数学 57(2005), no. 2, 164–177 参照.

$$\omega_{z\bar{z}} + \frac{1}{2}(H^2+1)e^{\omega} - 2|Q|^2 e^{-\omega} = 0, \quad Q_{\bar{z}} = 0,$$
$$\omega_{z\bar{z}} + \frac{1}{2}(H^2-1)e^{\omega} - 2|Q|^2 e^{-\omega} = 0, \quad Q_{\bar{z}} = 0,$$

で与えられる (第一基本形式，平均曲率，ホップ微分は $\mathbb{E}^3$ のときと同様に定める)．たとえば $\mathbb{H}^3$ 内の $H=1$ の曲面と $\mathbb{E}^3$ 内の極小曲面のガウス・コダッチ方程式は同じものである[*8)]．双曲空間 $\mathbb{H}^3$ 内の平均曲率が一定で $0 \le H^2 < 1$ をみたす曲面は $\mathbb{E}^3$ や $\mathbb{S}^3$ にローソン対応面をもたない双曲幾何特有の曲面である[*9)]．この条件をみたす曲面に対する DPW 法はドルフマイスター，小林真平と著者により得られた[*10)]．

藤岡敦は HIMC 曲面の概念を $\mathbb{S}^3$ と $\mathbb{H}^3$ にも拡げた．ただし外側の空間が曲がっている場合は定義式 $(1/H)_{z\bar{z}} = 0$ を修正する必要がある[*11)]．HIMC 曲面の場合には共形的ローソン対応というものが成立するが $0 < H^2 < 1$ の場合 $\mathbb{H}^3$ には $\mathbb{E}^3$ や $\mathbb{S}^3$ に対応物がない $\mathbb{H}^3$ 特有の HIMC 曲面が存在する．$0 < H^2 < 1$ である HIMC 曲面はラックス表示をもつことから，新しいクラスの可積分曲面を定める可能性がある．これらの曲面が既知の可積分系，たとえばパンルヴェ方程式と対応するかどうかはいまだわかっていない．

定曲率でない 3 次元空間内の曲面の可積分幾何学的研究はまだ始まったばかりである．サーストン幾何のひとつである冪零幾何のモデル空間 Nil_3 内の極小曲面に対して DPW 法の類似の構成法が得られている[*12)]．他の空間の曲面については今後の研究がまたれる．

---

*8) 梅原雅顕, 3 次元双曲型空間の平均曲率 1 の曲面, 名古屋大学多元数理レクチャーノート 9(2009) 参照.

*9) 臍点がなければ $H^2 < 1$ のときガウス–コダッチ方程式は cosh-Gordon 方程式 $\omega_{z\bar{z}} = (1-H^2)\cosh\omega$ に標準化できる.

*10) J. F. Dorfmeister, J. Inoguchi, S.–P. Kobayashi, Constant mean curvature surfaces in hyperbolic 3–space via loop groups, *J. reine angew. Mat.* 686(2014), no. 1, 1–36. (日本語での要約: 井ノ口順一, 3 次元双曲空間の平均曲率一定曲面, 京都大学数理解析研究所講究録 1700(2010), 48–64).

*11) A. Fujioka, Surfaces with harmonic inverse mean curvature in space forms, *Proc. Amer. Math. Soc.* 127(1999), 3021–3025. (オープンアクセス)

*12) J. F. Dorfmeister, J. Inoguchi, S.–P. Kobayashi, A loop group method for minimal surfaces in the three–dimensional Heisenberg group, *Asian J. Math.* 20(2016), no. 3, 409–448. (日本語での要約: 3 次元等質空間内の曲面と可積分系, 九州大学応用力学研究所研究集会報告, 24A0-S3(2013), 58–63).

9.2 差分 CMC 曲面

無限可積分系の理論においては，偏微分方程式の「解ける構造」を保ったまま離散化する研究 (離散可積分系理論) が行われている．

曲面の差分化を考える．曲面の差分化については離散可積分系理論とは独立に1950 年代のザウエルによる研究*13) がある．広田良吾による差分サイン・ゴルドン方程式が発表されたのが 1977 年刊行の論文である*14)．差分サイン・ゴルドン方程式と差分曲面の関係がつくのは 1990 年代になってからである．

9.2.1 差 分 曲 面

点と辺の集合の組をグラフという．グラフ G は頂点の集合 V と辺の集合 E からなる．ふたつの頂点 $v, v' \in V$ に対し v と v' を結ぶ辺を $e = [v, v']$ で表す．

定義 頂点の 4 つ組 (v, v', v'', v''') が次の条件を満たすとき基本四辺形とよぶ．

1) 頂点はちょうど 4 本の辺 $[v, v']$, $[v', v'']$, $[v'', v''']$, $[v''', v'] \in E$ で結ばれる．とくに $[v, v'']$, $[v', v'''] \notin E$ である．

2) 基本四辺形の各辺はひとつまたはふたつの基本四辺形に含まれる．

とくに辺 e がひとつの四辺形のみに含まれるとき $e \in \partial G$ と書き，“辺 e は G の境界上にある” と言い表す．

定義 グラフ G が次の条件をみたすとき矩グラフ (quad-graph) とよぶ．

各基本四辺形のすべての頂点がちょうど 4 つの辺

$$[v, v'],\ [v', v''],\ [v'', v'''],\ [v''', v] \in E$$

上にあり，各辺はちょうどひとつだけ，またはふたつだけの基本四辺形に属する．

---

*13) R. Sauer, Parallelgrammgitter als Modelle pseudosphärischer Flächen, *Math. Z.* 52(1950), 611–622.

*14) R. Hirota, Nonlinear partial difference equations. III. Discrete sine-Gordon equation, *J. Phys. Soc. Japan* 43(1977), no. 6, 2079–2086.

この本では記述の簡略化のため，矩グラフとして差分間隔 ε, δ をもつ整数格子 $\mathbb{L}$ のみを扱う．すなわち $\mathbb{L} = \{(n\varepsilon, m\delta) \mid n, m \in \mathbb{Z}\}$．$\mathbb{R}^2$ 内の領域 $\mathcal{D}$ を $\mathbb{L}$ に置き換え，$\mathbb{L}$ 上で定義された (離散的な) ベクトル値函数

$$\boldsymbol{p} : \mathbb{L} \to \mathbb{E}^3; \quad (n\varepsilon, m\delta) \longmapsto \boldsymbol{p}_m^n$$

を考える．

9.2.2 差分等温曲面

等温曲面の差分化を考えたい．興味深いことにケーリーに溯る等温曲面の「古典的定義」が差分化のヒントを与える[*15]．

定理 9.2.1 (ケーリー) $\mathbb{E}^3$ 内の曲面 M が等温であるための必要十分条件は M が曲率線を辺とする無限小正方形に分割できることである．

もちろんこの「定理」はこのままでは現代数学的には意味をなさないが，以下で導入する複比を用いることで厳密化できる．

注意 9.2.2 ケーリーの定理を「無限小」を厳密化してこのままの形で活かすことができると面白い．超準解析 (nonstandard analysis) を使って実現できることをイェロミンが証明した[*16]．微分幾何学の差分化によって「古典幾何学における無限小概念」が正当化されたことは注目すべきことと思われる．これから説明する等温曲面の離散化は無限小正方形の正当化と理解できる．

命題 9.2.3 等温曲面は共形的概念である[*17]．すなわち次が成立する．
$\boldsymbol{p}(u, v)$ を等温曲面とする．$\mathbb{E}^3$ の任意の共形変換 F に対し $F(\boldsymbol{p}(u, v))$ も等温曲面である．

[*15] A. Cayley, On the surfaces divisible into squares by their curves of curvature, *Proc. London Math. Soc.* 4(1872), 8–9, 120–121.

[*16] U. Hertrich-Jeromin, The surfaces capable of division into infinitesimal squares by their curves of curvature: A nonstandard analysis approach to classical differential geometry, *Math. Intell.* 22(2000), 54–61. Errata: *Math. Intell.* 24(2002), 4.

[*17] $\mathbb{E}^3$ の合同変換と反転で生成される群を $\mathbb{E}^3$ の共形変換群という．共形変換群の要素を $\mathbb{E}^3$ の共形変換という．(原点を基点とする) 反転は $\boldsymbol{x} \longmapsto \boldsymbol{x}/\|\boldsymbol{x}\|^2$ で定まる．

この性質に鑑み，四元数を用いて複比を導入する．

定義 4 点 Q_1,Q_2, Q_3,$Q_4 \in \mathrm{Im}\,\mathbf{H}$ に対し

$$\mathcal{C}(Q_1, Q_2, Q_3, Q_4) := (Q_1 - Q_2)(Q_2 - Q_3)^{-1}(Q_3 - Q_4)(Q_4 - Q_1)^{-1}$$

と定め 4 点 Q_1,Q_2,Q_3,Q_4 の**複比** (cross ratio) という．

基本四辺形 $q = (Q_1, Q_2, Q_3, Q_4)$ が与えられているとき，q の頂点に対し，複比 $\mathcal{C}(Q_1, Q_2, Q_3, Q_4)$ を計算することができる．この複比を基本四辺形 q の複比とよび $\mathcal{C}(q)$ と表記する．

次の命題は複素数の場合に知られている事実の自然な拡張である．

命題 9.2.4 1) 複比は $\mathbb{E}^3 = \mathrm{Im}\,\mathbf{H}$ の共形変換で不変．

2) 基本四辺形 q に対し $\mathrm{Im}\,\mathcal{C}(q) = 0 \iff q$ の頂点は同一円周上にある．

3) $\mathcal{C}(q) = -\mathbf{1} \iff q$ は共形正方形 (conformal square) の 4 頂点*18)．

とくに (3) に注目しよう．ケーリーの古典的定義と比較すれば $\mathcal{C} = -\mathbf{1}$ が「等温曲面の差分化は，どう定義されねばならないか」を説明している．

曲面 $\boldsymbol{p} : \mathcal{D} \to \mathbb{E}^3$ の 1 点 (u_0, v_0) を固定する．$\varepsilon > 0$ に対し

$$\boldsymbol{p}_1 = \boldsymbol{p}(u_0 + \varepsilon, v_0 - \varepsilon),\ \boldsymbol{p}_2 = \boldsymbol{p}(u_0 + \varepsilon, v_0 + \varepsilon),$$
$$\boldsymbol{p}_3 = \boldsymbol{p}(u_0 - \varepsilon, v_0 + \varepsilon),\ \boldsymbol{p}_4 = \boldsymbol{p}(u_0 - \varepsilon, v_0 - \varepsilon),$$

とおく．これらをテイラー展開すると

$$\boldsymbol{p}_1 = \boldsymbol{p}(u_0, v_0) + \varepsilon\{(\partial_u - \partial_v)\boldsymbol{p}\}(u_0, v_0) + \frac{\varepsilon^2}{2}\{(\partial_u - \partial_v)^2\boldsymbol{p}\}(u_0, v_0) + o(\varepsilon^2),$$
$$\boldsymbol{p}_2 = \boldsymbol{p}(u_0, v_0) + \varepsilon\{(\partial_u + \partial_v)\boldsymbol{p}\}(u_0, v_0) + \frac{\varepsilon^2}{2}\{(\partial_u + \partial_v)^2\boldsymbol{p}\}(u_0, v_0) + o(\varepsilon^2),$$
$$\boldsymbol{p}_3 = \boldsymbol{p}(u_0, v_0) - \varepsilon\{(\partial_u - \partial_v)\boldsymbol{p}\}(u_0, v_0) + \frac{\varepsilon^2}{2}\{(\partial_u - \partial_v)^2\boldsymbol{p}\}(u_0, v_0) + o(\varepsilon^2),$$
$$\boldsymbol{p}_4 = \boldsymbol{p}(u_0, v_0) - \varepsilon\{(\partial_u + \partial_v)\boldsymbol{p}\}(u_0, v_0) + \frac{\varepsilon^2}{2}\{(\partial_u + \partial_v)^2\boldsymbol{p}\}(u_0, v_0) + o(\varepsilon^2)$$

*18) 正方形に共形同値ということ．

である．これを用いて $\mathcal{C}(\boldsymbol{p}_1,\boldsymbol{p}_2,\boldsymbol{p}_3,\boldsymbol{p}_4)$ を計算すると次の定理が証明できる．

定理 9.2.5 (u,v) が等温曲率線座標系であるための必要十分条件は

$$\mathcal{C}(\boldsymbol{p}_1,\boldsymbol{p}_2,\boldsymbol{p}_3,\boldsymbol{p}_4) = -\mathbf{1} + o(\varepsilon^2)$$

がすべての点 (u_0,v_0) において成立することである．

これは「ケーリーの定義した等温曲面」の厳密な再定式化を与えている．ここまでくれば等温曲面の離散化がどうあるべきかは自ずと決まる．

定義 (ボベンコ–ピンカール, 1996) 離散的なベクトル値函数 $\boldsymbol{p}:\mathbb{L}\to\mathbb{E}^3$ がすべての $n,m\in\mathbb{Z}$ に対し条件 $\mathcal{C}(\boldsymbol{p}^n_m,\boldsymbol{p}^{n+1}_m,\boldsymbol{p}^{n+1}_{m+1},\boldsymbol{p}^n_{m+1}) = -\mathbf{1}$ をみたすとき，差分等温網 (discrete isothermic net) または差分等温曲面とよぶ．

このように定めれば，「差分等温網」が共形不変概念になっていることは明らかである．

定義 差分等温網 $\boldsymbol{p}:\mathbb{L}\to\mathbb{E}^3$ に対し

$${}^{\mathrm{c}}\boldsymbol{p}^{n+1}_m - {}^{\mathrm{c}}\boldsymbol{p}^n_m = \frac{\boldsymbol{p}^{n+1}_m - \boldsymbol{p}^n_m}{\|\boldsymbol{p}^{n+1}_m - \boldsymbol{p}^n_m\|^2}, \quad {}^{\mathrm{c}}\boldsymbol{p}^n_{m+1} - {}^{\mathrm{c}}\boldsymbol{p}^n_m = \frac{\boldsymbol{p}^n_{m+1} - \boldsymbol{p}^n_m}{\|\boldsymbol{p}^n_{m+1} - \boldsymbol{p}^n_m\|^2}$$

で定まる差分等温網 ${}^{\mathrm{c}}\boldsymbol{p}^n_m$ を，$\boldsymbol{p}^n_m$ の双対差分等温網またはクリストッフェル変換とよぶ．

差分曲面に対し「曲率」をどう定義すればよいのだろうか．「平均曲率」の定義に依存して様々な種類の「平均曲率一定離散曲面」が定義できるかもしれない．しかし我々は離散可積分系 (差分方程式) に関心があり，そして連続理論 (通常の平均曲率一定曲面) と自然に結びつく系が欲しいのである．そうすると系 2.8.8 に着目すればよいことに気づく．

定義 差分等温網 $\boldsymbol{p}^n_m$ がすべての n,m に対し $\|\boldsymbol{p}^n_m - {}^{\mathrm{c}}\boldsymbol{p}^n_m\|^2 = 1/H^2$ をみたす

とき差分 **CMC 網** (discrete CMC net) または平均曲率一定差分曲面 (discrete CMC surface) とよぶ ($H \neq 0$ は定数).

ここでは平均曲率の概念を導入することを避けて差分 CMC 網を定義したことに注意されたい[*19)].

注意 9.2.6 大域リーマン幾何学において，非正曲率のリーマン多様体における比較定理をもとに，曲率概念を用いずに，CAT(0) 空間とよばれる非正曲率の距離空間を定める．

差分幾何については以下の文献を紹介しておく．

- 松浦望, 曲線と曲面の差分幾何, 九州大学応用力学研究所研究集会報告 22AO-S8 (2011), 62–74. (http://hdl.handle.net/2324/23394)
- 松浦望, 曲線と曲面の差分幾何, 日本応用数理学会論文誌 23(2013), no. 1, 55–107.
- 松浦望, 曲線と曲面の差分幾何, 応用数理 26(2016), no. 3, 17–24.
- 井ノ口順一・太田泰広・筧三郎・梶原健司・松浦望 [編],『離散可積分系・離散微分幾何チュートリアル 2012』, COE レクチャーノート 40, 九州大学, 2012.
- W. Rossman, *Discrete Constant Mean Curvature Surfaces via Conserved Quantities*, COE レクチャーノート 25, 九州大学, 2010.
- A. I. Bobenko, Y. B. Suris, *Discrete Differential Geometry*, Graduate Studies in Math. 98, Amer. Math. Soc., 2008.

本書執筆中に広田良吾先生の訃報に接した．可積分幾何・差分幾何の研究を推進するよう日頃から著者を励ましてくださった広田先生に本書を捧げたい．

*19) 接触球を用いて，等温とは限らない差分網に対し，平均曲率を定義することができる．A. I. Bobenko, U. Pinkall, Discretization of surfaces and integrable systems, in: *Discrete Integrable Geometry and Physics* (A. I. Bobenko, R. Seiler 編), Oxford Lecture Series in Math. Appl. 16, 1999, pp.3–58.

A

ガウス–コダッチ方程式

命題 2.4.1 の証明を与える．まず

$$\frac{\partial S_{kj}}{\partial u_i} = \frac{\partial}{\partial u_i}\left(\sum_{\ell=1}^{2} g^{k\ell} h_{\ell j}\right) = \sum_{\ell=1}^{2}\left(\frac{\partial g^{k\ell}}{\partial u_i} h_{\ell j} + g^{k\ell}\frac{\partial h_{\ell j}}{\partial u_i}\right)$$

と計算される．(2.8) を使って $S_{jk;i}$ を計算する．

$$\begin{aligned}
S_{kj;i} &= \frac{\partial}{\partial u_i}\left(\sum_{m=1}^{2} g^{km} h_{mj}\right) + \sum_{\ell=1}^{2}\left(\Gamma_{i\ell}^{k} S_{\ell j} - \Gamma_{ij}^{\ell} S_{k\ell}\right) \\
&= \sum_{m=1}^{2}\left(\frac{\partial g^{km}}{\partial u_i} h_{mj} + g^{km}\frac{\partial h_{mj}}{\partial u_i}\right) + \sum_{\ell=1}^{2}\left(\Gamma_{i\ell}^{k} S_{\ell j} - \Gamma_{ij}^{\ell} S_{k\ell}\right) \\
&= -\sum_{\ell=1}^{2}\left\{\sum_{m=1}^{2}\left(\Gamma_{\ell i}^{m} g^{k\ell} + \Gamma_{i\ell}^{k} g^{\ell m}\right) h_{mj}\right\} + \sum_{m=1}^{2} g^{km}\frac{\partial h_{mj}}{\partial u_i} + \sum_{\ell=1}^{2}\left(\Gamma_{i\ell}^{k} S_{\ell j} - \Gamma_{ij}^{\ell} S_{k\ell}\right) \\
&= -\sum_{\ell=1}^{2}\left\{\sum_{m=1}^{2}\left(\Gamma_{\ell i}^{m} g^{k\ell} + \Gamma_{i\ell}^{k} g^{\ell m}\right) h_{mj}\right\} + \sum_{m=1}^{2} g^{km}\frac{\partial h_{mj}}{\partial u_i} \\
&\quad + \sum_{\ell=1}^{2}\left(\Gamma_{i\ell}^{k} g^{\ell m} h_{mj} - \Gamma_{ij}^{\ell} g^{km} h_{m\ell}\right) \\
&= \sum_{m=1}^{2} g^{km}\frac{\partial h_{mj}}{\partial u_i} - \sum_{\ell,m=1}^{2} \Gamma_{\ell i}^{m} g^{k\ell} h_{mj} - \sum_{\ell,m=1}^{2} \Gamma_{ij}^{\ell} g^{km} h_{m\ell} \\
&= \sum_{m=1}^{2} g^{km}\frac{\partial h_{mj}}{\partial u_i} - \sum_{\ell,m=1}^{2} g^{km} \Gamma_{mi}^{\ell} h_{\ell j} - \sum_{\ell,m=1}^{2} g^{km} \Gamma_{ij}^{\ell} h_{m\ell} \\
&= \sum_{m=1}^{2} g^{km}\left\{\frac{\partial h_{mj}}{\partial u_i} - \sum_{\ell=1}^{2}\left(\Gamma_{mi}^{\ell} h_{\ell j} + \Gamma_{ij}^{\ell} h_{m\ell}\right)\right\} \\
&= \sum_{m=1}^{2} g^{km} h_{mj;i}
\end{aligned}$$

したがって (2.17)

$$S_{kj;i}=\sum_{m=1}^{2}g^{km}h_{mj;i}$$

が得られた. ■

注意 A.0.7 リーマン曲率や第二基本形式の共変微分を第一基本形式 I や第二基本形式 II のように径数 (座標系) に依存しない量として定義したいときは

$$R=\sum_{i,j,k=1}^{2}R^{\ell}{}_{kij}\,\mathrm{d}u_i\mathrm{d}u_j\mathrm{d}u_k\frac{\partial}{\partial u_\ell},\quad \nabla\mathrm{II}=\sum_{i,j,k=1}^{2}h_{ij;k}\,\mathrm{d}u_i\mathrm{d}u_j\mathrm{d}u_k$$

と定める. また $R_{\ell ijk}$ については $\displaystyle\sum_{i,j,k,\ell=1}^{2}R_{\ell kij}\,\mathrm{d}u_i\mathrm{d}u_j\mathrm{d}u_k\mathrm{d}u_\ell$ と定める. □

注意 A.0.8 $\mathcal{F}=(\boldsymbol{p}_{u_1}\ \boldsymbol{p}_{u_2}\ \boldsymbol{n})$ に対し

$$(\mathcal{F}_{u_1})_{u_2}=(\boldsymbol{p}_{u_1u_1u_2}\ \boldsymbol{p}_{u_2u_1u_2}\ \boldsymbol{n}_{u_1u_2}),\quad (\mathcal{F}_{u_2})_{u_1}=(\boldsymbol{p}_{u_1u_2u_1}\ \boldsymbol{p}_{u_2u_2u_1}\ \boldsymbol{n}_{u_2u_1})$$

であるから積分可能条件は

$$\begin{aligned}
\frac{\partial}{\partial u_2}\frac{\partial}{\partial u_1}\frac{\partial \boldsymbol{p}}{\partial u_1}-\frac{\partial}{\partial u_1}\frac{\partial}{\partial u_2}\frac{\partial \boldsymbol{p}}{\partial u_1}&=\boldsymbol{0},\\
\frac{\partial}{\partial u_2}\frac{\partial}{\partial u_1}\frac{\partial \boldsymbol{p}}{\partial u_2}-\frac{\partial}{\partial u_1}\frac{\partial}{\partial u_2}\frac{\partial \boldsymbol{p}}{\partial u_2}&=\boldsymbol{0},\\
\frac{\partial}{\partial u_2}\frac{\partial \boldsymbol{n}}{\partial u_1}-\frac{\partial}{\partial u_1}\frac{\partial \boldsymbol{n}}{\partial u_2}&=\boldsymbol{0}
\end{aligned}$$

である. これらはガウス–コダッチ方程式と一致するはず. 実際, ガウスの公式とワインガルテンの公式を用いると, やや長い計算になるが次を確かめることができる.

$$\begin{aligned}
\frac{\partial}{\partial u_k}\frac{\partial}{\partial u_i}\frac{\partial \boldsymbol{p}}{\partial u_j}-\frac{\partial}{\partial u_i}\frac{\partial}{\partial u_k}\frac{\partial \boldsymbol{p}}{\partial u_j}&=\sum_{\ell=1}^{2}\left(R^{\ell}{}_{jki}-h_{ij}S_{\ell k}+h_{kj}S_{\ell i}\right)\frac{\partial \boldsymbol{p}}{\partial u_\ell}\\
&\quad+(h_{ij;k}-h_{ik;j})\boldsymbol{n},
\end{aligned}$$

$$\frac{\partial}{\partial u_j}\frac{\partial \boldsymbol{n}}{\partial u_i}-\frac{\partial}{\partial u_i}\frac{\partial \boldsymbol{n}}{\partial u_j}=\sum_{k,\ell=1}^{2}g^{\ell k}\left(h_{kj;i}-h_{ki;j}\right)\frac{\partial \boldsymbol{p}}{\partial u_\ell}$$

以上より確かにガウス–コダッチ方程式が得られる.

B

問 の 略 解

【1.3 節】

問 1.3.7　$\alpha_{ik}=u_{ik}\mathrm{d}x+v_{ik}\mathrm{d}y$, $\beta_{kj}=p_{kj}\mathrm{d}x+q_{kj}\mathrm{d}y$ に対し

$$\begin{aligned}\sum_{k=1}^{n}\alpha_{ik}\wedge\beta_{kj}&=\sum_{k=1}^{n}(u_{ik}\mathrm{d}x+v_{ik}\mathrm{d}y)\wedge(p_{kj}\mathrm{d}x+q_{kj}\mathrm{d}y)\\&=\sum_{k=1}^{n}u_{ik}p_{kj}\mathrm{d}x\wedge\mathrm{d}x+\sum_{k=1}^{n}u_{ik}q_{kj}\mathrm{d}x\wedge\mathrm{d}y\\&\quad+\sum_{k=1}^{n}v_{ik}p_{kj}\mathrm{d}y\wedge\mathrm{d}x+\sum_{k=1}^{n}v_{ik}q_{kj}\mathrm{d}y\wedge\mathrm{d}y\\&=\sum_{k=1}^{n}(u_{ik}q_{kj}-v_{ik}p_{kj})\mathrm{d}x\wedge\mathrm{d}y\\&=(UQ-VP)_{ij}\mathrm{d}x\wedge\mathrm{d}y=\sum_{k=1}^{n}\alpha_{ik}\wedge\beta_{kj}.\ \square\end{aligned}$$

【1.4 節】

問 1.4.7　$1=\det E=\det(\overline{{}^tA})\det A=\overline{\det A}\det A=|\det A|^2$ より．□

問 1.4.8　$A=\begin{pmatrix}a&b\\c&d\end{pmatrix}$ とおく．$A^{-1}=\overline{{}^tA}$ を書いてみると

$$\frac{1}{ad-bc}\begin{pmatrix}d&-b\\-c&a\end{pmatrix}=\begin{pmatrix}\overline{a}&\overline{c}\\\overline{b}&\overline{d}\end{pmatrix}.$$

$\det A=1$ であるから，$d=\overline{a}$, $c=-\overline{b}$ が得られるので $a=\alpha$, $c=\beta$ と書き直せばよい．□

問 1.4.10　公式：

$$\frac{\mathrm{d}}{\mathrm{d}u}\det F(u)=\sum_{j=1}^{n}\det(\boldsymbol{f}_1(u),\ldots,\boldsymbol{f}_{j-1}(u),\boldsymbol{f}'_j(u),\boldsymbol{f}_{j+1}(u),\ldots,\boldsymbol{f}_n(u)).\quad(\text{B.1})$$

を利用すればよい．$U(u)=(u_{ij}(u))$ と成分表示すると $\boldsymbol{f}'_j(u)=\sum_{i=1}^{n}u_{ij}(u)\boldsymbol{f}_i(u)$ であるから

$$\begin{aligned}\frac{\mathrm{d}}{\mathrm{d}u}\det F(u)&=\sum_{j=1}^{n}\det\Bigl(\boldsymbol{f}_1(u),\dots,\boldsymbol{f}_{j-1}(u),\sum_{i=1}^{n}u_{ij}(u)\boldsymbol{f}_i(u),\boldsymbol{f}_{j+1}(u),\dots,\boldsymbol{f}_n(u)\Bigr)\\&=\sum_{j=1}^{n}\sum_{i=1}^{n}\det(\boldsymbol{f}_1(u),\dots,\boldsymbol{f}_{j-1}(u),u_{ij}(u)\boldsymbol{f}_i(u),\boldsymbol{f}_{j+1}(u),\dots,\boldsymbol{f}_n(u)).\end{aligned}$$

行列式の交代性 ([32, 系 3.19]) に注意すれば

$$\begin{aligned}\frac{\mathrm{d}}{\mathrm{d}u}\det F(u)&=\sum_{j=1}^{n}\det(\boldsymbol{f}_1(t),\dots,\boldsymbol{f}_{j-1}(u),u_{jj}(u)\boldsymbol{f}_j(u),\boldsymbol{f}_{j+1}(u),\dots,\boldsymbol{f}_n(u))\\&=\left(\sum_{j=1}^{n}u_{jj}(u)\right)\det(\boldsymbol{f}_1(u),\dots,\boldsymbol{f}_{j-1}(u),\boldsymbol{f}_j(u),\boldsymbol{f}_{j+1}(u),\dots,\boldsymbol{f}_n(u))\\&=\operatorname{tr}U(u)\cdot\det F(u).\end{aligned}$$

が得られる．□

【1.5 節】

問 1.5.6 [21, 第 1 章定理 7.1] 参照．□

問 1.5.9 $\kappa(u)=\tau(u)=\frac{1}{3(1+u^2)^2}$ であるから．$\boldsymbol{T}(u)=(1-u^2,2u,1+u^2)/\{\sqrt{2}(1+u^2)\}$ は $\boldsymbol{u}=(0,0,1)$ と定角をなす．実際 $(\boldsymbol{T}(u)|\boldsymbol{u})=1/\sqrt{2}$．□

問 1.5.10 [21, 第 1 章定理 7.2] 参照．□

【2.1 節】

問 2.1.9 ラグランジュの公式

$$(\boldsymbol{x}_1\times\boldsymbol{x}_2|\boldsymbol{y}_1\times\boldsymbol{y}_2)=(\boldsymbol{x}_1|\boldsymbol{y}_1)(\boldsymbol{x}_2|\boldsymbol{y}_2)-(\boldsymbol{x}_1|\boldsymbol{y}_2)(\boldsymbol{x}_2|\boldsymbol{y}_1),\quad \boldsymbol{x}_1,\boldsymbol{x}_2,\boldsymbol{y}_1,\boldsymbol{y}_2\in\mathbb{E}^3 \tag{B.2}$$

を用いる．□

【2.2 節】

問 2.2.5 ガウスの公式 $\dfrac{\partial^2\boldsymbol{p}}{\partial u_i\partial u_j}=\sum_{k=1}^{2}\Gamma_{ij}^k\dfrac{\partial\boldsymbol{p}}{\partial u_k}+h_{ij}\boldsymbol{n}$ の両辺と $\boldsymbol{p}_{u_\ell}$ の内積をとると

$$(\boldsymbol{p}_{u_ju_i}|\boldsymbol{p}_{u_\ell})=\sum_{k=1}^{2}\Gamma_{ij}^k(\boldsymbol{p}_{u_k}|\boldsymbol{p}_{u_\ell})=\sum_{k=1}^{2}\Gamma_{ij}^k\,g_{k\ell}$$

この右辺を $[\ell; i, j]$ とおく．$\boldsymbol{p}_{u_i u_j} = \boldsymbol{p}_{u_j u_i}$ であるから $[\ell; i, j] = [\ell; j, i]$ が成り立つことに注意.

次に $g_{ij} = (\boldsymbol{p}_{u_i} | \boldsymbol{p}_{u_j})$ の両辺を u_ℓ で偏微分すると

$$\frac{\partial g_{ij}}{\partial u_\ell} = (\boldsymbol{p}_{u_i u_\ell} | \boldsymbol{p}_{u_j}) + (\boldsymbol{p}_{u_i} | \boldsymbol{p}_{u_j u_\ell}) = [j; i, \ell] + [i; j, \ell].$$

したがって

$$\frac{\partial g_{j\ell}}{\partial u_i} = [\ell; j, i] + [j; \ell, i], \quad \frac{\partial g_{\ell i}}{\partial u_j} = [\ell; i, j] + [i; \ell, j], \quad \frac{\partial g_{ij}}{\partial u_\ell} = [j; i, \ell] + [i; j, \ell]$$

より

$$[\ell; i, j] = \frac{1}{2} \left(\frac{\partial g_{j\ell}}{\partial u_i} + \frac{\partial g_{\ell i}}{\partial u_j} - \frac{\partial g_{ij}}{\partial u_\ell} \right)$$

を得る．$[\ell; i, j] = \sum_{k=1}^{2} \Gamma_{ij}^k g_{k\ell}$ の両辺に $g^{m\ell}$ をかけて ℓ について和をとってみると

$$\sum_{\ell=1}^{2} g^{m\ell} [\ell; i, j] = \sum_{\ell=1}^{2} g^{m\ell} \left(\sum_{k=1}^{2} g_{\ell k} \Gamma_{ij}^k \right) = \sum_{k=1}^{2} \left(\sum_{\ell=1}^{2} g^{m\ell} g_{\ell k} \right) \Gamma_{ij}^k = \sum_{k=1}^{2} \delta_k{}^m \Gamma_{ij}^k.$$

いま得られた式

$$\sum_{\ell=1}^{2} g^{m\ell} [\ell; i, j] = \sum_{k=1}^{2} \delta_k{}^m \Gamma_{ij}^k$$

において $m = 1$ と選ぶと

$$\sum_{\ell=1}^{2} g^{1\ell} [\ell; i, j] = \sum_{k=1}^{2} \delta_k{}^1 \Gamma_{ij}^k = \delta_1{}^1 \Gamma_{ij}^1 + \delta_2{}^1 \Gamma_{ij}^2 = \Gamma_{ij}^1$$

を得る．同様に

$$\sum_{\ell=2}^{2} g^{2\ell} [\ell; i, j] = \Gamma_{ij}^2$$

を得る．以上より

$$\Gamma_{ij}^k = \frac{1}{2} \sum_{\ell=1}^{2} g^{k\ell} \left(\frac{\partial g_{j\ell}}{\partial u_i} + \frac{\partial g_{i\ell}}{\partial u_j} - \frac{\partial g_{ij}}{\partial u_\ell} \right)$$

が導けた．この式からクリストッフェル記号は第一基本形式だけで決まることがわかる(すなわち内的量)．□

問 2.2.6 まず $\sum_{k=1}^{2} g^{mk} g_{k\ell} = \delta_\ell^m$ の両辺を u_j で偏微分すると

$$\sum_{k=1}^{2} \frac{\partial g^{mk}}{\partial u_j} g_{k\ell} + \sum_{k=1}^{2} g^{mk} \frac{\partial g_{k\ell}}{\partial u_j} = 0$$

を得る．この式を書き換えて

$$\begin{aligned}\sum_{k=1}^{2}\frac{\partial g^{mk}}{\partial u_j}g_{k\ell} &= -\sum_{k=1}^{2}g^{mk}\frac{\partial g_{k\ell}}{\partial u_j} = -\sum_{k=1}^{2}g^{mk}\frac{\partial}{\partial u_j}(\boldsymbol{p}_{u_k}|\boldsymbol{p}_{u_\ell}) \\ &= -\sum_{k=1}^{2}g^{mk}\{(\boldsymbol{p}_{u_k u_j}|\boldsymbol{p}_{u_\ell})+(\boldsymbol{p}_{u_k}|\boldsymbol{p}_{u_\ell u_j})\} \\ &= -\sum_{k=1}^{2}g^{mk}([\ell;k,j]+[k;\ell,j]) \\ &= -\sum_{k=1}^{2}g^{mk}[\ell;k,j]-\Gamma^m_{\ell j}.\end{aligned}$$

以上の計算で

$$\sum_{k=1}^{2}\frac{\partial g^{mk}}{\partial u_j}g_{k\ell} = -\sum_{k,n=1}^{2}[\ell;k,j]g^{mk}-\Gamma^m_{\ell j}$$

が得られた．この両辺に $g^{\ell i}$ を掛けて ℓ で和をとると

$$\sum_{k,\ell=1}^{2}\frac{\partial g^{mk}}{\partial u_j}g_{k\ell}g^{\ell i} = -\sum_{k=1}^{2}g^{mk}\Gamma^i_{kj}-\sum_{\ell=1}^{2}g^{i\ell}\Gamma^m_{\ell j}$$

となるが

$$\sum_{k,\ell=1}^{2}\frac{\partial g^{mk}}{\partial u_j}g_{k\ell}g^{\ell i} = \sum_{k=1}^{2}\frac{\partial g^{mk}}{\partial u_j}\left(\sum_{\ell=1}^{2}g_{k\ell}g^{\ell i}\right) = \sum_{k=1}^{2}\frac{\partial g^{mk}}{\partial u_j}\delta^i_k = \frac{\partial g^{mi}}{\partial u_j}$$

であることに注意すれば (2.8) が得られる．□

問 2.2.8　A は対称行列なので，A を対角化する直交行列 P がとれる．$P^{-1}AP = \begin{pmatrix} E & 0 \\ 0 & G \end{pmatrix}$．ここで $E > 0$ かつ $G > 0$ であることに注意．そこで $Q = \sqrt{A}$ をとる．$\sqrt{A}$ は $\sqrt{A} = P\begin{pmatrix} \sqrt{E} & 0 \\ 0 & \sqrt{G} \end{pmatrix}P^{-1}$ で定義される．すると ${}^tQ = Q$, ${}^t(Q^{-1}) = Q^{-1}$ である．C の特性根 λ は特性方程式 $\det(\lambda E - C) = 0$ の解であるが $C = A^{-1}B = Q^{-1}Q^{-1}B$ であることを利用すると

$$\det(\lambda E - C) = \det(Q^{-1}(\lambda E - Q^{-1}BQ^{-1})Q) = \det(\lambda E - Q^{-1}BQ^{-1})$$

であるから λ は $Q^{-1}BQ^{-1}$ の特性根．Q, Q^{-1}, B はすべて対称行列なので $Q^{-1}BQ^{-1}$ は対称行列，したがって特性根は実数．以上より C の特性根は実数．□

問 2.2.16　$f'(u_1)^2 + g'(u_1)^2 = 1$ の両辺を u_1 で微分して $f'(u_1)f''(u_1) + g'(u_1)g''(u_1) = 0$ を得るから (以下 (u_1) を省く)

$$(f'g''-f''g')g'=f'(g'g'')-f'(g')^2=-f'(f'f'')-f''(1-(f')^2)=-f''$$

を得るので

$$\mathrm{I}=\mathrm{d}u_1^2+f^2\,\mathrm{d}u_2^2,\quad \mathrm{II}=-\frac{f''}{g}\mathrm{d}u_1^2+fg'\mathrm{d}u_2^2.$$

ゆえに $\boldsymbol{p}_{u_1}$ は主曲率 $-f''/g'$ に対応する主曲率ベクトル場，$\boldsymbol{p}_{u_2}$ は g'/f に対応する主曲率ベクトル場．□

問 2.2.19 第三基本形式 $\mathrm{III}=\sum_{i,j=1}^{2}\mathrm{III}_{ij}\mathrm{d}u_i\mathrm{d}u_j$ は

$$\begin{aligned}\mathrm{III}&=\left(\sum_{i=1}^{2}\boldsymbol{n}_{u_i}\mathrm{d}u_i\;\middle|\;\sum_{j=1}^{2}\boldsymbol{n}_{u_j}\mathrm{d}u_j\right)=\sum_{i,j=1}^{2}\sum_{k,\ell=1}^{2}(S_{ki}\boldsymbol{p}_{u_k}|S_{\ell j}\boldsymbol{p}_{u_\ell})\mathrm{d}u_k\mathrm{d}u_\ell\\&=\sum_{i,j=1}^{2}\sum_{k,\ell=1}^{2}S_{ki}S_{\ell j}g_{k\ell}\mathrm{d}u_i\mathrm{d}u_j=\sum_{i,j,k,\ell=1}^{2}(\sum_{m=1}^{2}g^{km}h_{mi})(\sum_{n=1}^{2}g^{\ell n}h_{nj})g_{k\ell}\mathrm{d}u_i\mathrm{d}u_j\\&=\sum_{i,j,\ell,m,n=1}^{2}(\sum_{k=1}^{2}g^{km}g_{k\ell})g^{\ell n}h_{mi}h_{nj}\mathrm{d}u_i\mathrm{d}u_j\\&=\sum_{i,j,\ell,m,n=1}^{2}\delta_\ell^m g^{\ell n}h_{mi}h_{nj}\mathrm{d}u_i\mathrm{d}u_j=\sum_{i,j,m,n=1}^{2}h_{mi}h_{nj}g^{mn}\mathrm{d}u_i\mathrm{d}u_j\end{aligned}$$

と計算される．したがって成分函数 III_{ij} は

$$\mathrm{III}_{ij}=\sum_{n=1}^{2}h_{im}\left(\sum_{n=1}^{2}g^{mn}h_{nj}\right)=\sum_{m=1}^{2}h_{im}\left(\mathrm{I}^{-1}\mathrm{II}\right)_{mj}=\sum_{m=1}^{2}h_{im}S_{mj}$$

と書き換えられるから

$$\begin{aligned}(\mathrm{III}_{ij})&=\begin{pmatrix}h_{11}&h_{12}\\h_{21}&h_{22}\end{pmatrix}\begin{pmatrix}S_{11}&S_{12}\\S_{21}&S_{22}\end{pmatrix}\\&=\begin{pmatrix}h_{11}&h_{12}\\h_{21}&h_{22}\end{pmatrix}\begin{pmatrix}g^{11}&g^{12}\\g^{21}&g^{22}\end{pmatrix}\begin{pmatrix}h_{11}&h_{12}\\h_{21}&h_{22}\end{pmatrix}\end{aligned}\tag{B.3}$$

と計算できる．

$$\mathrm{III}_{11}=h_{11}h_{11}g^{11}+2h_{11}h_{12}g^{12}+h_{12}h_{12}g^{22}$$

を次のように書き換える．

$$\begin{aligned}\mathrm{III}_{11}&=h_{11}h_{11}g^{11}+2h_{11}h_{12}g^{12}+h_{12}h_{12}g^{22}\\&=\frac{1}{\det(g_{ij})}\left\{h_{11}h_{11}g_{22}-2h_{11}h_{12}g_{12}+h_{12}h_{12}g_{11}\right\}\\&=\frac{1}{\det(g_{ij})}\left\{h_{11}h_{11}g_{22}-2h_{11}h_{12}g_{12}+(h_{11}h_{22}g_{11}-h_{11}h_{22}g_{11})+h_{12}h_{12}g_{11}\right\}.\end{aligned}$$

ここに (2.9) を代入すれば $\mathrm{I\!I\!I}_{11} = 2Hh_{11} - Kg_{11}$ を得る．$\mathrm{I\!I\!I}_{12}$, $\mathrm{I\!I\!I}_{22}$ についても同様．□

【2.7 節】

問 2.7.8　$Q = -1/2$ となるように複素座標を変更すればよい．このとき $H = 0$, $Q = -1/2$ であるから ${}^{c}H = 1$, ${}^{c}Q = 0$ なので ${}^{c}\boldsymbol{p}$ は単位球面の一部を表す．□

【2.8 節】

問 2.8.1　まず柱面 (例 2.1.2, 例 2.2.11) $\boldsymbol{p}(u_1, u_2) = (x_1(u_1), x_2(u_1), u_2)$ の場合,

$$\boldsymbol{p}(t)(u_1, u_2) = (x_1(u_1) + tx_2'(u_1), x_2(u_1) - tx_1'(u_1), u_2)$$

であるから，$\boldsymbol{p}(t)$ が曲面であるとき，それは柱面である．たとえば円柱面 $\boldsymbol{p}(u_1, u_2) = (r\cos(u_1/r), r\sin(u_1/r), u_2)$ に対し $\boldsymbol{p}(-1/(2H)) = (0, 0, u_2)$ は直線に退化してしまう．次に回転面 (例 2.2.15) の場合，u_1 を弧長径数に選んでおくと

$$\boldsymbol{p}(t) = ((f(u_1) - tg'(u_1))\cos u_2, (f(u_1) - tg'(u_1))\sin u_2, g(u_1) + tf'(u_1))$$

であるからこれも回転面．球面 (2.1) に対し $\boldsymbol{p}(1/H)$ は例 2.2.13 より $\boldsymbol{p}(1/H) = \boldsymbol{p} + (-\boldsymbol{p}/r)/H = \boldsymbol{0}$ となり 1 点に退化してしまう．命題 2.8.5 も参照のこと．□

問 2.8.4　平行曲面は $\alpha(t) + 2\beta(t)H(t) + \gamma(t)K(t) = 0$ をみたす．ただし $\alpha(t) = \varepsilon\alpha$, $\beta(t) = \beta + t\alpha$, $\gamma(t) = \varepsilon(\gamma + 2\beta t + \alpha t^2)$．判別式を計算すると $\alpha(t)\gamma(t) - \beta(t)^2 = \alpha\gamma - \beta^2$．□

問 2.8.11　$H(t)_{u_j}$ を計算すると

$$H(t)_{u_j} = \frac{\varepsilon\{H_{u_j} + tK_{u_j} + t^2(HK_{u_j} - H_{u_j}K)\}}{(1 - 2tH + t^2K)^2}$$

であるから，すべての t に対し $H(t)$ が一定 $\Longleftrightarrow$ H と K が一定．□

【第 2 章 章末問題】

問題 2.2　両者をまとめて扱う．$x_3 = \dfrac{x_1^2}{a^2} + \varepsilon\dfrac{x_2^1}{b^2}$, $\varepsilon = \pm 1$ とする．このとき k を定数として

$$\boldsymbol{A}(u) = (u, \varepsilon kb^2u, (1 + k^2a^2b^2)u^2/a^2), \quad \boldsymbol{B}(v) = (-ka^2v, v, \varepsilon(1 + k^2a^2b^2)v^2/b^2)$$

とおけば

$$\boldsymbol{A}_u(u) = (1, \varepsilon kb^2, 2(1 + k^2a^2b^2)u/a^2) \neq \boldsymbol{0}, \quad \boldsymbol{B}_v(v) = (-ka^2, 1, 2\varepsilon(1 + k^2a^2b^2)v/b^2) \neq \boldsymbol{0}.$$

さらに $\boldsymbol{p}_u \times \boldsymbol{p}_v = (1 + k^2a^2b^2)(2(k - u/a^2), -2(ku + \varepsilon v/b^2), 1)$ であるから，$\varepsilon = +1$

のときはどの k についても $\boldsymbol{p}$ は曲面片．$\varepsilon=-1$ のときは $k\neq\pm1/(ab)$ と k を選んでおけばよい．□

問題 2.3 x, y についての微分演算をそれぞれプライムとドットで表す．例 2.2.18 において $f(x,y)=g(x)+h(y)$ と選べば $W(x,y)=\sqrt{1+g'(x)^2+\dot{h}(y)^2}$, $K=\{g''(x)\ddot{h}(y)\}/W(x,y)^4$,

$$H=\{(1+\dot{h}(y)^2)g''(x)+(1+g'(x)^2)h''(y)\}/(2W(x,y)^3) \tag{B.4}$$

を得る．□

問題 2.4 前問の結果を用いる．$H=0\iff(1+\dot{h}(y)^2)g''(x)=-(1+g'(x)^2)\ddot{h}(y)$. これを次のように書き換える．

$$g''(x)/\{1+g'(x)^2\}=-\ddot{h}(y)/\{1+\dot{h}(y)^2\}.$$

この式の左辺は x のみの函数，右辺は y のみの函数．ということは「左辺 = 右辺 = 定数」しかない．この定数を a とおく．$a=0$ のときは $f(x,y)=x$ と y の 1 次式 だから，この曲面は平面である．以下 $a\neq0$ とする．

$$\int a\,\mathrm{d}x=\int\frac{g''(x)}{1+g'(x)^2}\,\mathrm{d}x=\tan^{-1}g'(x)$$

より $\tan^{-1}g'(x)=ax+b_1$. したがって $g(x)=\int\tan(ax+b_1)\,\mathrm{d}x=-a^{-1}\log|\cos(ax+b_1)|+c_1$. 同様に $h(y)=a^{-1}\log|\cos(ay+b_2)|+c_2$ を得る．(b_1, b_2, c_1, c_2 は積分定数)．x, y の平行移動で $b_1=b_2=0$ としてよい．また x_3 軸方向の平行移動により $c_1=c_2=0$ としてよいので

$$f(x,y)=\frac{1}{a}\log\left|\frac{\cos(ay)}{\cos(ax)}\right|$$

を得る．$f(x,y)$ は $\mathcal{R}=\{(x,y)\mid\cos(ay)/\cos(ax)>0\}$ 上の函数と考えられる．$S_{m,n}=\{(x,y)\in\mathbb{R}^2\mid |x-m\pi|<\pi/2,\ \ |y-n\pi|<\pi/2\}$, (ただし m, $n\in\mathbb{Z}$ かつ $m+n$ は偶数) とおくと $\mathcal{R}$ は正方形領域 $S_{n,m}$ を並べたものである (詳しくは [14, p.151] を参照)．

当初知られていた極小曲面の例は平面，螺旋面，懸垂面しかなかった．1855 年の論文でシャーク (Scherk, シェルク) は極小な移動曲面を求めることでシャーク曲面を発見した．□

問題 2.5 $K=(g''(x)\ddot{h}(y))/W^4$ において $g''=0$ または $\ddot{h}=0$ ならば $K=0$ である．そこで $g''\neq0$ かつ $\ddot{h}\neq0$ と仮定してみる．

$$K_x=\frac{\partial}{\partial x}\left(\frac{g''(x)\ddot{h}(y)}{W(x,y)^4}\right)=\frac{\ddot{h}(y)}{W^8}(g'''(x)W(x,y)^2-4g'(x)g''(x)^2),$$

$$K_y = \frac{\partial}{\partial y}\left(\frac{g''(x)\ddot{h}(y)}{W(x,y)^4}\right) = \frac{g''(x)}{W^8}(\dddot{h}(y)W(x,y)^2 - 4\dot{h}(y)\ddot{h}(y)^2)$$

であるから今の仮定より

$$4g'(x)g''(x)^2 = g'''(x)W(x,y)^2, \quad 4\dot{h}(y)\ddot{h}(y)^2 = \dddot{h}(y)W(x,y)^2.$$

前者を y で偏微分すると

$$0 = \left(4g'(x)g''(x)^2\right)_y = \left(g'''(x)W(x,y)^2\right)_y = g'''(x)(2\dot{h}(y)\ddot{h}(y)).$$

ふたたび仮定より $g'''(x) = 0$ を得るが，$g'''(x) = 0$ だと $g'(x)g''(x) = 0$ となり $g''(x) \neq 0$ という仮定に反する．矛盾．後者の方程式を x で偏微分すると $\ddot{h}(y) = 0$ が得られて矛盾．以上のことから，$g''(x) = 0$ または $\ddot{h}(y) = 0$ でなければならない．たとえば $\ddot{h}(y) = 0$ ならば

$$\boldsymbol{p}(x,y) = (x, y, g(x) + ay + b) = (x, 0, g(x)) + y(0, 1, a)$$

となるから，これは xz 平面内の曲線上の $(0,1,a)$ 方向を軸とする一般柱面である．□

問題 2.6　(B.4) を x で偏微分し，$H_x = 0$ を (B.4) を用いて整理すると

$$g'''(x)(1 + \dot{h}(y)^2) + 2g'(x)g''(x)\ddot{h}(y) = 6Hg'(x)g''(x)W(x,y) \tag{B.5}$$

を得る．これを y で偏微分し整理すると

$$(\dot{h}(y)\ddot{h}(y)g'''(x) + g'(x)g''(x)\dddot{h}(y))W(x,y) = 3Hg'(x)g''(x)\dot{h}(y)\ddot{h}(y). \tag{B.6}$$

この式から $g''(x) = 0$ または $\ddot{h}(y) = 0$ が示される．実際，$(g'(x)^2)_x \neq 0$ かつ $(\dot{h}(y)^2)_y \neq 0$ を仮定すると (B.6) より

$$3H = \left(\frac{g'''(x)}{g'(x)g''(x)} + \frac{\dddot{h}(y)}{\dot{h}(y)\ddot{h}(y)}\right)W(x,y). \tag{B.7}$$

これを x で偏微分して

$$\{g'''(x)/(g'(x)g''(x))\}_x W(x,y)^3 + 3Hg'(x)g''(x) = 0 \tag{B.8}$$

を得る．さらにこれを y で偏微分して $\dot{h}(y)\ddot{h}(y)\{g'''(x)/(g'(x)g''(x))\}_x = 0$ を得る．偏微分の順序を入れ替えて計算すれば $g'(x)g''(x)\left\{\dddot{h}(y)/(\dot{h}(y)\ddot{h}(y))\right\}_y = 0$ を得る．仮定より $g'(x)g''(x) \neq 0$ かつ $\dot{h}(y)\ddot{h}(y) \neq 0$ であるから $\{g'''(x)/(g'(x)g''(x))\}_x = \left\{\dddot{h}(y)/(\dot{h}(y)\ddot{h}(y))\right\}_y = 0$. すると (B.8) より $H = 0$ となり矛盾．したがって $g'(x)g''(x) = 0$ または $\dot{h}(y)\ddot{h}(y) = 0$. たとえば $\dot{h}(y)\ddot{h}(y) = 0$ とすると $h(y) = ay+b$. ここで定数 b を $g(x)$ の方に繰り込むことにすれば $h(y) = ay$ としてよい．(B.4) より

$$g''(x) = \frac{2H}{1+a^2}\left(1+a^2+g'(x)^2\right)^{3/2}.$$

これより

$$g(x) = -\frac{\sqrt{1+a^2}}{2H}\sqrt{1-4H^2(x+c_1)^2} + c_2.$$

$x+c_1$ を改めて x とし，x_3 軸方向の平行移動により $c_2=0$ としてよいのでこの曲面は $f(x,y) = -\sqrt{1+a^2}\sqrt{1-4H^2x^2}/(2H)+ay$ のグラフと合同．このグラフは円柱面 $(x_2)^2+(x_3)^2 = 1/(4H^2)$ と合同である[*1]．□

【3.1 節】

問 3.1.9 $q = \cos\frac{\theta}{2} + \sin\frac{\theta}{2}\boldsymbol{u} \in \mathbf{H}$ とおく．$q\overline{q} = 1$ より $q \in \mathrm{Sp}(1)$ である．$\boldsymbol{x} \in \mathrm{Im}\,\mathbf{H}$ に対し計算で $\mathrm{Ad}(q)\boldsymbol{x} = \cos\theta\boldsymbol{x} + (1-\cos\theta)(\boldsymbol{x}|\boldsymbol{u})\boldsymbol{u} + \sin\theta\boldsymbol{u}\times\boldsymbol{x}$ を得る．$\boldsymbol{x}_1 = (\boldsymbol{x}|\boldsymbol{u})\boldsymbol{u}$, $\boldsymbol{x}_2 = \boldsymbol{x} - \boldsymbol{x}_1$，$\boldsymbol{x}_3 = \boldsymbol{x}_1 \times \boldsymbol{x}_2$ とおくと $\{\boldsymbol{x}_1, \boldsymbol{x}_2, \boldsymbol{x}_3\}$ は右手系．$\boldsymbol{x}_1$ は軸 $\mathbb{R}\boldsymbol{u}$ 内のベクトル，$\boldsymbol{x}_2$，$\boldsymbol{x}_3$ は原点を通り軸に垂直な平面 ($\mathbb{R}\boldsymbol{u}$ の直交補空間) の直交基底．$\mathrm{Ad}(q)\boldsymbol{x} = \boldsymbol{x}_1 + \cos\theta\,\boldsymbol{x}_2 + \sin\theta\,\boldsymbol{x}_3$ と書き直せるので，$\mathrm{Ad}(q)$ は $\mathbb{R}\boldsymbol{u}$ を軸とする回転角 θ の回転．□

【3.2 節】

問 3.2.4

$$\begin{pmatrix} 0 & \nu^{-1}(\nu z + \nu^{-1}\overline{z})/4 \\ -\nu(\nu z+\nu^{-1}\overline{z})/4 & 0 \end{pmatrix}^2 = -\{(\nu z + \nu^{-1}\overline{z})/4\}^2\mathbf{1}$$

より

$$\begin{pmatrix} 0 & \nu^{-1}(\nu z + \nu^{-1}\overline{z})/4 \\ -\nu(\nu z+\nu^{-1}\overline{z})/4 & 0 \end{pmatrix}^{2n} = (-1)^n\left(\frac{\nu z+\nu^{-1}\overline{z}}{4}\right)^{2n}\mathbf{1},$$

$$\begin{pmatrix} 0 & \nu^{-1}(\nu z + \nu^{-1}\overline{z})/4 \\ -\nu(\nu z+\nu^{-1}\overline{z})/4 & 0 \end{pmatrix}^{2n+1} = (-1)^n\left(\frac{\nu z+\nu^{-1}\overline{z}}{4}\right)^{2n+1}\begin{pmatrix} 0 & \nu^{-1} \\ -\nu & 0 \end{pmatrix}$$

となるから

$$\exp\begin{pmatrix} 0 & \nu^{-1}(\nu z + \nu^{-1}\overline{z})/4 \\ -\nu(\nu z+\nu^{-1}\overline{z})/4 & 0 \end{pmatrix}$$

[*1] H. Liu, Translation surfaces with constant mean curvature in 3-dimensional spaces, *J. Geom.* 64(1999), 141–149. 富澤雄太郎, 平均曲率一定の曲面について, 山形大学理学部卒業論文, 2012.

$$= \sum_{n=0}^{\infty} \frac{1}{n!} \begin{pmatrix} 0 & \nu^{-1}(\nu z + \nu^{-1}\overline{z})/4 \\ -\nu(\nu z + \nu^{-1}\overline{z})/4 & 0 \end{pmatrix}^n$$

$$= \sum_{n=0}^{\infty} \frac{(-1)^n}{(2n)!} \left(\frac{\nu z + \nu^{-1}\overline{z}}{4}\right)^{2n} \mathbf{1} + \sum_{n=0}^{\infty} \frac{(-1)^n}{(2n+1)!} \left(\frac{\nu z + \nu^{-1}\overline{z}}{4}\right)^{2n+1} \begin{pmatrix} 0 & \nu^{-1} \\ -\nu & 0 \end{pmatrix}$$

$$= \begin{pmatrix} \cos\{(\nu z + \nu^{-1}\overline{z})/4\} & \nu^{-1}\sin\{(\nu z + \nu^{-1}\overline{z})/4\} \\ -\nu \sin\{(\nu z + \nu^{-1}\overline{z})/4\} & \cos\{(\nu z + \nu^{-1}\overline{z})/4\} \end{pmatrix}. \quad \square$$

【3.4 節】

問 3.4.7 $\lambda = e^{it}$ とおき $\boldsymbol{p}^{(\lambda)} = (x_1^{(\lambda)}, x_2^{(\lambda)}, x_3^{(\lambda)})$ を計算すると

$$x_1^{(\lambda)} = \mathrm{Re} \int_0^w 2\lambda f g \, \mathrm{d}w = \sin tu + \cos tv,$$

$$x_2^{(\lambda)} = \mathrm{Re} \int_0^w \lambda f(1-g^2)\mathrm{d}w = \cos t \sinh u \cos v - \sin t \cosh u \sin v,$$

$$x_3^{(\lambda)} = \mathrm{Re} \int_0^w \lambda f i(1+g^2)\mathrm{d}w = \cos t \sinh u \sin v + \sin t \cosh u \cos v.$$

とくに $\boldsymbol{p}^{(1)} = (v, \sinh u \cos v, \sinh u \sin v)$ において $u_1 = \sinh u$, $u_2 = v$ と径数を変換すると常螺旋面に合同であることがわかる．また $\boldsymbol{p}^{(i)} = (u, -\cosh u \sin v, \cosh u \cos v)$ において $u_1 = \cosh u$, $u_2 = -v$ と径数を変換すると懸垂面に合同であることがわかる．$\square$

【4.1 節】

問 4.1.1 まず斉次常微分方程式 $h'(u) = 2iH(u)h(u)$ を解く．

$$\frac{\mathrm{d}h}{\mathrm{d}u} = 2iH(u)h(u) = h(u)\frac{\mathrm{d}}{\mathrm{d}u}\left(2i\int_0^u H(t)\,dt\right)$$

と書き直せるから $h(u) = c\exp\left(2i\int_0^u H(t)\,\mathrm{d}t\right)$, $(c \in \mathbb{C})$ を得る．次に定数変化法を用いて計算する．$h(u) = c(u)\exp\left(2i\int_0^u H(t)\,\mathrm{d}t\right)$ とおいて $h'(u) = 2H(u)ih(u) + 1$ に代入すると $c'(u) = \exp\left(-2i\int_0^u H(t)\,\mathrm{d}t\right)$ を得るから

$$c(u) = \int_0^u \exp\left(-2i\int_0^u H(t)\,\mathrm{d}t\right)\mathrm{d}u + C, \quad C \in \mathbb{C}$$

を得る．$\square$

問 4.1.3 A は放物線の焦点である．

1) $\boldsymbol{T} = (1, x/2)$.

2) r は P から準線 $y = -1$ までの距離に等しいから $r = (x^2+4)/4$.

3) $\cos\theta = -x/\sqrt{x^2+4}$, $\sin\theta = 2/\sqrt{x^2+4}$.

4)

$$s=\int_0^x\sqrt{1+\left(\frac{t}{2}\right)^2}\,\mathrm{d}t=\frac{1}{2}\int_0^x\sqrt{t^2+4}\,\mathrm{d}t=\left[\frac{t}{2}\sqrt{t^2+4}\right]_0^x-\int_0^x\frac{t}{2}\cdot\frac{t}{\sqrt{t^2+4}}\,\mathrm{d}t$$
$$=\frac{x\sqrt{x^2+4}}{2}-\int_0^x\frac{t^2}{2\sqrt{t^2+4}}\,\mathrm{d}t.$$

ここで

$$\frac{t^2}{2\sqrt{t^2+4}}=\frac{\sqrt{t^2+4}}{2}-\frac{2}{\sqrt{t^2+4}}$$

を利用すると

$$s=\frac{x\sqrt{x^2+4}}{2}-\left(s-\int_0^x\frac{2}{\sqrt{t^2+4}}\,\mathrm{d}t\right)$$

を得るから

$$s=\frac{1}{2}\left(\frac{x\sqrt{x^2+4}}{2}+2\int_0^x\frac{\mathrm{d}t}{\sqrt{t^2+4}}\right)=\frac{x\sqrt{x^2+4}}{4}+\log\frac{x+\sqrt{x^2+4}}{2}.$$

5) $(X,Y)=(s,0)+r(\cos\theta,\sin\theta)$ より

$$X=\log\frac{x+\sqrt{x^2+4}}{2},\quad Y=\frac{\sqrt{x^2+4}}{2}.$$

ここから $\cosh X=(e^X+e^{-X})/2=Y$ を得る．したがって焦点 A の軌跡は懸垂線．(問題文・記号は本書の記号等に合せるために改変した．) □

文　　献

[1] 安藤四郎, 楕円積分・楕円関数入門, 日新出版, 1970.

[2] A. Gray, E. Abbena and S. Salamon, *Modern Differential Geometry of Curves and Surfaces with Mathematica®*, Third edition, Chapman & Hall / CRC, 2006.

[3] 細野忍, 微積分の発展, 現代基礎数学 8, 朝倉書店, 2008.

[4] 井ノ口順一, 幾何学いろいろ, 日本評論社, 2007.

[5] 井ノ口順一, リッカチのひ・み・つ, 日本評論社, 2010.

[6] 井ノ口順一, どこにでも居る幾何, 日本評論社, 2010.

[7] 井ノ口順一, 曲線とソリトン, 開かれた数学 4, 朝倉書店, 2010.

[8] 井ノ口順一, 負定曲率曲面とサイン・ゴルドン方程式, 埼玉大学数学レクチャーノート 1, 埼玉大学理学部数学教室, 2012.

[9] 井ノ口順一, 平面幾何からソリトン理論へ (仮題), 執筆中.

[10] 井ノ口順一・小林真平・松浦望, 曲面の微分幾何学とソリトン方程式. 可積分幾何入門, 立教 SFR 講究録 No. 8, 2005.

[11] 剱持勝衛, 曲面論講義, 培風館, 2000.

[12] 北田韶彦, 位相空間とその応用, 現代基礎数学 12, 朝倉書店, 2007.

[13] 小林正典, 線形代数と正多面体, 現代基礎数学 4, 朝倉書店, 2012.

[14] 小林昭七, 曲線と曲面の微分幾何, 裳華房 1977, 新装改訂版, 1995.

[15] 小磯憲史, 変分問題, 共立出版, 1998.

[16] 楠幸男, 函数論, 数理解析シリーズ 5, 朝倉書店, 1973 (復刊 2011).

[17] 松本幸夫, 多様体の基礎, 東京大学出版会, 1988.

[18] 中村佳正 (編), 可積分系の数理, 解析学百科, 朝倉書店, 執筆中.

[19] 野水克巳・佐々木武, アファイン微分幾何学. アファインはめ込みの幾何, 裳華房, 1994.

[20] 及川廣太郎, リーマン面, 共立出版, 1987.

[21] 大槻冨之助, 微分幾何学, 朝倉数学講座 15, 朝倉書店, 1961 (復刻版: 朝倉数学講座 8, 2004).

[22] A. Pressley and G. Segal, *Loop Groups*, Oxford Math. Monographs, Oxford University Press, 1986.

[23] 齋藤正彦, 線型代数入門, 東京大学出版会, 1966.

[24] 柴雅和, 複素関数論, 現代基礎数学 9, 朝倉書店, 2013.

[25] 塩谷隆, 重点解説　基礎微分幾何, SGC ライブラリ 70, サイエンス社, 2009.

[26] 杉浦光夫, 解析入門 I, 東京大学出版会, 1980.

[27] 杉浦光夫, 解析入門 II, 東京大学出版会, 1985.

[28] 戸田盛和, 楕円関数入門, 日本評論社, 1980, 新装版, 2001.
[29] 戸田盛和, 波動と非線形問題 30 講, 朝倉書店, 1995.
[30] 梅原雅顕・山田光太郎, 曲線と曲面. 微分幾何的アプローチ. 裳華房, 2002. 改訂版, 2015.
[31] 浦川肇, 微積分の基礎, 現代基礎数学 7, 朝倉書店, 2006.
[32] 和田昌昭, 線形代数の基礎, 現代基礎数学 3, 朝倉書店, 2009.
[33] 山内恭彦・杉浦光夫, 連続群論入門, 培風館, 1960.
[34] 矢野健太郎, 立体解析幾何学, 裳華房, 1970.

索　　引

サ 行

タ　行

ナ　行

ハ　行

マ 行

ヤ 行

ラ 行

ワ 行

著者略歴

井ノ口順一（いのぐちじゅんいち）

1967年　千葉県に生まれる

現　在　筑波大学数理物質系教授

博士（理学）

主　著　『曲線とソリトン』（朝倉書店，2010年）

『リッカチのひ・み・つ』（日本評論社，2010年）

現代基礎数学 18

曲面と可積分系

定価はカバーに表示

2015年10月25日　初版第1刷

2017年 2 月10日　　　第2刷

著　者　井　ノ　口　順　一

発行者　朝　倉　誠　造

発行所　株式会社　朝　倉　書　店

東京都新宿区新小川町6-29

郵 便 番 号　162-8707

電　話　03(3260)0141

F A X　03(3260)0180

http://www.asakura.co.jp

〈検印省略〉

中央印刷・渡辺製本

ISBN 978-4-254-11768-4　C 3341

Printed in Japan

現代基礎数学

新井仁之・小島定吉・清水勇二・渡辺　治　[編集]

1	数学の言葉と論理	渡辺　治・北野晃朗・木村泰紀・谷口雅治	本体 3300 円
2	計算機と数学	高橋正子	
3	線形代数の基礎	和田昌昭	本体 2800 円
4	線形代数と正多面体	小林正典	本体 3300 円
5	多項式と計算代数	横山和弘	
6	初等整数論と暗号	内山成憲・藤岡　淳・藤崎英一郎	
7	微積分の基礎	浦川　肇	本体 3300 円
8	微積分の発展	細野　忍	本体 2800 円
9	複素関数論	柴　雅和	本体 3600 円
10	応用微分方程式	小川卓克	
11	フーリエ解析とウェーブレット	新井仁之	
12	位相空間とその応用	北田韶彦	本体 2800 円
13	確率と統計	藤澤洋徳	本体 3300 円
14	離散構造	小島定吉	本体 2800 円
15	数理論理学	鹿島　亮	本体 3300 円
16	圏と加群	清水勇二	
17	有限体と代数曲線	諏訪紀幸	
18	曲面と可積分系	井ノ口順一	
19	群論と幾何学	藤原耕二	
20	ディリクレ形式入門	竹田雅好・桑江一洋	
21	非線形偏微分方程式	柴田良弘・久保隆徹	本体 3300 円

上記価格（税別）は 2017 年 1 月現在